Fundamentos matemáticos
para la

Gestión
de
Activos

Introducción a las bases de toma de decisiones

María Alonso García
José María de Cuenca de la Cruz

© 2016 María Alonso García y José María de Cuenca de la Cruz
Valladolid, España

Primera edición: enero, 2017

ISBN-13: 978-1543216615
ISBN-10: 1543216617

Printed by CreateSpace, An Amazon.com Company

INDICE GENERAL

Página

ÍNDICE DE EJEMPLOS

Página

ÍNDICE DE ILUSTRACIONES

Página

Presentación

El objetivo de este texto es presentar una recopilación de conceptos procedentes de diferentes disciplinas matemáticas, como la probabilidad, la estadística, el análisis o las finanzas; aplicados a la gestión de los activos.

Podemos decir de manera sencilla que un activo es algo valioso y capaz de producir valor. Por tanto en cualquier organización sus activos deben ser bien aprovechados, conservados de forma eficiente, y reemplazados en el momento óptimo, todo ello con el objeto de maximizar el rendimiento de la cadena de valor de la que forman parte. Sin olvidar tampoco que al maximizar la vida útil de sus activos se está expresando también un compromiso ante la sociedad por preservar los recursos y facilitar el desarrollo sostenible.

Esto, que a priori parece sencillo por lo obvio, a la hora de concretar palabras en acciones puede no serlo tanto, ya que requiere tener en cuenta la evolución del estado de cada activo y predecir sus fallos. Hacerlo con rigor implica determinar los algoritmos matemáticos que mejor rigen estos procesos, incluso integrando términos de coste. Las funciones matemáticas capaces de reproducir el funcionamiento de un activo difieren en función de su naturaleza, y de los esfuerzos o agresiones del entorno a las que se encuentra sometido, por lo que no es igual un componente mecánico rotativo funcionando en condiciones de rápido desgaste, que una estructura que soporta esfuerzos de fatiga, o un componente electrónico sin partes móviles.

Luego, en función de la estrategia adoptada por la organización (minimización de costes, garantizar la continuidad del negocio o servicio, conservar el valor para diferentes partes interesadas,...), habrá que tratar tales funciones matemáticas para obtener sus extremos (mínimo coste, máxima disponibilidad, etc).

Lamentablemente, no es frecuente encontrar profesionales rigurosos, capaces de argumentar objetivamente sus decisiones en gestión de activos, sino que la mayor parte de las veces el argumento más sólido se reduce a la "gran experiencia" de quien decide.

Con todo, los conceptos matemáticos necesarios para fundamentar nuestras decisiones no son demasiado complicados, y en general la mayoría de ellos forman parte de cualquier asignatura universitaria de matemáticas, o incluso de bachillerato. El principal problema es, por un lado su disgregación, ya que no se suelen presentar como un conjunto de técnicas matemáticas aplicables a la toma de decisiones sobre gestión de activos; y por otro lado, el tiempo que separa a la mayoría de los profesionales que toman decisiones sobre activos de sus años universitarios, provocando que sencillamente no recuerden con la precisión suficiente estos conceptos, y tengan dificultades para su aplicación con cierta seguridad.

Sin embargo, debemos tener presente que el esfuerzo, el coste y sobre todo las molestias ocasionadas a las partes interesadas por "hacer números" es siempre mucho menor que el de hacer obras y renovaciones, o peor aún, de dilapidar sus recursos.

Espero que el lector, tras repasar este texto, ya sea un recién egresado o un profesional con mayor experiencia; alcance la seguridad y la confianza necesarias para tomar las decisiones óptimas sobre los problemas de gestión de activos a los que se enfrente, incrementando sus probabilidades de éxito en un mundo cada vez más dinámico.

¿Le apetece acompañarme?

Recorrido

El contenido de este libro, aunque puede ser simplemente leído, está preparado para ser estudiado y trabajado por el lector. Tanto por el desarrollo de las definiciones como por la aplicación de los conceptos en numerosos ejemplos.

Comienza con un breve repaso de los fundamentos de la probabilidad y la estadística, que en el siguiente capítulo son aplicados sobre los conceptos básicos que se manejan en el mantenimiento de activos.

A partir de estas bases, los capítulos avanzan por diferentes materias como las estructuras de costes, la configuración de sistemas de producción, o los modelos matemáticos de confiabilidad. Estos fundamentos son aplicados en los capítulos finales a problemas cotidianos en gestión de activos, como la determinación de estrategias de mantenimiento, o la toma de decisiones sobre inversiones.

Además, en muchos apartados se indican las instrucciones para resolver las ecuaciones expuestas sobre hojas de cálculo tipo EXCEL o compatibles, permitiendo al lector crear fácilmente sus propios modelos de decisión, a la vez que puede también comprender la forma de trabajar de softwares más específicos que solo están al alcance de algunas organizaciones. Disponer de sus propias hojas de cálculo también le facilitará documentar y desarrollar las metodologías de análisis y control que se requieren para certificar su sistema de gestión de activos bajo normas como la ISO 55001, de forma rápida y económica.

En resumen: un sistema de gestión de activos es una herramienta definitiva para aquella organización que desee optimizar la eficiencia de sus recursos y bienes a lo largo de todo su periodo de vida, asegurando su rentabilidad y su sostenibilidad. Una gestión responsable debe incorporar multitud de criterios: sociales, técnicos y económicos. Tales criterios deben ser evaluados de la forma más precisa posible. Los fundamentos matemáticos que se recogen en este texto le ayudarán a ello, permitiéndole crear una sólida base de conocimiento para esta nueva disciplina que experimentará gran desarrollo en los próximos años, debido a la necesidad de las personas y las organizaciones de mejorar su **sostenibilidad y competitividad** mediante la **eficiencia y el óptimo uso de los recursos**.

Comencemos.

1. INTRODUCCIÓN

Un activo se define como algo que aporta valor. Esto hace que la duración de su vida útil dependa de que pueda realizar su función, aportando el valor previsto.

Los problemas generales de la gestión de activos son fundamentalmente problemas de optimización. En ellos se trata de determinar las actuaciones que han de realizarse para obtener el mejor resultado posible, de acuerdo a unos intereses fijados previamente. Para ello se utilizan algoritmos matemáticos que reflejan el comportamiento del sistema en función de los objetivos perseguidos.

Estos objetivos derivarán de la estrategia definida por la dirección, y generalmente suelen girar en torno a dos intereses: la minimización de los costes y la maximización de la disponibilidad (producción), aunque en ocasiones se incorporan criterios adicionales para incluir la seguridad del servicio o la maximización de los beneficios.

Habitualmente los problemas a resolver consisten en determinar la mejor estrategia de mantenimiento preventivo, fijar el número óptimo de inspecciones o controles a realizar sobre los activos, y determinar su momento de renovación.

Los métodos matemáticos generales a emplear para resolver estas cuestiones incluyen el ajuste de los datos observados para predecir la degradación o el fallo de los equipos (análisis de probabilidades, estadística), la obtención de puntos singulares (cálculo diferencial) y la actualización de capitales (matemática financiera).

Lógicamente, si la vida útil de un activo se determina por el tiempo en el que puede cumplir con su función, en una primera aproximación podemos definir como aceptable o inaceptable el estado de un activo en función de su capacidad para dar lo que se espera de él.

Predecir cómo evolucionará el nivel de servicio, es decir el desempeño o el rendimiento que podemos obtener de un activo, puede ser complicado de simular matemáticamente, y en cualquier caso exige reproducir los condicionantes y características físicas o de funcionamiento de cada activo en particular.

El momento en que se produce el paso de un estado a otro en un activo físico generalmente viene dado en función de su grado de deterioro y de las labores de mantenimiento que se aplican sobre el activo, por lo que poder predecir su evolución nos permite optimizarlas. Además, estas variables acumulan unos costes durante su ciclo de vida, así como el cambio de estado conlleva unas inversiones de renovación.

El tratamiento matemático de todos estos conceptos es fundamental para poder minimizar los costes y optimizar las inversiones, ya que objeto principal de la gestión de activos es maximizar el valor.

2. CONCEPTOS DE PROBABILIDAD Y COMBINATORIA

2.1. PROBABILIDAD

Se define probabilidad de ocurrencia de un evento, como la frecuencia relativa o proporción de veces que sucede ese evento cuando se prueba un elevado número de veces.

Se calcula mediante la **regla de Laplace**, como el cociente de los casos favorables en los que sucede el resultado estudiado, entre el total de casos posibles:

$$P(A) = P\{X = A\} = \frac{Casos\ favorables\ (X = A)}{Total\ de\ casos\ posibles}$$

2.1.1 REGLAS DE LA PROBABILIDAD

- La probabilidad P de un evento A es un valor numérico P(A) que toma valores entre 0 (ninguna probabilidad de ocurrencia) y 1 (seguridad de ocurrencia).

- La probabilidad de que un evento no ocurra es complementaria de que ocurra:

$$P(A') = P(no\ A) = 1 - P(A)$$

P(noA)

P(A)

- La probabilidad de todos los sucesos que pueden ocurrir sobre un evento es:

$$P(S) = 1$$

- La probabilidad de que solamente un evento A o un evento B ocurran es la suma de sus probabilidades individuales menos una vez la probabilidad de su intersección (que de otra manera se duplicaría):

$$P(A \text{ o } B) = P(A \cup B) = P(A) + P(B) - P(A \cap B)$$

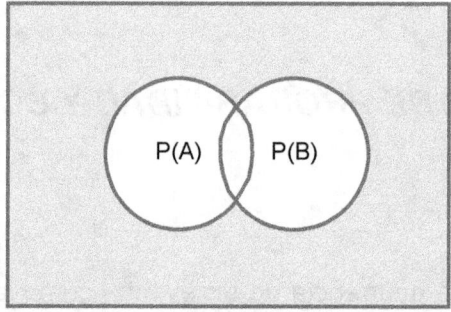

- Cuando dos eventos son mutuamente excluyentes, es decir no tienen ningún elemento en común, son disjuntos:

$$P(A \text{ o } B) = P(A \cup B) = P(A) + P(B)$$

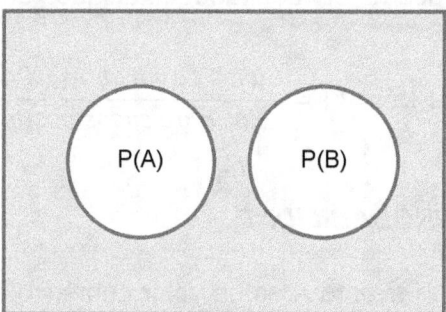

- La probabilidad de que dos eventos sucedan simultáneamente es la de que suceda uno de ellos condicionado a que suceda el otro, o viceversa:

$$P(A \text{ y } B) = P(A \cap B) = P(A) \cdot P(B \mid A) = P(B) \cdot P(A \mid B)$$

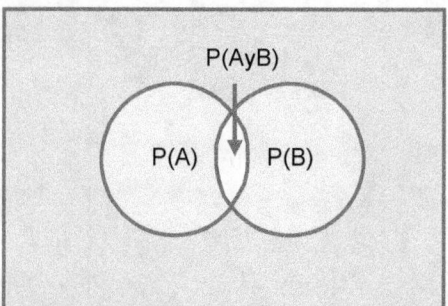

- La probabilidad condicional de que ocurra un evento A dado que ocurrió un evento B es:

$$P\,(A|B) = \frac{P(A \cap B)}{P(B)}$$

- Dos eventos son independientes cuanto la probabilidad de que suceda uno de ellos no cambia la probabilidad de que suceda el otro.

$$P(A \mid B) = P(A) \quad y \quad P(B \mid A) = P(B)$$

Por tanto, si A y B son independientes:

$$P(A \cap B) = P(A) \cdot P(B)$$

- Dos eventos son complementarios si:

$$P(A) + P(A') = 1$$

Ejemplo 1 – Probabilidad de suministro

En un almacén se tiene la misma referencia para un recambio que puede ser suministrada por tres proveedores diferentes. Actualmente en sus existencias se encuentran 4 recambios del primer proveedor, 3 del segundo y 1 del tercero. ¿Cuál es la probabilidad de que al azar se utilice un recambio suministrado por el proveedor 1 o 2?

Solución:

Sea: A: evento de utilizar un recambio del primer proveedor.
       B: evento de utilizar un recambio del segundo proveedor.

Como en total hay 8 recambios inventariados:

$$P(A) = 4/8 = 0,5 \qquad\qquad P(B) = 3/8 = 0,375$$

Luego, como los eventos son excluyentes: $P(A \cup B) = 0,5 + 0,375 = 0,875$

También, de otra manera, la probabilidad de usar un recambio suministrado por el proveedor 1 o el 2 es la complementaria a utilizar un recambio del proveedor 3:

Sea C el evento de usar el recambio del tercer proveedor: $P(C) = 1/8 = 0,125$

$$P(A \cup B) = P(no\ C) = 1 - P(C) = 1 - 0.125 = 0,875$$

Ejemplo 2 – Probabilidad de funcionamiento

Sea un sistema con dos componentes (1 y 2) que funciona cuando cualquiera de los dos funciona. Las probabilidades de que este sistema funcione son:
0,9 – el sistema funciona solo con el componente 1
0,8 – el sistema funciona solo con el componente 2
0,84 – el sistema funciona con ambos componentes

Calcular la probabilidad de que el sistema funcione.

Solución:

Sea: A: evento de que el sistema funcione con sólo el componente 1.
          B: evento de que el sistema funcione con sólo el componente 2.
          A∩B: evento de que el sistema funcione con ambos componentes.

Luego:
$$P(A) = 0,9 \qquad P(B) = 0,8 \qquad P(A \cap B) = 0,84$$

Entonces: $P(A \cup B) = P(A) + P(B) - P(A \cap B) = 0,9 + 0,8 - 0,84 = 0,86$

Ejemplo 3 – Probabilidad de pieza defectuosa

En un taller hay artesanos (A y B). El primero se equivoca y produce una pieza defectuosa de cada 20, mientras que el segundo produce 2 defectuosas cada 35. ¿Cuál es la probabilidad de que una pieza cualquiera salga defectuosa del taller?

Solución:

Las probabilidades de fallo para cada artesano del taller son:
$$P(A) = 1 / 20 = 0,05 \qquad P(B) = 2 / 35 = 0,057$$

La probabilidad de tomar una pieza defectuosa del taller es P(A∩B) y como los fallos de un artesano u otro son sucesos independientes:
$$P(A \cup B) = 0,05 + 0,057 = 0,017$$

Ejemplo 4 – Probabilidad de conformidad

Un departamento de mantenimiento recibe un tipo de envases de lubricante de tres proveedores diferentes en los siguientes porcentajes de suministro de envases y de lubricantes conformes con la calidad adecuada:

Proveedor	% del suministro	% conformes
1	55	99,2
2	30	99
3	15	98,5

Calcular la probabilidad de que cualquier envase de lubricante recibido por el departamento de mantenimiento sea conforme a las especificaciones.

Solución:

Sean:
  A: probabilidad de que el envase cualquiera cumpla con las especificaciones
  B_i: probabilidad de recibir un envase del proveedor i

Por tanto:
  $A \mid B_1$: probabilidad de que el envase cualquiera cumpla las especificaciones, si fue suministrado por el proveedor 1
  $A \mid B_2$: probabilidad de que el envase cualquiera cumpla las especificaciones, si fue suministrado por el proveedor 2
  $A \mid B_3$: probabilidad de que el envase cualquiera cumpla las especificaciones, si fue suministrado por el proveedor 3

Entonces:

$$P(A) = P(B_1){\cdot}P(A \mid B_1) + P(B_2){\cdot}P(A \mid B_2) + P(B_3){\cdot}P(A \mid B_3)$$

$$P(A) = 0.55 \; 0{,}992 + 0{,}30{\cdot}0{,}99 + 0{,}15{\cdot}0{,}985 = 0{,}99$$

La probabilidad de que un envase cualquiera sea conforme con las especificaciones será del 99%.

2.1.2 TEOREMA DE BAYES

La probabilidad de que un ocurra un evento determinado A_i entre un conjunto de eventos mutuamente excluyentes, condicionada a que ocurra otro cierto evento B, conocidas las probabilidades condicionales $P(B \mid A_i)$ es:

$$P(A_i \mid B) = \frac{P(A_i) \cdot P(B \mid A_i)}{\sum P(A_i) \cdot P(B \mid A_i)} = \frac{P(A_i) \cdot P(B \mid A_i)}{P(B)}$$

donde:
- $P(A_i)$:   probabilidades para A_i a priori,
- $P(B \mid A_i)$:   probabilidad de que ocurra B una vez ha sucedido A_i,
- $P(A_i \mid B)$:   probabilidades para A_i a posteriori.
- $P(B)$:   probabilidad total de que ocurra B

El teorema de Bayes en gestión de activos se aplica para estudiar probabilidades de fallo (B), condicionadas a la presencia de una característica específica (A_i), entre un conjunto de ellas.

Este teorema no tiene en cuenta el momento en que se produce el fallo, solo los fallos acumulados en un sistema o tramo. Por ello no predice la evolución del número de fallos en el tiempo, sino la relación entre una característica y un suceso.

Ejemplo 5 – Probabilidad de fallo condicionado

En un registro de averías están consignados los elementos de un conjunto, con sus materiales (A,B,C) y los fallos de cada uno. Formular analíticamente la probabilidad de fallo asociada al material A

Material	nº elementos	nº fallos
A	n_A	f_A
B	n_B	f_B
C	n_C	f_C

Solución:

$$p(A/fallo) = \frac{p(A) \cdot p(fallo/A)}{p(A) \cdot p(fallo/A) + p(B) \cdot p(fallo/B) + p(C) \cdot p(fallo/C)}$$

Ejemplo 6 – Análisis de relación fallos y maquinaria

Una fábrica produce 20.000 productos diarios. La máquina 1 tiene mayor capacidad y produce las tres cuartas partes de ellos, de los que el 0,5% es defectuoso. La máquina 2 es de menor capacidad y produce el resto, siendo el 1% de su producción defectuosa.

Determinar:
   a) La probabilidad de que un producto elegido al azar sea defectuoso.
   b) Si el producto elegido es defectuoso, las probabilidades de que proceda de cada una de las máquinas.

Solución:

a) La probabilidad de que un producto al azar sea defectuoso será la suma de todos los eventos que le pueden hacer defectuoso, es decir, la suma de que siendo fabricado por la máquina 1 lo sea, más la probabilidad de ser defectuoso habiendo sido fabricado por la máquina 2.

Si llamamos Ai al evento ser fabricado por la máquina i; y B al evento defectuoso:

Probabilidad de que sea defectuoso si viene de la máquina 1:

$$P(A_1 \cap B) = P(A_1)*P(B/A_1) = 0,75 * 0.005 = 0.00375$$

Probabilidad de que sea defectuoso si viene de la máquina 2:

$$P(A_2 \cap B) = P(A_2)*P(B/A_2) = 0,25 * 0.01 = 0.0025$$

Probabilidad total de que sea defectuoso:

$$P(B) = P(A_1 \cap B) + P(A_2 \cap B) = 0.00625 \; (\mathbf{0,625\%})$$

b) Si un producto es defectuoso, la probabilidad de que su procedencia sea de una o de otra máquina vendrá dada por el teorema de Bayes, como:

$$p(A_1|B) = \frac{p(A_1 \cap B)}{p(B)} = \frac{p(A_1) \cdot p(B|A_1)}{p(A_1) \cdot p(B|A_1) + p(A_2) \cdot p(B|A_2)} = \frac{0.00375}{0.00625} = 0.6$$

$$p(A_2|B) = \frac{p(A_2 \cap B)}{p(B)} = \frac{p(A_2) \cdot p(B|A_2)}{p(A_1) \cdot p(B|A_1) + p(A_2) \cdot p(B|A_2)} = \frac{0.0025}{0.00625} = 0.4$$

Es decir, el **60%** de los defectos se originen en la máquina 1 y el **40%** en la máquina 2.

2.2. COMBINATORIA

Una distribución es un conjunto de elementos que se diferencia de otros similares bien por su composición de elementos, bien por el orden en que están situados.

2.2.1 VARIACIONES

Se denomina **arreglo con repetición ($A_{n,k}$) ó variaciones con repetición ($V_{n,k}$)** al número de distribuciones en que se pueden ordenar los n elementos de un conjunto, tomados de k en k veces, si se permite su repetición. Se calcula como:

$$\boxed{A_k^n = n^k}$$

En EXCEL se calcula mediante la instrucción PERMUTACIONES.A (n; k).

Se demuestra por inducción completa. En efecto, para k=1, tomamos los elementos de uno en uno, luego tenemos n arreglos o formas de tomar un elemento del conjunto, que tiene n.

Supongamos que ya demostramos que

$$A_{k-1}^n = n^{k-1}$$

Un arreglo cualquiera con repetición, será del tipo:

$$a_1, a_2, \cdots, a_{k-1}$$

Si añadimos un elemento más a ese arreglo, queda:

$$a_1, a_2, \cdots, a_{k-1}, a_k$$

Si hacemos esto para todos los arreglos, no omitiremos ninguno, y tampoco obtendremos ninguno repetido. Luego para cada (k-1) de los arreglos, obtendremos n arreglos más añadiendo un elemento distinto, luego:

$$A_k^n = n\, A_{k-1}^n$$

Entonces, se demuestra que:

$$A_k^n = n \cdot n^{k-1} = n^k$$

De manera análoga, se denomina **arreglo sin repetición ó variaciones sin repetición,** al número de distribuciones o formas en que se pueden ordenar los n elementos de un conjunto, tomados de k en k veces, excluyendo sus repeticiones.

$$A_k^{(n)} = n(n-1)(n-2)\cdots(n-k+1)$$

Cualquiera de las distribuciones que podemos formar con los elementos de un conjunto, se diferencian entre si tanto por la composición como por el orden de los elementos del conjunto.

Esta fórmula también se puede escribir como:

$$A_k^{(n)} = \frac{n!}{(n-k)!}$$

En EXCEL se puede calcular con la función PERMUTACIONES (n;k)

2.2.2 PERMUTACIONES

Una permutación es el número de formas diferentes en las que se pueden ordenar n objetos siguiendo un orden.

Sea un conjunto de n elementos diferentes entre sí. Si tomásemos únicamente las distribuciones que incluyen a todos los elementos de un conjunto, tendrían la misma composición (todos los elementos), y únicamente se diferenciarían en el orden de los elementos. Se denominan **permutaciones** de n elementos, al número de formas en que estos pueden ordenarse:

$$P_n^{(n)} = A_n^{(n)} = n(n-1)(n-2)(n-3)\cdots 2\cdot 1 = n!$$

En EXCEL se puede calcular con la función FACT (n)

Si alguno de estos elementos fuesen iguales entre sí, algunas de las distribuciones serían iguales entre sí, por lo que el número total de **permutaciones sin repetición** ó diferentes sería menor. Como cada vez que permutamos elementos n_i iguales entre sí, obtenemos una distribución repetida, debemos excluir todas las permutaciones de esos elementos. Si tenemos k elementos iguales:

$$P(n_1, n_2, \cdots n_k) = \frac{n!}{n_1!\, n_2! \cdots n_k!}$$

Si para realizar la ordenación tomamos todos los n objetos del conjunto en grupos de k elementos a la vez, entonces estamos ante un arreglo de variaciones sin repetición:

$$P_{n,k} = A_k^{(n)} = \frac{n!}{(n-k)!}$$

En EXCEL se puede calcular con la función PERMUTACIONES (n;k)

2.2.3   COMBINACIONES

Una combinación es el número de formas diferentes en las que se pueden colocar n objetos si no especificamos un orden de colocación y los tomamos en grupos de k elementos cada vez.

Hablamos de **combinaciones** de n elementos tomados de k en k veces, cuando el orden de los elementos de una distribución no interesa, y solo es relevante el número de ellas que se puedan formar con elementos diferentes entre sí.

En efecto, si tenemos un conjunto con n elementos diferentes y tomamos todas las k distribuciones de esos n elementos, e intercambiamos en cada una de ellas el orden de esos elementos de todas las maneras posibles, obtendremos los j arreglos posibles de los n elementos, cada uno una sola vez. Por otra parte, como de cada distribución se pueden efectuar k! permutaciones, y el número de estas son las **combinaciones sin repetición** buscadas, tenemos que:

$$A_k^{(n)} = k! \, C_k^n$$

despejando:

$$C_k^n = \frac{A_k^{(n)}}{k!} = \frac{n!}{k! \, (n-k)!} = \binom{n}{k}$$

Este cociente se calcula como un número combinatorio:

En EXCEL se obtiene con la instrucción COMBINAT (n;k)

Así mismo, esta fórmula equivale al número de permutaciones sin repetición de n elementos de dos tipos, k y (n-k):

$$P(k, n-k) = \frac{n!}{k! \, (n-k)!}$$

En conjuntos con elementos repetidos, el número de distribuciones que se puedan formar sin tener en cuenta el orden de ellos, vendrá dado por el número k de elementos diferentes, y se puede calcular también como una permutación, obteniendo las **combinaciones con repetición**:

$$P(k, n-1) = \frac{(k+n-1)!}{k! \, (n-1)!} = C_k^n = \binom{n+k-1}{k}$$

Donde k hace referencia a los elementos diferentes, y n al número entre el que deben repartirse; con lo que (n-1) es el número de separadores que se pueden colocar entre ellos.

Ejemplo 7 – Análisis combinatorio

En una factoría se necesitan formar una brigada de trabajo con 4 obreros de un total de 20 obreros. ¿De cuántas maneras diferentes se puede elegir ese grupo?

Solución:

Se trata de una combinación ya que no importa el orden de elección en el que entran en el grupo de trabajo, luego para n=20 y k=4:

$$C_k^n = \binom{n}{k} = \binom{20}{4} = \frac{20!}{4! \, (20-4)!} = 4.845 \; maneras$$

3.   CONCEPTOS DE ESTADÍSTICA

3.1.   MEDIDAS DESCRIPTIVAS

Las mediciones sobre conjuntos de datos estadísticos permiten describir su centro, agrupamiento o dispersión, forma y simetría. Se dividen en medidas de centralización, de dispersión, de posición y de forma.

3.1.1   MEDIDAS DE CENTRALIZACIÓN

Proporcionan un valor representativo para todos los datos del conjunto, que se agrupan en torno a él. Este valor puede ser:

Media aritmética: es la suma de las mediciones de todos los datos, dividida entre el número de datos. En EXCEL se obtiene con la función PROMEDIO(conjunto de datos).

$$\mu = \frac{\sum_{i=1}^{n} x_i}{n}$$

donde:
  μ: media aritmética
  x_i: datos del conjunto
  n: número total de datos en el conjunto

Si los datos se presentan agrupados en intervalos, su media aritmética será la suma de los productos de las marcas de clase de cada intervalo por su frecuencia relativa, dividida entre el total de datos, obtenido como la suma de las frecuencias. El resultado difiere ligeramente del anterior aún con los mismos datos, ya que se produce una ponderación en función de cómo se definan los intervalos

$$\mu = \frac{\sum_{i=1}^{n} x_i \cdot f_i}{\sum_{i=1}^{n} f_i} = \frac{\sum_{i=1}^{n} x_i \cdot f_i}{n}$$

donde:

μ: media aritmética

x_i: marcas de clase de cada intervalo (valor medio entre sus extremos).

f_i: frecuencias para cada intervalo (número de datos en ese intervalo)

n: número total de datos en el conjunto

Ejemplo 8 – Media

Sea el conjunto de datos. Calcular la media y analizar también la media si esos mismos datos se presentan en tres intervalos: [2,5]; [6,10] y [11,16].

| 2 | 3 | 5 | 7 | 8 | 10 | 12 | 16 |

Solución:

La media considerando los datos es:

$$\mu = \frac{\sum_{i=1}^{n} x_i}{n} = \frac{63}{8} = 7,875$$

La media considerando los intervalos propuestos se calcula como:

Intervalo	Inicio	Fin	Marca de clase xi	Frecuencia fi	fi xi
[2,5]	2	5	3,5	3	10,5
[6,10]	6	10	8	3	24
[11,16]	11	16	13,5	2	27

$$\mu = \frac{\sum_{i=1}^{n} x_i \cdot f_i}{\sum_{i=1}^{n} f_i} = \frac{\sum_{i=1}^{n} x_i \cdot f_i}{n} = \frac{61.5}{8} = 7,6875$$

Mediana: es el valor que se encuentra en el punto medio o centro de un conjunto de datos ordenados de forma creciente. Puede coincidir con un dato (si el número de datos del conjunto es impar) o ser la media de dos de ellos (si el conjunto tiene un número par de datos). En EXCEL se obtiene con la función MEDIANA (conjunto de datos).

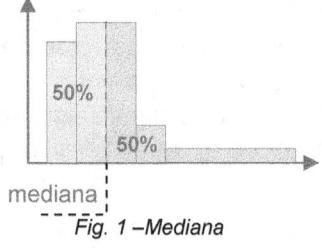
Fig. 1 –Mediana

Si los datos se encuentran agrupados en intervalos de clase, la mediana estará en aquella clase para la que la frecuencia acumulada supere la mitad del total de datos.

$$Mediana = Lri + \frac{\frac{n}{2} - faA}{fc} i$$

donde:

n   total de datos del conjunto

fc   frecuencia del intervalo que contiene la mediana.

faA frecuencia acumulada hasta el intervalo que precede a aquel que contiene la mediana.

i   tamaño del intervalo que contiene la mediana. Si como es habitual se utilizan intervalos cerrados con números enteros, se considera media unidad por encima y por debajo, de manera que i = (fin – inicio) + 1.

Lri   Límite real inferior del intervalo que contiene la mediana (un valor real donde consideramos que empieza el intervalo para que incluya el primer dato. Normalmente media unidad antes), es decir Lri = incio – 0,5.

A la mediana también se la denomina segundo cuartil, ya que los **cuartiles** son 3 valores que dividen el conjunto de datos una vez ordenados de menor a mayor en cuatro partes porcentuales iguales. Así el primer cuartil es la mediana de la primera mitad del conjunto, y el tercero, la mediana de la segunda mitad.

Ejemplo 9 – Mediana

Sea el conjunto de datos del ejemplo anterior. Calcular su mediana. Analizar también su media si esos mismos datos se presentan en tres intervalos: [2,5]; [6,10] y [11,16].

2	3	5	7	8	10	12	16

Solución:

La mediana considerando los datos es el valor central. Como hay un número par de datos, este valor será el intermedio entre los dos centrales:

$$Mediana = \frac{7+8}{2} = 7,5$$

La mediana considerando los intervalos propuestos estará en el que la frecuencia acumulada supere n/2:

Intervalo	Inicio	Fin	Frecuencia fi	Frec. Acum fa	i
[2,5]	2	5	3	3	4
[6,10]	6	10	3	6	5
[11,16]	11	16	2	8	6

La ubicación de la mediana estará en el intervalo donde la frecuencia acumulada supere el valor n/2=8/2=4. Es decir, en el intervalo [6,10]

La frecuencia de este intervalo es fc=3

La frecuencia acumulada hasta el intervalo anterior al que contiene la mediana es faA = 3.

El límite real inferior del intervalo que contiene la mediana es Lri=inicio-0,5=5,5.

El tamaño del intervalo que contiene la mediana es i=fin-inicio+1=5.

Luego la medina considerando los intervalos resulta:

$$Mediana = Lri + \frac{\frac{n}{2} - faA}{fc} i = 5,5 + \frac{4-3}{3} \cdot 5 = 7,16$$

Moda: es el dato que tiene mayor frecuencia, es decir más se repite dentro de un conjunto. Esto hace que pueda identificarse incluso si los datos no son numéricos.

En un conjunto puede haber más de una moda, cuando varios datos presentan la misma frecuencia máxima. También puede no existir ninguna moda, cuando todos los datos tienen la misma frecuencia.

De manera análoga, cuando los datos se presentan agrupados en intervalos, se denomina intervalo modal a aquel que tiene la mayor frecuencia.

Interpretaciones de las medidas centrales:

- Cuando la mediana es mayor que la media, en el conjunto hay una mayor cantidad de datos que superan dicha media, y menor que inferiores a ella. La gráfica de los datos presenta una asimetría negativa.
- A la inversa, cuando la mediana es menor que la media, el número de datos del conjunto que son inferiores a la media es mayor de aquellos que son superiores a dicha media. La representación presenta una asimetría positiva.
- Si la mediana coincide con la media, los datos están distribuidos equitativamente a ambos lados de la media.
- Cuanto más se separe la mediana de la media, mayor asimetría de datos presenta el conjunto.
- En un conjunto sin moda, los eventos que representan sus datos tienen poca repetitividad.

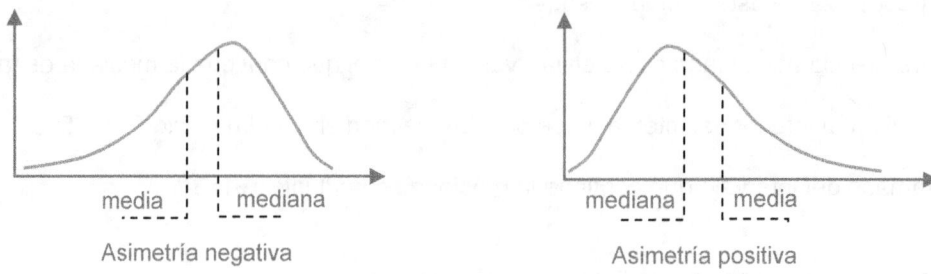

Fig. 2 –Interpretación de medidas centrales

3.1.2 MEDIDAS DE DISPERSIÓN

Para analizar mejor cómo se reparten los datos de un conjunto es necesario utilizar medidas adicionales, denominadas de dispersión.

Una baja dispersión indica gran uniformidad entre los valores, mientras que una elevada dispersión indica poca uniformidad. Si la dispersión es nula, todos los datos tienen idéntico valor.

Las medidas de dispersión absolutas son el rango, la desviación media, la varianza y la desviación estándar.

Rango: es la diferencia entre el dato mayor y menor del conjunto, y mide la escala de dicho conjunto en base a sus valores extremos. Por esta razón es sensible a cualquier desviación de dichos valores, aunque no a los que están entre ellos.

Para evitar esa sensibilidad a los extremos y afinar su uso se suele utilizar el **rango inter cuartílico**, que es la diferencia entre el cuartil tercero y el primero, es decir, la diferencia que presenta el 50% de las observaciones seleccionadas en torno a su valor medio. Este rango intercuartílico también se aplica para detectar valores atípicos y en la corrección de datos; aunque también pueden usarse otras divisiones de datos similares como son los **deciles** (división del conjunto en 10 partes iguales) o los **percentiles** (en n partes definidas como un determinado porcentaje).

Desviación media: es el valor medio de las diferencias entre los valores del conjunto de datos y su valor medio.

$$DM = \frac{\sum_{i=1}^{n} |x_i - \mu|}{n}$$

En EXCEL se calcula con la función DESVPROM(conjunto de datos).

Varianza: es el valor medio del cuadrado de las diferencias entre los valores del conjunto de datos y su valor medio.

$$\sigma^2 = \frac{\sum_{i=1}^{n} (x_i - \mu)^2}{n}$$

En EXCEL se calcula con la función VAR.P(datos)

Cuando los datos aparecen agrupados en intervalos se utilizan las marcas de clase de cada intervalo en los cálculos.

Desviación Típica o Estándar: es la raíz de la varianza

$$\sigma = \sqrt{\sigma^2}$$

En EXCEL se calcula con la función DESVEST.P(conjunto de datos)

Momento de orden *k* es el promedio de la suma de los n datos del conjunto elevados a la potencia k:

$$m_k = \frac{\sum_{i=1}^{n}(x_i)^k}{n}$$

Representa una potencia de la distancia de los datos al origen. Se conoce también como momento no centrado o momento respecto al origen.

Vemos que para k=1, el momento de orden 1 toma la fórmula de la media. Conceptualmente el momento se define en forma de función como una esperanza E(X), que pondera cada valor con su probabilidad de aparición, que se explicará un poco más adelante:

$$E(X) = \mu = \sum x_i \cdot P(X = x_i)$$

Generalizando para múltiples órdenes, y teniendo en cuenta a la función de densidad f(x) para expresar $P(X=x_i)$ con variables continuas, el momento de orden k será:

$$m_k = E\left(X^k\right) = \int_{-\infty}^{\infty} x^k \cdot f(x)\, dx$$

donde X es una variable aleatoria X con media μ.

Podemos deducir que:

$$m_0=1 \qquad\qquad m_1= \mu \qquad\qquad m_2=\sigma^2+m_1^{\ 2}=\sigma^2+ \mu^2$$

Momento central o momento centrado de orden k, es el promedio de las distancias de cada dato a la media, potenciadas en un orden de magnitud k.

$$\mu_k = \frac{\sum_{i=1}^{n}(x_i - \mu)^k}{n}$$

donde:
    μ_k: momento centrado de orden k
    μ: media del conjunto de datos
    n: número de datos

Este momento centrado también se puede definir conceptualmente con la función de esperanza matemática, en este caso como:

$$\mu_k = E\left[(X - E[X])^k\right] = E\left[(X - \mu)^k\right] = \int_{-\infty}^{\infty} (x - \mu)^k \cdot f(x)\, dx$$

En resumen:

Orden k	Momento no centrado m_k	Momento centrado μ_k
0	1	1
1	μ	0
2	$\sigma^2 + \mu^2$	σ^2
...		
k	$m_k = \dfrac{\sum_{i=1}^{n}(x_i)^k}{n}$	$\mu_k = \dfrac{\sum_{i=1}^{n}(x_i - \mu)^k}{n}$

La relación entre los momentos centrados μ_k y no centrados m_k es:

$$\mu_k = \sum_{i=1}^{n}(-1)^k \binom{k}{i} m_{k-i} - m_1^i$$

Aprovechamos para recordar que los números combinatorios se pueden desarrollar como:

$$\binom{k}{i} = \frac{k!}{i!\,(k-i)!}$$

O lo que es lo mismo

$$\binom{k}{i} = \frac{k(k-1)(k-2)\cdots(k-i+1)}{k!}$$

Y sus propiedades más comunes son:

$$\binom{k}{0} = 1$$

$$\binom{k}{i} = \binom{k}{k-i} = (-1)^i \cdot \binom{i-k-1}{i}$$

$$\binom{k+1}{i} = \binom{k}{i} + \binom{k}{i-1}$$

$$\binom{k}{i+1} = \binom{k}{i} \cdot \frac{k-i}{k+1}$$

$$\binom{k}{k} = 1$$

$$\binom{k}{1} = k$$

$$\binom{k}{i} + \binom{k}{i+1} = \binom{k+1}{i+1}$$

$$\binom{k}{0} + \binom{k}{1} + \binom{k}{2} + \binom{k}{3} + \cdots + \binom{k}{k} = 2^k$$

Además hay otras medidas de dispersión relativas. Las más habituales son:

Coeficiente de apertura: es la relación entre el mayor y el menor de los datos de un conjunto, e indica la amplitud de las diferencias entre sus componentes. Suele utilizarse para definir bandas salariales o para comparar la variabilidad de los costes para trabajos repetitivos (por ejemplo reparación de averías).

$$C_{ap} = \frac{Máx\ (X_i)}{mín\ (X_i)}$$

Coeficiente de variación de Pearson: es la relación entre la desviación típica y la media, y se utiliza para representar el porcentaje de veces que la media está contenida en la desviación. Su uso es complicado cuando la media tiende a cero.

$$C_{var} = \frac{\sigma}{\mu}$$

Error típico o estándar de la media (Standard Error of the Mean, SEM): mide la variabilidad de la media si tomásemos diferentes muestras de una misma población:

$$SEM = \frac{\sigma}{\sqrt{n}}$$

donde n es el tamaño de la muestra de datos que hemos tomado.

Este error representa la desviación estándar de todas las posibles muestras de un tamaño dado que pueden escogerse en esa población, proporcionando una estimación del intervalo de confianza para una media muestral obtenida de un conjunto de datos, sobre la media poblacional (verdadera, con todos los datos).

3.1.3 MEDIDAS DE POSICIÓN

Indican la posición que ocupa un dato respecto al conjunto, como el porcentaje de datos que se encuentran por encima o por debajo de él.

Percentil P_x: es el porcentaje de medidas que son menores a cierto valor, de forma que 100-p sea el porcentaje de ellas que son mayores.

En EXCEL se obtiene como PERCENTIL.INC (datos ; percentil/100), o en versiones antiguas como PERCENTIL (datos ; percentil/100).

El percentil P_{50} es la mediana.

En el caso que los datos se encuentren agrupados en intervalos de clase, el percentil buscado se encontrará en aquella clase para la que la frecuencia acumulada supere el porcentaje indicado sobre el total de datos. Su cálculo es similar al que se realizó para la mediana

$$P_x = Lri + \frac{\frac{n\,x}{100} - faA}{fc}\,i$$

donde:

n: total de datos del conjunto.
x: porcentaje correspondiente al percentil.
fc: frecuencia del intervalo que contiene el percentil.
faA: frecuencia acumulada hasta el intervalo que precede a aquel que contiene el percentil.
i: tamaño del intervalo que contiene el percentil. Si como es habitual se utilizan intervalos cerrados con números enteros, se considera media unidad por encima y por debajo, de manera que i = (fin – inicio) + 1.
Lri: Límite real inferior del intervalo que contiene el percentil (un valor real donde consideramos que empieza el intervalo para que incluya el primer dato. Normalmente media unidad antes), es decir Lri = incio – 0,5.

3.1.4 MEDIDAS DE FORMA

Coeficiente de asimetría de Fisher, es la relación entre el tercer momento centrado y el cubo de la desviación típica:

$$\gamma_1 = \frac{\mu_3}{\sigma^3}$$

donde

γ_1: coeficiente de asimetría de Fisher
μ_3 es el tercer momento centrado en torno a la media
σ es la desviación estándar.

Se interpreta como:

$\gamma_1 > 0$, la distribución es asimétrica positiva o a la izquierda.

$\gamma_1 < 0$, la distribución es asimétrica negativa o a la derecha.

Si la distribución es simétrica, entonces sabemos que $\gamma_1 = 0$, pero el recíproco no tiene por qué ser cierto: si $\gamma_1 = 0$ no siempre la distribución es simétrica.

El valor de este coeficiente no debe confundirse con el que propone la instrucción de EXCEL COEFICIENTE.ASIMETRIA(datos) ya que las fórmulas son diferentes, si bien cuando el número de datos es muy elevado, se aproximen.

Coeficiente de asimetría de Pearson: es la relación entre la distancia de la media a la moda, y la desviación típica.

$$A_P = \frac{\mu - moda}{\sigma}$$

donde
A_P: coeficiente de asimetría de Pearson
μ es la media (momento centrado de orden 1)
σ es la desviación estándar.

Se interpreta como:
A_P=0: la distribución es simétrica, porque la media es igual a la moda.
A_P>0: la distribución es asimétrica positiva o a la izquierda, con la media mayor que la moda.
A_P<0: la distribución es asimétrica negativa o a la derecha, con la moda mayor que la media.

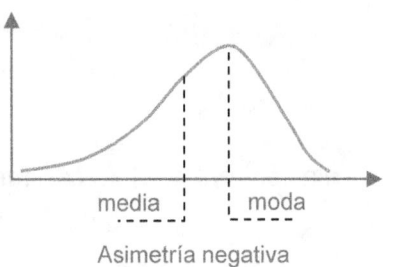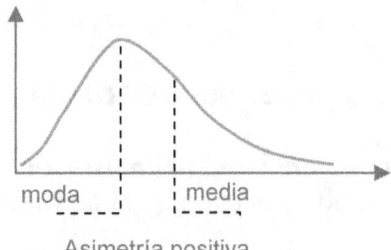

Fig. 3 –Tipos de asimetría

Coeficiente de apuntamiento o de curtosis: es la relación entre el cuarto momento centrado y la cuarta potencia de la desviación típica:

$$\gamma_2 = \frac{\mu_4}{\sigma^4} - 3 = \frac{\sum_{i=1}^{n}(x_i - \mu)^4}{n\,\sigma^4} - 3$$

donde
γ_2: coeficiente de apuntamiento o de curtosis
μ_4 es el cuarto momento centrado en torno a la media
σ es la desviación estándar.

La resta de 3 unidades se hace porque este valor corresponde al cociente para la distribución normal, de manera que el coeficiente valga cero para ella, facilitando la interpretación de los resultados.

Se interpreta como:

$\Upsilon_2 > 0$ la distribución más puntiaguda y con colas más estrechas que la normal (leptocúrtica).

$\Upsilon_2 = 0$ la distribución es normal (mesocúrtica),.

$\Upsilon_2 < 0$ la distribución es más achatada y con colas más anchas que la normal (platicúrtica).

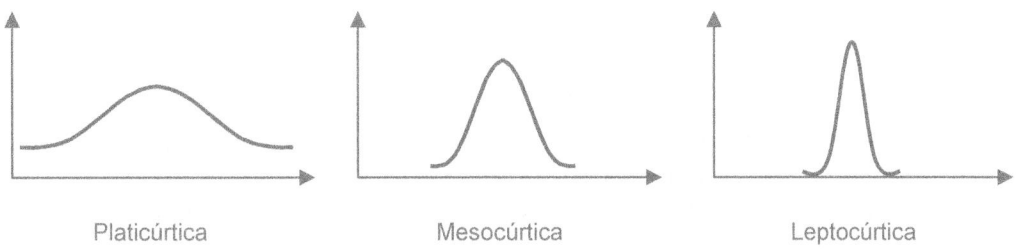

Fig. 4 –Caracterización por curtosis

El valor de este coeficiente no debe confundirse con el que propone la instrucción de EXCEL CURTOSIS (datos) ya que las fórmulas son diferentes, si bien cuando el número de datos es muy elevado, se aproximen.

3.2. CONCEPTO DE ESPERANZA

En general, se define esperanza de una variable a la suma de sus valores ponderada con su probabilidad de aparición, es decir:

$$E(X) = \sum_{i=1}^{n} x_i \cdot P\,(X = x_i)$$

Teniendo en cuenta a la función de densidad f(x) para expresar P(X=x_i), para variables continuas, la esperanza será:

$$E(X) = \int_{-\infty}^{\infty} x \cdot f(x)\, dx$$

Las propiedades de la esperanza para este enunciado más general, son:

$$E[a] = \int_{-\infty}^{\infty} a\, f(x)\, dx = a \int_{-\infty}^{\infty} f(x)\, dx = a \cdot 1 = a$$

$$E[a\, g(x)] = \int_{-\infty}^{\infty} a\, g(x)\, f(x)\, dx = a \int_{-\infty}^{\infty} g(x)\, f(x)\, dx = a \cdot E[g(x)]$$

$$E[g(x) + h(x)] = \int_{-\infty}^{\infty} [g(x) + h(x)]\, f(x)\, dx = \int_{-\infty}^{\infty} g(x)\, f(x)\, dx + \int_{-\infty}^{\infty} h(x)\, f(x)\, dx$$
$$= E[g(x)] + E[h(x)]$$

Ya hemos visto que la media, es decir, el valor esperado del promedio de valores de una variable continua, corresponde a la esperanza del primer momento (de orden k=1). Esta esperanza representará la confiabilidad R(t) o probabilidad de cierto valor para ese conjunto, como se verá más adelante:

$$E(t) = \mu = \int_0^t t\, f(t)\, dt \simeq \int_0^\infty R(t)\, dt$$

Notemos que, al estar estudiando la vida de los activos; estas esperanzas de variable aleatoria se calcularán hasta el momento t de estudio (únicamente en tiempos positivos, R^+), aunque generalizando, en otros estudios pueden aplicarse con límites de integración $(-\infty, +\infty)$.

También se ha visto que la varianza mide la dispersión de una distribución como la distancia cuadrada media de una observación a la media de la distribución. Si reescribimos esta definición en términos de esperanza, inmediatamente tendremos:

$$\sigma^2 = E[(t - E(t))^2] = E(t - \mu)^2$$

Desarrollando esta expresión con la definición de esperanza:

$$\sigma^2 = E(t - \mu)^2 = \int_0^t (t - \mu)^2\, f(t)\, dt = \int_0^t (t^2 - 2\mu t + \mu^2)\, f(t)\, dt$$

$$E(t - \mu)^2 = \int_0^t t^2\, f(t)\, dt - 2\mu \int_0^t t\, f(t)\, dt + \mu^2 \int_0^t f(t)\, dt$$

Como por definición,

$$\mu = \int_0^t t\, f(t)\, dt \qquad\qquad \int_0^t f(t)\, dt = 1$$

la ecuación anterior quedará:

$$E(t-\mu)^2 = \int_0^t t^2\, f(t)\, dt - 2\mu \cdot \mu + \mu^2 \cdot 1$$

$$\boxed{\sigma^2 = E(t-\mu)^2 = \int_0^t t^2\, f(t)\, dt - \mu^2}$$

Podemos definir esperanzas de orden más alto, teniendo en cuenta que el momento de orden k será $E(t)^k$, y que el momento central de ese mismo orden será $E(t-\mu)^k$.

Así, si en general X es una variable aleatoria X con media $\mu=E(X)$, podemos definir las esperanzas para cualquier momento de orden k, a través de la función densidad de fallo.

$$\mu_k = E\left[(X - E[X])^k\right] = E\left[(X - \mu)^k\right] = \int_{-\infty}^{\infty} (x - \mu)^k \cdot f(x)\, dx$$

Como hemos ido viendo (en los apartados de momentos ó coeficientes de asimetría...), el tercer momento representa el sesgo de los datos hacia izquierda o derecha respecto de una distribución simétrica, es decir, hacia qué lado su frecuencia es mayor o menor del promedio (que a su vez desplaza la moda). Su esperanza, para dotaciones temporales, se calcula como:

$$E(t-\mu)^3 = \sigma^3 = \int_0^t (t-\mu)^3\, f(t)\, dt$$

Así mismo, el cuarto momento indica la curtosis o altura de la moda sobre la distribución, que cuanto mayor sea representará una menor variabilidad de los datos.

En general, tenemos:

$$E(t-\mu)^k = \sigma^k = \int_0^t (t-\mu)^k\, f(t)\, dt$$

3.3.   DESIGUALDAD DE MARKOV

Sea una variable aleatoria no negativa X, tal que existe E(X). Entonces, para cualquier a>0 se cumple que:

$$P(X \geq a) \leq \frac{E(X)}{a}$$

En efecto, suponiendo X discreta:

$$E(X) = \sum_x x \cdot P(X = x)$$

$$E(X) = \sum_x x \cdot P(X = x) = \sum_{x<a} x \cdot P(X = x) + \sum_{x \geq a} x \cdot P(X = x)$$

Luego:

$$E(X) \geq \sum_{x \geq a} x \cdot P(X = x) \geq \sum_{x \geq a} a \cdot P(X = x) = a \cdot P(X \geq a)$$

Y despejando

$$\frac{E(X)}{a} \geq P(X \geq a)$$

3.4.   TEOREMA DE CHEBYSHEV

Sea una distribución de datos con media µ y varianza σ^2. Para a>0 se cumple que:

$$P(|X - \mu| \geq a) \leq \frac{\sigma^2}{a^2}$$

En efecto, la probabilidad de que la distancia de un dato a la media supere un valor, es la misma que la de sus cuadrados:

$$P(|X - \mu| \geq a) = P((X - \mu)^2 \geq a^2)$$

Pero esta se encuentra acotada por la desigualdad de Markov:

$$P((X - \mu)^2 \geq a^2) \leq \frac{E(X - \mu)^2}{a^2}$$

Y entonces:

$$P(|X - \mu| \geq a) \leq \frac{E(X - \mu)^2}{a^2} = \frac{\sigma^2}{a^2}$$

Dicho de otra manera: en un intervalo (μ - a σ , μ + a σ) se agrupan al menos el $100 \left(1 - \frac{1}{a^2}\right)$ % de los datos.

Según esto, cuando a=2, este intervalo agrupa el 75% de los datos, y si a=3 concentra el 89% de los datos.

3.5.   CADENAS DE MARKOV

Markov desarrolló una forma de análisis para determinar las probabilidades de que un sistema pase de manera aleatoria por diferentes estados posibles a lo largo del tiempo.

Considera que los cambios de estado pueden producirse en un tiempo discreto (suceden a intervalos dados) ó continuo (suceden en cualquier momento), pero siempre de una manera aleatoria. Mediante sistemas de ecuaciones diferenciales este sistema permite conocer la disponibilidad y la fiabilidad de un sistema de activos.

Para poder aplicar este análisis, la evolución del sistema debe comportarse como un proceso estocástico (aleatorio que depende de una sola variable). En este caso, esa variable será únicamente la situación inmediatamente anterior en la que se encuentra ese sistema. Es decir, la probabilidad de un cambio se encuentra condicionada únicamente por el estado anterior, y el sistema no tiene "memoria".

Si se definen los estados por los que atraviesa el sistema de manera exhaustiva y para que sean mutuamente excluyentes, su sucesión forma una cadena de Markov.

Matemáticamente:

$$P\left[X(t_{n+1}) = x_{n+1} \mid X(t_1) = x_1, X(t_2) = x_2, X(t_3) = x_3, \ldots, X(t_n) = x_n\right]$$

Que al depender únicamente del último estado:

$$P\left[X(t_{n+1}) = x_{n+1} \mid X(t_n) = x_n\right]$$

donde:

x_k estado del sistema en t_k (variable aleatoria, ya sea continua o discreta)

$X(t_k)$ sucesión de observaciones del proceso estocástico (estados del sistema)

La notación $X(t_k) = e$ indica que el sistema está en el tiempo t_k en el estado e.

Según esto, en una cadena de Markov podemos definir una probabilidad de transición estacionaria para ir desde un estado i a otro estado j en un solo paso, como aquella que está condicionada por el estado anterior:

$$P_{i,j}\left[X(t_{n+1}) = j \mid X(t_n) = i\right]$$

Esta expresión de cambio de estado se puede simplificar como:

$$P_{i,j}\left(t_{n+1}, t_n\right)$$

O incluso:

$$P_{i,j}$$

Se denomina cadena de Markov finita aquella en la que existe un número finito n de estados posibles, y en cualquier momento el sistema se encuentra en uno de ellos.

Las probabilidades de que cierto estado del sistema evolucione a otro de ellos en el intervalo (t_n, t_{n+1}) se puede expresar mediante una matriz cuadrada de cambio de estado:

$$P = \begin{pmatrix} p_{00} & p_{01} & p_{02} & p_{03} & \cdots \\ p_{10} & p_{11} & p_{12} & p_{13} & \cdots \\ p_{20} & p_{21} & p_{22} & p_{23} & \cdots \\ p_{30} & p_{31} & p_{32} & p_{33} & \cdots \\ \vdots & \vdots & \vdots & \vdots \end{pmatrix}$$

donde:

P   matriz estocástica de cambio de estado.

P_{ij} probabilidad de transición del estado i al estado j, independiente del tiempo (ya que por definición el proceso estocástico solo depende del estado anterior); que se recoge en el elemento de la fila i y la columna j en la matriz P.

Las probabilidades de transición estacionaria P_{ij} cumplen que:

$P_{ij} \geq 0 \quad \forall(i,j)$, es decir, cualquier probabilidad siempre ha de ser positiva

$\sum_j P_{ij} = 1 \quad \forall(i)$, es decir, la suma de los elementos de cada fila es la unidad

Según esto último, podemos definir una cadena de Markov como una matriz estocástica de transición P, con las probabilidades iniciales asociadas a cada transición entre estados a partir de la situación inicial.

Ejemplo 10 – Probabilidad de fallos en sistemas de Markov

Un elemento de un sistema únicamente puede tener dos estados: operativo (op) o averiado (ave). Cuando este activo se encuentra operativo, tiene ciertas probabilidades de averiarse, pero también de poder permanecer funcionando al día siguiente. Así mismo, si está averiado, hay ciertas probabilidades de pueda ser reparado ese día, o no, en cuyo caso tampoco estaría operativo al siguiente.

Por tanto, podemos expresar las condiciones del elemento en días sucesivos como una cadena de Markov con probabilidades de transición estacionarias, dada por la matriz de probabilidades, que en este caso será:

$$P = \begin{pmatrix} op, op & op, ave \\ ave, op & ave, ave \end{pmatrix} = \begin{pmatrix} 0{,}995 & 0{,}005 \\ 0{,}85 & 0{,}15 \end{pmatrix}$$

¿Cuál es la probabilidad de que si un día se encuentra averiado el activo, no haya podido ser reparado al día siguiente?

Solución:

La probabilidad de que no haya sido reparado en el día será del 15%:

$$P_{ave,ave} = 0{,}15$$

Si consideramos una cadena de Markov que entra en un estado i en un instante t, y lo abandona tras un tiempo j, la probabilidad de que no lo abandone hasta alcanzar un tiempo adicional h, será:

$$P_{i,j} [T_i > t + j + h \mid T_i > t + j] = P[T_i > h]$$

Es decir, el tiempo Ti que permanece en el mismo estado depende solo del tiempo adicional h considerado, no de t (ya que es un proceso de Markov, ni del tiempo en que realizó el último cambio j, ya que es una cadena homogénea).

Por lo tanto, en un proceso tradicional de Markov la distribución de probabilidad del tiempo que falta para que el sistema haga una transición a otro estado es siempre la misma, e independiente del tiempo que lleve en ese estado.

3.5.1 VECTOR DE PROBABILIDADES

Podemos definir la situación en un estado como un vector de probabilidades $w=(w_1, w_2, w_3, \ldots w_n)$ que cumple las propiedades de probabilidad:

$$w_i \geq 0 \quad \forall(i)$$
$$\sum_{i=1}^{n} w_i = 1$$

Cada uno de los términos del vector de probabilidades representa la probabilidad de que un activo se encuentre en un estado w_i. Por ejemplo, un activo que presenta un 25% de probabilidades de estar en buen estado y un 75% de ellas de estar averiado, tiene un estado que puede representarse vectorialmente como (0.25 , 0.75).

Cuando se refiere al estado inicial del activo, se denomina **vector de probabilidades iniciales**.

A partir de este vector de probabilidades iniciales, podríamos calcular el segundo estado multiplicándole por la matriz: w_0 P.

Igualmente, la sucesión de estados puede calcularse como el producto del vector resultante en el estado alcanzado, por la matriz P, obteniendo el siguiente de los estados. Esto nos facilita las operaciones. Así el vector de un estado k se obtiene a partir del anterior:

$$w_k = w_{k-1} \, P$$

Recordamos que para realizar esta multiplicación de una matriz por otra, procederemos sumando los productos de los elementos de las filas de la primera por los de cada columna de la matriz, de la forma:

$$c_{ij} = a_{i1}b_{1j} + a_{i2}b_{2j} + a_{im}b_{mj}$$

donde
  a_{ij} elementos de la primera matriz, de dimensiones n·m
  b_{ij} elementos de la segunda matriz, de dimensiones m·p
  c_{ij} elementos de la matriz resultante, de dimensiones n·p

En nuestro caso, como se trata de un vector, la primera matriz será de una fila, quedando:

$$(a_{11}, a_{12}, a_{13}) \cdot \begin{pmatrix} b_{11} & b_{12} & b_{13} \\ b_{21} & b_{22} & b_{23} \\ b_{31} & b_{32} & b_{33} \end{pmatrix} = (c_{11}, c_{12}, c_{12})$$

Que desarrollando resulta el vector del siguiente estado:

$$(c_{11}, c_{12}, c_{12}) = (a_{11}b_{11} + a_{12}b_{21} + a_{13}b_{31} , \ a_{11}b_{12} + a_{12}b_{22} + a_{13}b_{32} , \ a_{11}b_{13} + a_{12}b_{23} + a_{13}b_{33})$$

Ejemplo 11 – Evolución de fallos en un sistema de Markov

Retomando el ejemplo anterior, cierto elemento del sistema únicamente puede tener dos estados: operativo (op) o averiado (ave). Su evolución sigue un proceso de Markov cuya matriz de probabilidades para el funcionamiento normal es:

$$P = \begin{pmatrix} op,op & op,ave \\ ave,op & ave.ave \end{pmatrix} = \begin{pmatrix} 0{,}995 & 0{,}005 \\ 0{,}85 & 0{,}15 \end{pmatrix}$$

Si tras un mantenimiento el equipo queda operativo, y la probabilidad tras el primer día de operación se define mediante el vector de probabilidades iniciales:

$$w_1\,(op, ave) = (0{,}97\,, 0{,}03)$$

¿Cuál es la probabilidad de que al segundo día se averíe? ¿Y al tercero? ¿Y al cuarto?

Solución:

Al segundo día:

$$w_2 = w_1\,(op, ave) \cdot P = (0{,}97 \quad 0{,}03) \cdot \begin{pmatrix} 0{,}995 & 0{,}005 \\ 0{,}85 & 0{,}15 \end{pmatrix} = (0{,}99065 \quad 0{,}00935)$$

Luego la probabilidad será del 0,935%

Al tercer día:

$$w_3 = w_2 \cdot P = (0{,}99065 \quad 0{,}00935) \cdot \begin{pmatrix} 0{,}995 & 0{,}005 \\ 0{,}85 & 0{,}15 \end{pmatrix} = (0{,}99365 \quad 0{,}00635)$$

Luego la probabilidad será del 0,635%

Al cuarto día:

$$w_4 = w_3 \cdot P = (0{,}99365 \quad 0{,}00635) \cdot \begin{pmatrix} 0{,}995 & 0{,}005 \\ 0{,}85 & 0{,}15 \end{pmatrix} = (0{,}99407 \quad 0{,}00592)$$

Luego la probabilidad será del 0,592%

Igualmente, se denomina **vector de estado estacionario** w_∞ al vector de probabilidades que se alcanza tras un elevado número de cambios de estado, cuando converge hacia un vector constante. Para ello, es necesario que los cambios entre estados sean recurrentes y aperiódicos (permitan la vuelta de uno a otro por rutas no prefijadas de antemano).

3.5.2 REPRESENTACION GRÁFICA DE CADENAS DE MARKOV

La matriz de cambio de estado de un activo representa las probabilidades de que evolucione entre diferentes situaciones.

Cada una de sus filas representa las probabilidades desde un estado a cada uno de los demás. Así mismo, sus columnas indican las probabilidades de que desde los otros estados se llegue al que representa esa columna. De esta manera, la diagonal de la matriz indicará las probabilidades de permanencia en un estado.

Es decir, la matriz de cambio de estado representa unos flujos de probabilidades entre estados, que podemos representar gráficamente, mediante una serie de nodos que representan cada estado del activo; unidos por arcos que representan las probabilidades de transición entre ellos.

Por ejemplo, para un sistema básico de dos estados, con una probabilidad de que no se produzca ningún cambio p, tendremos una matriz que se corresponde con la representación:

$$P = \begin{pmatrix} p & 1-p \\ 1-p & p \end{pmatrix}$$

Fig. 5 –Procesos de Markov en un sistema básico

Para un caso general, tendremos:

$$P = \begin{pmatrix} p_{11} & p_{12} & \cdots & p_{1n} \\ p_{21} & p_{22} & \cdots & p_{2n} \\ p_{31} & p_{32} & \cdots & p_{3n} \\ \cdots & \cdots & \cdots & \cdots \\ p_{n1} & p_{n2} & \cdots & p_{nn} \end{pmatrix}$$

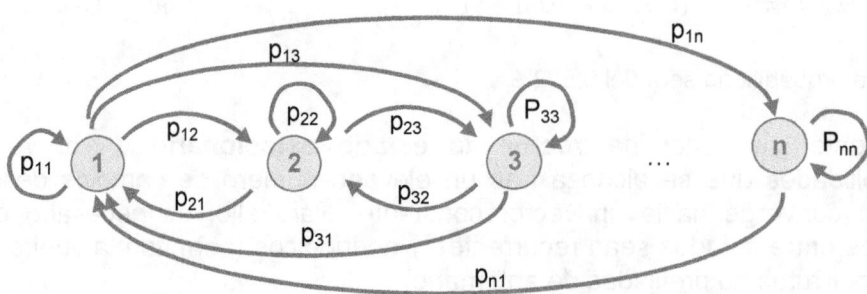

Fig. 6 –Representación general de un sistema de Markov

Ejemplo 12 – Representación de cadenas de Markov

Sea un activo que evoluciona entre tres situaciones según un proceso de Markov, cuya matriz de cambio de estado es:

$$P = \begin{pmatrix} p_{11} & p_{12} & p_{13} \\ p_{21} & p_{22} & p_{23} \\ p_{31} & p_{32} & p_{33} \end{pmatrix} = \begin{pmatrix} 1/2 & 1/2 & 0 \\ 0 & 1/3 & 2/3 \\ 1/3 & 1/3 & 1/3 \end{pmatrix}$$

Representar gráficamente la cadena de este proceso.

Solución:

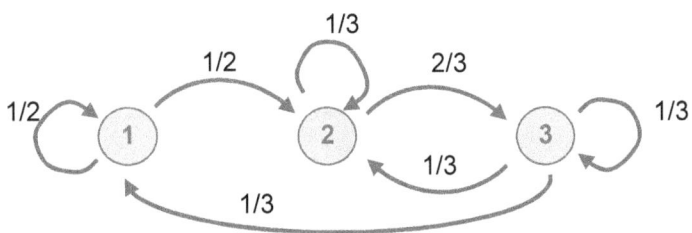

3.5.3 TRANSICION EN VARIOS PASOS

Ir avanzando por sucesivos estados a través de n productos de vectores por una matriz es un proceso tedioso. Sin embargo es posible hacer transiciones de múltiples pasos en una sola operación, utilizando potencias de la matriz de cambio de estado P.

Dada la cadena de Markov de un sistema con k posibles estados, por medio de su matriz de transición P, podemos analizar dos saltos entre estados P^2_{ij} por medio de la probabilidad

$$P^2_{ij} = P\left[X(t_{n+2}) = x_{n+2} \mid X(t_n) = x_n\right]$$

donde
P^2_{ij} elemento de la fila i y la columna j en la matriz P^2
P^2 segunda potencia de la matriz P

En general, para m saltos o pasos de transición:

$$P^m_{ij} = P\left[X(t_{n+m}) = x_{n+m} \mid X(t_n) = x_n\right]$$

Recordemos que para calcular una potencia de una matriz, debemos proceder a multiplicarla por sí misma tantas veces como sea necesario, de la forma:

$$c_{ij} = a_{i1}a_{1j} + a_{i2}a_{2j} + \cdots + a_{im}a_{mj}$$

donde
a_{ij} elementos de la matriz cuadrada, de dimensiones n·m
c_{ij} elementos de la matriz resultante, de dimensiones n·m

Ejemplo 13 – Evolución de estados en sistemas de Markov

Cierto elemento de un sistema únicamente puede tener dos estados: operativo (op) o averiado (ave). Su evolución sigue un proceso de Markov cuya matriz de probabilidades es:

$$P = \begin{pmatrix} op, op & op, ave \\ ave, op & ave. ave \end{pmatrix} = \begin{pmatrix} 0,995 & 0,005 \\ 0,85 & 0,15 \end{pmatrix}$$

¿Cuál es la probabilidad de que si un día se encuentra averiado este activo, no haya podido ser reparado durante dos días y se encuentre averiado al final del segundo día?

Solución:

$$P^2 = \begin{pmatrix} 0,995 & 0,005 \\ 0,85 & 0,15 \end{pmatrix} \cdot \begin{pmatrix} 0,995 & 0,005 \\ 0,85 & 0,15 \end{pmatrix} = \begin{pmatrix} 0,994275 & 0,005725 \\ 0,97325 & 0,02675 \end{pmatrix}$$

Luego la probabilidad de que tampoco se logre reparar al segundo día es del 2,67%:

$$P^2_{ave,ave} = 0,02675$$

Generalizando, los elementos de una matriz de transición de orden superior P_{ij}^n se pueden obtener en forma directa por multiplicación matricial. Así:

$$\left\| P_{ij}^2 \right\| = \left\| P_{ij} \right\| \left\| P_{ij} \right\| = P^2$$

$$\left\| P_{ij}^3 \right\| = \left\| P_{ij}^2 \right\| \left\| P_{ij} \right\| = P^3$$

Y por inducción,

$$\left\| P_{ij}^{(n)} \right\| = P^{n-1}P = P^n$$

Además, una transición de orden n se puede descomponer en dos transiciones de orden inferior, de la forma:

$$\left\| P_{ij}^{(n)} \right\| = P^{n-m} \cdot P^m = P^n$$

Los elementos de esta matriz se obtendrán, para toda i y j, como las sumas del producto ordenado:

$$c_{ij} = \sum_k P_{ik}^{(n-m)} P_{kj}^{(m)}, \quad 0 < m < n$$

Una forma eficiente para calcular el orden n de una matriz de transición es diagonalizándola, es decir, descomponiéndola en sus matrices de autovectores y autovalores, de manera que:

$$P^n = HD^nH^{-1}$$

donde:

H   matriz de autovectores (P-λI)x=0

D   matriz diagonal de autovalores |P- λI|=0

Ya que una vez calculadas H y H⁻¹, las sucesivas potencias de la matriz diagonal D coincidirán con las potencias de sus elementos diagonales:

En efecto, sea una matriz P, diagonalizable como:

$$P = HDH^{-1}$$

Entonces:

$$P^2 = (HDH^{-1}) \cdot (HDH^{-1}) = HD^2H^{-1}$$

$$P^3 = P^2 \cdot P = (HD^2H^{-1}) \cdot (HDH^{-1}) = HD^3H^{-1}$$

Para calcular la matriz de autovalores de P, buscaremos las raíces de su polinomio característico, es decir, soluciones de la ecuación |P- λI|=0, es decir:

$$\left| \begin{pmatrix} p_{11} & p_{12} & \cdots & p_{1n} \\ p_{21} & p_{22} & \cdots & p_{2n} \\ \cdots & \cdots & \cdots & \cdots \\ p_{n1} & p_{n2} & \cdots & p_{nn} \end{pmatrix} - \lambda \begin{pmatrix} 1 & 0 & \cdots & 0 \\ 0 & 1 & \cdots & 0 \\ \cdots & \cdots & \cdots & \cdots \\ 0 & 0 & \cdots & 1 \end{pmatrix} \right| = 0$$

$$\left| \begin{pmatrix} p_{11}-\lambda & p_{12} & \cdots & p_{1n} \\ p_{21} & p_{22}-\lambda & \cdots & p_{2n} \\ \cdots & \cdots & \cdots & \cdots \\ p_{n1} & p_{n2} & \cdots & p_{nn}-\lambda \end{pmatrix} \right| = 0$$

Y para calcular la matriz de autovalores resolveremos el sistema:

$$\begin{pmatrix} p_{11}-\lambda & p_{12} & \cdots & p_{1n} \\ p_{21} & p_{22}-\lambda & \cdots & p_{2n} \\ \cdots & \cdots & \cdots & \cdots \\ p_{n1} & p_{n2} & \cdots & p_{nn}-\lambda \end{pmatrix} \cdot \begin{pmatrix} x_1 \\ x_2 \\ \cdots \\ x_n \end{pmatrix} = \begin{pmatrix} 0 \\ 0 \\ \cdots \\ 0 \end{pmatrix}$$

$$\begin{cases} (p_{11}-\lambda)x_1 + p_{12}x_2 + \cdots + p_{1n}x_n = 0 \\ p_{21}x_1 + (p_{22}-\lambda)x_2 + \cdots + p_{2n}x_n = 0 \\ \cdots \\ p_{n1}x_1 + p_{n2}x_2 + \cdots + (p_{nn}-\lambda)x_n = 0 \end{cases}$$

Ejemplo 14 – Evolución de estados en procesos de Markov

Cierto elemento de un sistema únicamente puede tener dos estados: operativo (op) o averiado (ave). Su evolución sigue un proceso de Markov cuya matriz de probabilidades es:

$$P = \begin{pmatrix} op,op & op,ave \\ ave,op & ave.ave \end{pmatrix} = \begin{pmatrix} 0.25 & 0.75 \\ 0.2 & 0.8 \end{pmatrix}$$

Si la probabilidad de este elemento se define mediante el vector de probabilidades:

$$w_n\,(op,ave) = (0.6\,,0.4)$$

¿Cuál es la probabilidad tras uno (w_1), cuatro (w_4), y ocho (w_8) días de operación?

Solución:

Las matrices de cambio de estado en varios pasos serán:

$$P^2 = \begin{pmatrix} 0.25 & 0.75 \\ 0.2 & 0.8 \end{pmatrix} \cdot \begin{pmatrix} 0.25 & 0.75 \\ 0.2 & 0.8 \end{pmatrix} = \begin{pmatrix} 0.2125 & 0.7875 \\ 0.21 & 0.79 \end{pmatrix}$$

$$P^4 = P^2 P^2 = \begin{pmatrix} 0.2125 & 0.7875 \\ 0.21 & 0.79 \end{pmatrix} \cdot \begin{pmatrix} 0.2125 & 0.7875 \\ 0.2105 & 0.79 \end{pmatrix} = \begin{pmatrix} 0.2105 & 0.7894 \\ 0.2105 & 0.7894 \end{pmatrix}$$

$$P^8 = P^4 P^4 = \begin{pmatrix} 0.2105 & 0.7894 \\ 0.2105 & 0.7894 \end{pmatrix} \cdot \begin{pmatrix} 0.2105 & 0.7894 \\ 0.2105 & 0.7894 \end{pmatrix} = \begin{pmatrix} 0.2105 & 0.7894 \\ 0.2105 & 0.7894 \end{pmatrix}$$

Entonces

$$w_1 = (0.6\,,0.4) \begin{pmatrix} 0.25 & 0.75 \\ 0.2 & 0.8 \end{pmatrix} = (0,23 \quad 0,77)$$

$$w_4 = (0.6\,,0.4) \cdot \begin{pmatrix} 0.2105 & 0.7894 \\ 0.2105 & 0.7894 \end{pmatrix} = (0.2105 \quad 0.7894)$$

$$w_8 = (0.6\,,0.4) \cdot \begin{pmatrix} 0.2105 & 0.7894 \\ 0.2105 & 0.7894 \end{pmatrix} = (0.2105 \quad 0.7894)$$

Se aprecia que conforme se incrementa el número de estados, las filas de la matriz P^n cada vez son más semejantes entre sí (aparecen iguales porque no se han representado con todos los decimales), perdiendo relevancia las condiciones de partida conforme se suceden los cambios. Igualmente, el vector de estado converge hacia un valor.

Esta transición en varios pasos nos permite definir al vector de estado estacionario que se alcanza tras un elevado número de cambios de estado, como:

$$w_\infty = \lim_{n\to\infty} w_0\, P^n = w_0 \cdot \lim_{n\to\infty} P^n$$

A menudo se utiliza la notación π para designar al vector estacionario w_∞. Sus componentes π_i se calculan resolviendo el sistema de ecuaciones:

$$\begin{cases} \pi = P^T\,\pi \\ \sum_i \pi_i = 1 \end{cases}$$

Ejemplo 15 – Vector de estado estacionario en procesos de Markov

Sea un activo que evoluciona entre tres situaciones según un proceso de Markov, cuya representación gráfica y matriz de cambio de estado es:

$$P = \begin{pmatrix} p_{11} & p_{12} & p_{13} \\ p_{21} & p_{22} & p_{23} \\ p_{31} & p_{32} & p_{33} \end{pmatrix} = \begin{pmatrix} 1/2 & 1/2 & 0 \\ 0 & 1/3 & 2/3 \\ 1/3 & 1/3 & 1/3 \end{pmatrix}$$

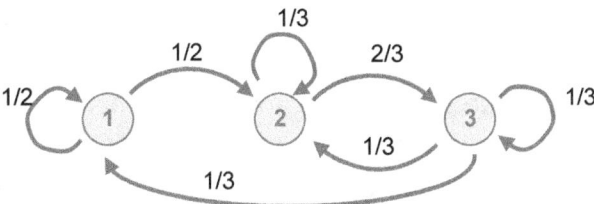

Calcular el vector de estado estacionario de este activo.

Solución:

Planteamos el sistema de ecuaciones para un activo con 3 estados:

$$\begin{cases} \pi = P^T\,\pi \to \begin{cases} \pi_1 = p_{11}\pi_1 + p_{21}\pi_2 + p_{31}\pi_3 \\ \pi_2 = p_{12}\pi_1 + p_{22}\pi_2 + p_{32}\pi_3 \\ \pi_3 = p_{13}\pi_1 + p_{23}\pi_2 + p_{33}\pi_3 \end{cases} \\ \sum_i \pi_i = 1 \quad \to \quad \pi_1 + \pi_2 + \pi_3 = 1 \end{cases}$$

Es decir:

$$\begin{cases} \pi_1 = \dfrac{1}{2}\pi_1 + 0\,\pi_2 + \dfrac{1}{3}\pi_3 \\[2mm] \pi_2 = \dfrac{1}{2}\pi_1 + \dfrac{1}{3}\pi_2 + \dfrac{1}{3}\pi_3 \\[2mm] \pi_3 = 0\pi_1 + \dfrac{2}{3}\pi_2 + \dfrac{1}{3}\pi_3 \\[2mm] \pi_1 + \pi_2 + \pi_3 = 1 \end{cases}$$

Resolviendo, tenemos:

$$\pi_1 = \frac{1}{4} \qquad\qquad \pi_2 = \frac{3}{8} \qquad\qquad \pi_3 = \frac{3}{8}$$

Luego el vector estacionario será:

$$\pi = \left(\frac{1}{4}, \frac{3}{8}, \frac{3}{8} \right)$$

3.5.4 CADENAS DE MARKOV EN LA GESTIÓN DEL MANTENIMIENTO

El modelo de Markov evalúa la probabilidad de pasar desde un estado conocido a otro, a través de una matriz de dependencias entre ellos. Por tanto, también puede aplicarse al estudio de sistemas de activos reparables, para analizar cómo evoluciona su fiabilidad y disponibilidad a lo largo del tiempo. Para ello es necesario que el sistema se comporte como un proceso estocástico, y que la evolución de sus estados pueda expresarse solo como función del estado actual y no de los anteriores. Consideramos que un sistema sigue un proceso con las siguientes características:

- Pueden cambiar en cualquier instante de estado.
- Durante el "tamaño de paso" o tiempo de transición utilizado para estudiar el cambio de un estado a otro, sólo puede darse un fallo o una reparación, en un solo elemento.
- El número de estados que puede alcanzar el sistema es finito.
- El período de vida estudiado es, dentro del ciclo de vida, el de la tasa de fallos constante; utilizándose el mismo concepto para las reparaciones. Esto significa que la distribución de fallos y reparaciones es exponencial.

Para el estudio de la evolución de la fiabilidad y disponibilidad de los sistemas y, por tanto, para predecir su comportamiento utilizando modelos de Markov, se consideran n+1 estados posibles, de forma que cada estado representa un nivel de deterioro, siendo k el número máximo de estados deteriorados permitidos para que el sistema pueda funcionar.

Cada nivel de deterioro se puede identificar bien con un grado de degradación progresivo, como por ejemplo:

Estado 0	Estado 1	Estado 2	Estado 3	...	Estado n-1	Estado n

El número de estados puede ser el número de elementos que pueden fallar, un rendimiento remanente, un deterioro estructural, etc.. El de menor número es el que corresponde al mejor estado, nuevo; y el peor aquel en el que el activo ya no puede cumplir con su función.

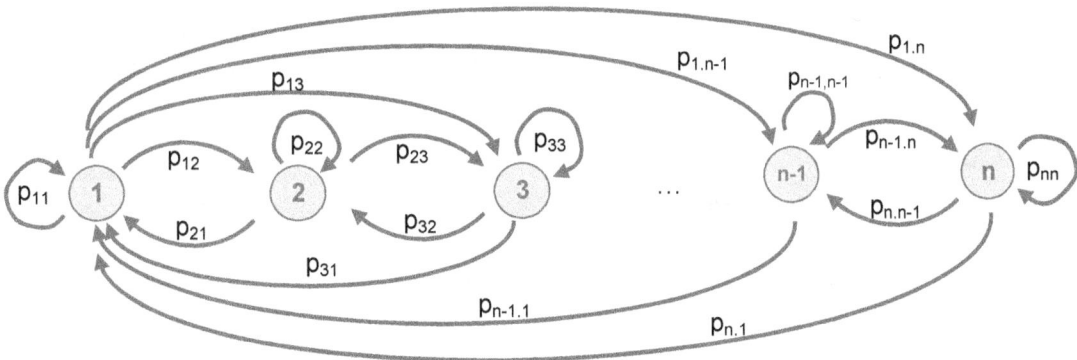

Fig. 7 –Representación de cadenas en un sistema de Markov

Este proceso de degradación puede expresarse como una sucesión de pasos mediante una cadena de Markov, cuya probabilidad de transición entre un estado i a otro j será:

$$S_n = r\,P^n$$

donde:

r   vector de estado inicial
P   matriz de transición de una etapa
n   número de pasos
S_n vector de estado en el paso n

Sobre este proceso de degradación podemos actuar mediante una estrategia de mantenimiento. Para simularla matemáticamente, definiremos otra matriz de mantenimiento M, aplicada sobre la matriz de cambios de estado P, de la forma:

$$S_n = r\,(M \cdot P)^n$$

Esta matriz M puede adoptar la forma de matriz identidad en las submatrices de aquellos estados en los que no se modifique la probabilidad de paso P; o bien llevar a una columna toda la probabilidad de paso de otros estados en los que se desee forzar un salto:

$$M = \begin{pmatrix} 1 & 0 & 0 & 0 & 0 \\ 0 & 1 & 0 & 0 & 0 \\ 0 & 0 & 1 & 0 & 0 \\ 0 & 0 & 0 & 1 & 0 \\ 0 & 0 & 0 & 0 & 1 \end{pmatrix} \qquad M = \begin{pmatrix} 0 & 0 & 1 & 0 & 0 \\ 0 & 0 & 1 & 0 & 0 \\ 0 & 0 & 1 & 0 & 0 \\ 0 & 0 & 1 & 0 & 0 \\ 0 & 0 & 1 & 0 & 0 \end{pmatrix} \qquad M = \begin{pmatrix} 1 & 0 & 0 & 0 & 0 \\ 0 & 1 & 0 & 0 & 0 \\ 0 & 0 & 1 & 0 & 0 \\ 0 & 0 & 0 & 1 & 0 \\ 0 & 0 & 0 & 1 & 0 \end{pmatrix}$$

Ejemplo de matriz identidad sin cambios en P	Ejemplo de matriz que fuerza todos los pasos al estado 3	Ejemplo de matriz que permite degradación pero fuerza el regreso del estado 5 al 4

Todos los valores de cada fila deben sumar uno, aunque los elementos no han de ser necesariamente ceros o unos, ya que pueden reflejar incertidumbres del mantenimiento.

Ejemplo 16 – Análisis de degradación de activos con cadenas de Markov

Sea un activo cuyo estado se clasifica en función de su degradación de acuerdo con la siguiente tabla:

Grado	Estado	Degradación
1	Nuevo	< 10%
2	Muy bueno	11 al 25%
3	Bueno	26 al 40 %
4	Aceptable	41 al 55 %
5	Deficiente	56 al 70%
6	Muy deficiente	71 al 85%
7	Catastrófico	> 85 %

Este sistema se somete a evaluaciones periódicas, y aunque en cada revisión de un elemento es mayor la probabilidad de permanecer en el estado original, la degradación en este activo irá incrementándose paulatinamente de acuerdo con un proceso P, hasta que alcance el estado 7 (catastrófico), dado por la matriz.

$$P = \begin{pmatrix} 0{,}99 & 0{,}01 & 0 & 0 & 0 & 0 & 0 \\ 0 & 0{,}96 & 0{,}04 & 0 & 0 & 0 & 0 \\ 0 & 0 & 0{,}94 & 0{,}06 & 0 & 0 & 0 \\ 0 & 0 & 0 & 0{,}90 & 0{,}10 & 0 & 0 \\ 0 & 0 & 0 & 0 & 0{,}84 & 0{,}16 & 0 \\ 0 & 0 & 0 & 0 & 0 & 0{,}70 & 0{,}30 \\ 0 & 0 & 0 & 0 & 0 & 0 & 1 \end{pmatrix} \qquad M = \begin{pmatrix} 1 & 0 & 0 & 0 & 0 & 0 & 0 \\ 0 & 1 & 0 & 0 & 0 & 0 & 0 \\ 0 & 0 & 1 & 0 & 0 & 0 & 0 \\ 0 & 0 & 0 & 1 & 0 & 0 & 0 \\ 0 & 1 & 0 & 0 & 0 & 0 & 0 \\ 0 & 1 & 0 & 0 & 0 & 0 & 0 \\ 0 & 1 & 0 & 0 & 0 & 0 & 0 \end{pmatrix}$$

Analizar el estado estacionario al que tiende el sistema si no realizamos ninguna política de mantenimiento, y si implementamos un mantenimiento tal que cuando el sistema alcance el estado 5 (deficiente) en el que la degradación crece rápidamente, sea devuelto al estado 2 (muy bueno), que en forma matricial se expresa por la matriz M.

Solución:

El proceso de degradación entre los estados 1 y 7 puede expresarse como una cadena de Markov, cuya probabilidad de transición entre un estado a otro será:

$$S_n = r\, P^n$$

Cuando para evitar esta degradación y asegurar el máximo tiempo de funcionamiento del sistema de activos, realizamos labores de mantenimiento, el vector de paso será:

$$S_n = r\, (M \cdot P)^n$$

Cuando el número de pasos tiende a infinito tenemos el estado estacionario del activo, como:

$$\pi = \lim_{n \to \infty} S_n$$

Por tanto, calculamos ambas estrategias en paralelo:

Sin mantenimiento

$$P^n = \begin{pmatrix} 0 & 0 & 0 & 0 & 0 & 0 & 1 \\ 0 & 0 & 0 & 0 & 0 & 0 & 1 \\ 0 & 0 & 0 & 0 & 0 & 0 & 1 \\ 0 & 0 & 0 & 0 & 0 & 0 & 1 \\ 0 & 0 & 0 & 0 & 0 & 0 & 1 \\ 0 & 0 & 0 & 0 & 0 & 0 & 1 \\ 0 & 0 & 0 & 0 & 0 & 0 & 1 \end{pmatrix}$$

$$\pi = (0 \quad 0 \quad 0 \quad 0 \quad 0 \quad 0 \quad 1)$$

Con mantenimiento

$$(MP)^n = \begin{pmatrix} 0 & 0{,}484 & 0{,}323 & 0{,}193 & 0 & 0 & 0 \\ 0 & 0{,}484 & 0{,}323 & 0{,}193 & 0 & 0 & 0 \\ 0 & 0{,}484 & 0{,}323 & 0{,}193 & 0 & 0 & 0 \\ 0 & 0{,}484 & 0{,}323 & 0{,}193 & 0 & 0 & 0 \\ 0 & 0{,}484 & 0{,}323 & 0{,}193 & 0 & 0 & 0 \\ 0 & 0{,}484 & 0{,}323 & 0{,}193 & 0 & 0 & 0 \\ 0 & 0{,}484 & 0{,}323 & 0{,}193 & 0 & 0 & 0 \end{pmatrix}$$

$$\pi = (0 \quad 0{,}484 \quad 0{,}323 \quad 0{,}193 \quad 0 \quad 0 \quad 0)$$

Lógicamente, si no hay mantenimiento, con el tiempo el sistema llega al peor estado de los posibles, mientras que cuando se realiza el mantenimiento, la degradación se detiene en el peor estado tolerado.

Como la estrategia de mantenimiento le devuelve al estado 2, la probabilidad de que el sistema se encuentre en tal estado (que es el que menor probabilidad de degradación presenta), es la más alta.

3.6.   ANÁLISIS BIDIMENSIONAL

La estadística bidimensional estudia la dependencia o correlación entre dos conjuntos de datos, por ejemplo dimensiones y peso. Para cada valor de una de las variables, se pueden hacer estudios condicionados de la segunda a partir de las medidas descriptivas en una variable. Por ejemplo, la media del peso de todas las muestras con determinadas dimensiones.

Además, existen medidas para caracterizar dos distribuciones simultáneamente y su conjunto; o bien una distribución con dos pares de datos. Las más importantes son el centro de gravedad, la covarianza y el coeficiente de correlación.

Centro de gravedad: es el par de datos que representa las medias aritméticas de los dos conjuntos de datos. Gráficamente, si cada par de datos define unas coordenadas en las que se ubica un "peso" proporcional a su frecuencia absoluta, el centro de gravedad sería las coordenadas del centro físico de gravedad.

El centro de gravedad se puede calcular de forma absoluta como las medias de los datos de cada conjunto:

$$\left(x_g, y_g\right) = \left(\frac{\sum_{i=1}^{n} x_i}{n}, \frac{\sum_{i=1}^{n} y_i}{n}\right)$$

donde:
   (x_g, y_g) coordenadas del centro de gravedad
   (x_i, y_i) coordenadas de cada dato
   n   número total de datos

Por otra parte, si consideramos la capacidad de procesamiento geográfico de este concepto, puede ser interesante su cálculo de manera ponderada mediante el uso de pesos para cada dato. Por ejemplo para estudiar una serie doble de datos de

fallo, como puede ser la concentración de averías en torno a unas coordenadas geográficas en función de su gravedad (peso). Ese centro estaría en la posición:

$$\left(x_{gp}, y_{gp}\right) = \left(\frac{\sum_{i=1}^{n} p_i x_i}{P}, \frac{\sum_{i=1}^{n} p_i y_i}{P}\right)$$

donde

(x_{gp}, y_{gp}) coordenadas del centro de gravedad ponderado
(x_i, y_i) coordenadas de cada dato
p_i peso asignado a cada dato
P peso total

Además, podemos utilizar el concepto de desviación típica a la distancia al centro de gravedad, para reflejar la distribución espacial de los datos en un círculo en torno a él, cuyo radio será:

$$R_{xy} = \sqrt{\frac{\sum_{i=1}^{n}\left(x_i - x_g\right)^2}{n} + \frac{\sum_{i=1}^{n}\left(y_i - y_g\right)^2}{n}}$$

donde

(x_g, y_g) coordenadas del centro de gravedad
(x_i, y_i) coordenadas de cada dato
n número total de datos

Abundando más en este estudio de una nube de puntos a través de la distribución típica en dos dimensiones, cuando la distribución no es simétrica, más que de un círculo estaríamos hablando de una elipse de influencia, que podemos definir a través de sus ejes y un ángulo de orientación, calculándola como:

$$\delta_x = \sqrt{\frac{\sum_{i=1}^{n}(x_i{'}\cos\theta - y_i{'}\sin\theta)^2}{n}}$$

$$\delta_y = \sqrt{\frac{\sum_{i=1}^{n}(x_i{'}\sin\theta - y_i{'}\cos\theta)^2}{n}}$$

$$\tan\theta = \frac{\left(\sum_{i=1}^{n} x_i{'}^2 - \sum_{i=1}^{n} y_i{'}^2\right) + \sqrt{\left(\sum_{i=1}^{n} x_i{'}^2 - \sum_{i=1}^{n} y_i{'}^2\right)^2 + 4\left(\sum_{i=1}^{n} x_i{'} \cdot \sum_{i=1}^{n} y_i{'}\right)^2}}{2 \cdot \sum_{i=1}^{n} x_i{'} \cdot \sum_{i=1}^{n} y_i{'}}$$

donde:

$x'_i = x_i - x_g$
$y'_i = y_i - y_g$

Ejemplo 17 – Análisis estadístico bidimensional

Calcular el centro de gravedad, el ponderado y la desviación típica al centro de los datos.

X	Y	Nº averías P
25	35	2
12	10	1
8	11	3
32	28	1
16	17	1
19	23	2
20	15	3
14	18	4
14	13	1
30	32	1
21	23	2
23	24	1
11	14	3
7	5	2
34	33	1
22	21	3

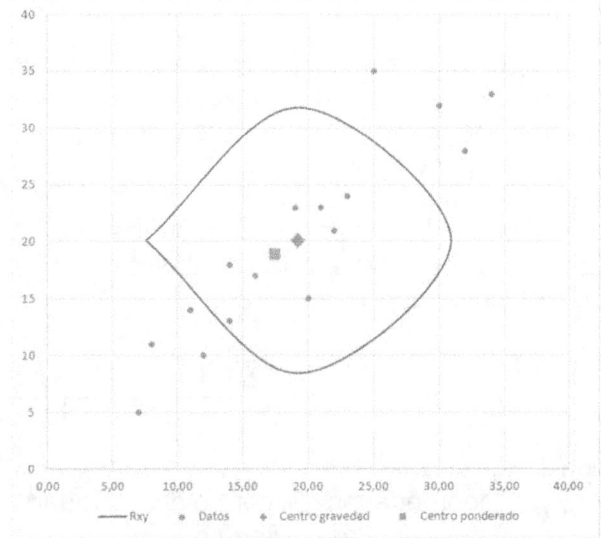

Solución:

$$(x_g, y_g) = (19.25\,, 20.13) \qquad (x_{gp}, y_{gp}) = (17.55\,, 18.84) \qquad\qquad R_{xy} = 11.68$$

Este análisis mediante coordenadas no solo es útil para cálculos geográficos, sino que también puede aplicarse a los estudios de costes, cartografiando en uno de los ejes las categorías de coste y en el otro la descomposición de la estructura analizada (producto, instalación, empresa...), creando mapas de evolución de costes.

Covarianza: es la varianza conjunta de una distribución bidimensional, que se calcula como:

$$\sigma_{xy} = \frac{1}{n} \sum_{i=1}^{n} (x_i - \mu_x)(y_i - \mu_y)$$

donde

σ_{xy} covarianza de X e Y.
μ_x media de la distribución X.
μ_y media de la distribución Y.
n número de pares de datos.

De otra forma:

$$\sigma_{xy} = \frac{1}{n}\sum_{i=1}^{n} x_i y_i - \mu_x \mu_y$$

En EXCEL se calcula con la instrucción COVARIANCE.P (datos X ; datos Y). En versiones antiguas se denominaba COVAR (datos X ; datos Y).

La covarianza se interpreta en función de su signo:
$\sigma_{xy} > 0$, hay una correlación directa entre las variables de las distribuciones. Si representamos los pares de datos como coordenadas, se agruparían en los cuadrantes primero y tercero.
$\sigma_{xy} < 0$, hay una correlación inversa entre las variables de las distribuciones. Si representamos los pares de datos como coordenadas, se agruparían en los cuadrantes segundo y cuarto.

Si la covarianza es nula no se puede concluir que las dos variables son independientes, únicamente que no hay una correlación lineal y que sus puntos se distribuyen por todos los cuadrantes. Por ejemplo, los puntos de una circunferencia se distribuyen en torno a un centro y entre sus pares de datos hay una dependencia pero no es lineal.

Coeficiente de correlación lineal de Pearson: es la relación entre la covarianza y el producto de las varianzas individuales de dos series de datos.

$$r = \frac{\sigma_{xy}}{\sigma_x \sigma_y}$$

donde:
r   coeficiente de correlación lineal, con valores en (-1, 1)
σ_{xy} covarianza de X e Y.
σ_x desviación típica de X.
σ_y desviación típica de Y.

En EXCEL se puede calcular como PEARSON (datos X ; datos Y), o en versiones más antiguas como COEF.DE.CORREL (datos X ; datos Y).

Se interpreta:
r próximo a -1   la correlación lineal es fuerte y los puntos se concentran en torno a una recta de pendiente negativa.
r próximo a cero   la correlación lineal es muy débil o no existe.
r próximo a 1   la correlación lineal es fuerte y los puntos se concentran en torno a una recta de pendiente positiva.

4. CONCEPTOS MATEMÁTICOS BÁSICOS DEL MANTENIMIENTO

Esta sección introduce los conceptos más importantes utilizados en gestión del mantenimiento y las funciones matemáticas que le gobiernan.

A partir del estudio de esas funciones matemáticas podremos elaborar indicadores de seguimiento de fallos, optimizar los trabajos de mantenimiento, minimizar los costes operativos, o tomar decisiones de inversión sobre nuestros activos.

4.1. FALLO

Un fallo es un suceso que provoca la disfunción de un elemento o sistema, impidiéndole funcionar conforme se espera de él.

Los fallos se pueden clasificar en función de su:

1. Modo: la forma del fallo a partir de los síntomas por los que se aprecia; por ejemplo, una rotura.

2. Causas: el origen de un fallo puede ser intrínseco al elemento, debido a un deterioro del mismo; o extrínseco, provocado por su entorno o utilización..

3. Consecuencias: las consecuencias de un fallo son todos aquellos efectos que produce su ocurrencia, tanto sobre el elemento que falla como sobre los que le rodean o del sistema al que pertenece. Como el alcance de un fallo puede ser muy amplio, suelen categorizarse como: *irrelevante, parcial, completo y crítico*.

4. Mecanismo: el proceso físico (mecánico, eléctrico, químico...) que a partir de unos determinados factores desemboca en la ocurrencia de un fallo, ya que es fundamental para su predicción y prevención, o en todo caso minimización de consecuencias.

Por otra parte, los fallos también se pueden clasificar en función de su velocidad de ocurrencia, como repentinas o graduales.

Se denomina fallo catastrófico a un fallo completo y repentino, mientras que cuando el fallo es un proceso gradual, o se desencadena de forma parcial, se trata de fallos por envejecimiento, deterioro o desgaste:

Fallo	Repentino	Gradual
Completo	Catastrófico	Envejecimiento
Parcial	Deterioro	Desgaste

4.2. CONFIABILIDAD

Se define como confiabilidad (R, Reliability) de un componente o un sistema, a la probabilidad de que éste cumpla con sus requerimientos de funcionamiento para un intervalo de tiempo.

Para cuantificarla se calcula la probabilidad de que permanezca funcionando sin interrupciones a lo largo de un tiempo determinado:

$$R(t) = P\,[T \geq t]$$

donde

T   variable aleatoria continua que acumula el tiempo de funcionamiento hasta el fallo.

t   tiempo

P [T≥t]   probabilidad de que no se produzca un fallo antes del instante en estudio t.

Un componente es una unidad funcional o estructural de complejidad arbitraria (parte, ensamble, equipo, sistema o sub-sistema)

Consideremos un grupo de N componentes idénticos que funcionan en t=0. Definimos $n(t)$ el número de componentes que no han fallado en el intervalo [0,t]. La confiabilidad $R(t)$ puede ser estimada como:

$$R(t) = \frac{n(t)}{N}$$

Para el instante inicial la confiabilidad de un componente que funciona es total; mientras que al final de la vida útil de un componente, su confiabilidad debe ser nula, ya que ese final está marcado por su fallo:

$$R(0) = 1 \qquad \lim_{t \to \infty} R(t) = 0$$

Es decir, R(t) es una función continua y decreciente, con formas que iremos viendo.

Otra forma de calcular la confiabilidad de un componente para un periodo de tiempo dado, es considerando la cantidad de ese tiempo que es capaz de cumplir con su cometido, como:

$$R(t) = \frac{Tiempo\ medio\ entre\ fallos}{Tiempo\ medio\ entre\ fallos + Tiempo\ para\ la\ reparación}$$

Estudiando la confiabilidad se puede averiguar:

1. El tiempo de funcionamiento en el que podemos esperar el fallo de una porción de los equipos, a partir de lo cual podemos estimar sus reemplazos o reparaciones, con los tiempos y costes asociados.

2. El tiempo óptimo de mantenimiento, que asegura el número mínimo de equipos necesarios para el funcionamiento del sistema.

3. Qué equipos son más confiables respecto de otros, y qué proveedores son mejores.

4. Cómo evoluciona la confiabilidad de un equipo y cuanto es prudente extender su operación o vida útil.

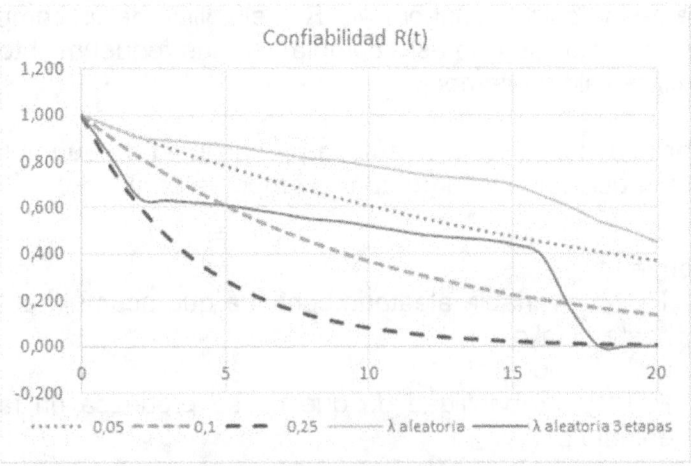

Fig. 8 –Evolución de la confiabilidad según la tasa de fallos

4.3. PROBABILIDAD ACUMULADA DE FALLOS

La probabilidad acumulada de fallo F(t) se define como la probabilidad que un componente falle en el intervalo [0, *t*], que viene dada por la función de fiabilidad. Es decir, es la complementaria a la confiabilidad:

$$F(t) = P\,[T < t]$$

donde

T   variable aleatoria continua que acumula el tiempo de funcionamiento hasta el fallo.

t   tiempo

P [T<t]   probabilidad de que falle antes del instante en estudio t.

Es decir, un valor F(t) = 0,1 indicaría que para el tiempo t se ha producido el fallo del 10% de los componentes de un conjunto.

Para el instante inicial, la probabilidad de fallo en un componente que funciona es nula:

$$F(0) = 0$$

Mientras que al final de la vida útil de un componente, su probabilidad de fallo debe ser del 100%, ya que ese final está marcado por su fallo:

$$\lim_{t \to \infty} F(t) = 1$$

Por lo tanto, podemos expresar la probabilidad de fallo como complementaria de la confiabilidad, como:

$$F(t) = 1 - R(t) = \frac{N - n(t)}{N}$$

La función fiabilidad siempre será una gráfica continua y creciente, asintótica al 1, aunque puede tomar diversas formas conforme fallen los componentes:

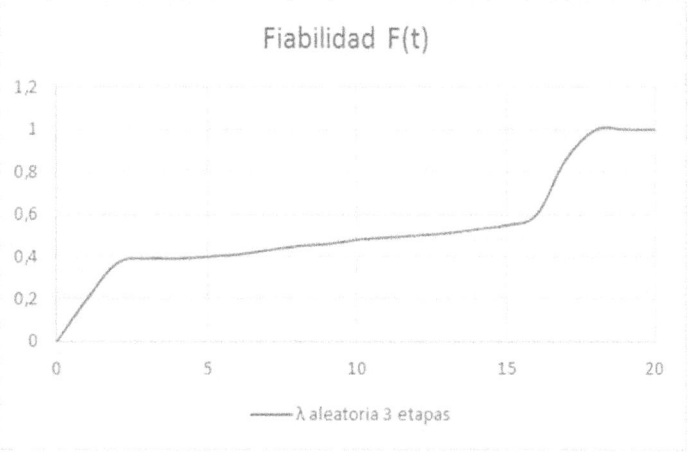

Fig. 9 –Evolución de la fiabilidad durante la vida útil

4.4. FUNCIÓN DENSIDAD DE LA PROBABILIDAD DE FALLO

Para calcular la probabilidad de ocurrencia de un suceso, necesitamos antes determinar la frecuencia con que sucede ese acontecimiento.

La frecuencia de fallos de un sistema se puede representar gráficamente mediante un gráfico de barras o histograma, de manera que se facilite un análisis visual de su distribución temporal. El gráfico también permite seleccionar rápidamente clases de agrupación (semanas, meses) y detectar variaciones de la frecuencia asociadas a fenómenos estacionales o a características compartidas entre los diferentes activos. El área que hay en el histograma entre dos puntos representa la frecuencia de fallos en ese intervalo.

Si en vez de utilizar los valores absolutos de fallo en el histograma, empleamos su frecuencia relativa, la curva que pasa por ellos define la función densidad de la probabilidad de fallo f(t).

Ejemplo 18 – Histograma y función densidad de probabilidad de fallo

Sea un sistema de 50 componentes cuyo comportamiento ensayamos durante un año, obteniendo los resultados mensuales de fallo recogidos en la tabla. Analizar su distribución de frecuencias (histograma) y la forma de su función densidad de probabilidad de fallo.

Mes	Nº fallos
Enero	5
Febrero	7
Marzo	6
Abril	5
Mayo	3
Junio	2
Julio	3
Agosto	4
Septiembre	5
Octubre	7
Noviembre	3
Total	50

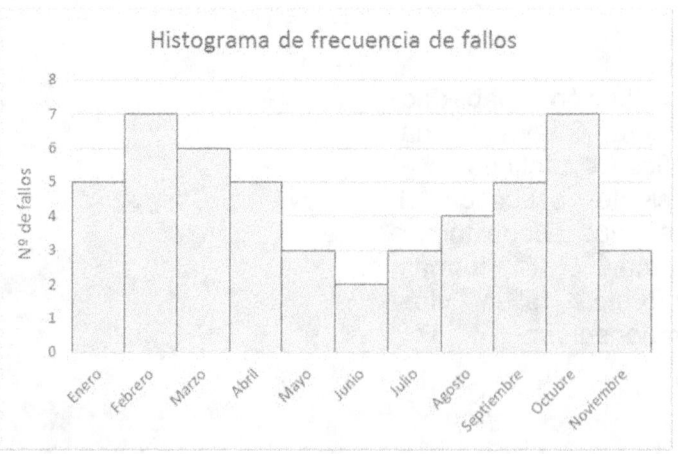

Solución:

Vemos que en diciembre no hay fallos porque no quedan equipos operativos.

Dividiendo cada mes entre el total de equipos operativos, obtenemos su frecuencia relativa para el año completo, que es el valor de la función densidad de probabilidad de fallo f(t):

t	1	2	3	4	5	6	7	8	9	10	11	12
f(t)	0,10	0,14	0,12	0,10	0,06	0,04	0,06	0,08	0,10	0,14	0,06	0

Esta función de densidad describe la forma temporal de la distribución de los fallos. También, de forma inmediata, nos permite saber el % de ellos que se producen en un determinado intervalo, o localizar su media.

Es decir, la densidad de fallos en un intervalo representa la probabilidad relativa de que se produzca un fallo en él:

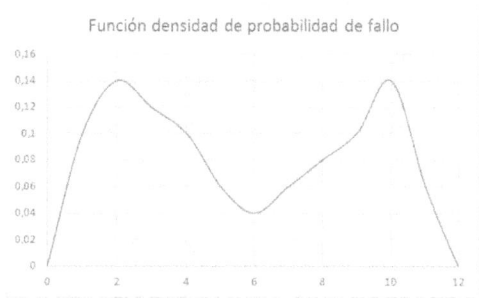

Fig. 10 –Densidad de la probabilidad de fallo

$$f(t) = \frac{P\{T < t_2\} - P\{T < t_1\}}{t_2 - t_1} = \frac{F(t_2) - F(t_1)}{t_2 - t_1}$$

De otra forma, podemos definir la **función de densidad de probabilidad de fallas f(t)** como la probabilidad instantánea que un componente falle en *t*:

$$f(t) = \frac{dF(t)}{dt} = \frac{-dR(t)}{dt}$$

Por tanto, en la gráfica del ejemplo anterior, el área situada bajo su curva hasta un instante t representa la probabilidad acumulada de fallo hasta ese momento, es decir F(t); mientras que el área bajo ella entre el instante t en adelante hasta el fin de la vida útil, representa la probabilidad de supervivencia, es decir, la confiabilidad R(t).

Por ello, podemos utilizar esta función de densidad de probabilidad de fallos f(t) para definir la probabilidad de un fallo antes de un tiempo t, es decir:

$$P(T \leq t) = F(t) = \int_0^t f(t)\, dt$$

Igualmente, podemos decir, dado el carácter instantáneo de la densidad, que:

$$P(T = t) = \int_t^t f(t)\, dt = 0$$

Por otra parte, a su vez:

$$R(t) = 1 - \int_0^t f(t)\, dt$$

Y también:

$$P(t_1 \leq T \leq t_2) = F(t_2) - F(t_1) = \int_{t_1}^{t_2} f(t)\, dt$$

Por tanto, la función densidad de la probabilidad de fallo f(t) siempre es positiva y la superficie que define es unitaria:

$$f(t) \geq 0 \qquad \int_0^{\infty} f(t)dt = 1$$

Esto es así porque:

$$0 \leq F(t) \leq 1 \qquad 0 \leq R(t) \leq 1$$

Sin embargo, la forma de esta función suele ser creciente y decreciente cuando los fallos se producen de forma aleatoria, ya que refleja los incrementos y bajadas de esa aleatoriedad.

4.5.   FUNCIÓN DE VEROSIMILITUD

La función de verosimilitud (L) es la probabilidad de observar una muestra aleatoria en una población determinada. Se define como el producto de la función de densidad:

$$L = \prod_{i=1}^{n} f(t_i)$$

donde:

f(t$_i$)   función de densidad ó probabilidad para t$_i$ en la muestra aleatoria.

Si tenemos que esta densidad de probabilidad de fallos, además de unos valores temporales, depende de unos parámetros θ que ajustan su expresión matemática a los valores observados, podemos decir que la máxima verosimilitud será:

$$L(\Theta) = \prod_{i=1}^{n} f(t_i; \Theta)$$

Esta función así definida representa la medida de lo probables que son los datos observados en función de los parámetros de ajuste de la función matemática que usamos para aproximarlos.

Cuanto más elevados sean los valores de L(θ), más verosímil es que la aproximación matemática utilizada represente correctamente la evolución de la densidad de fallo para esos valores. Y a la inversa, aquellos valores para los que sea menor, indicará que la probabilidad para registrar esas observaciones es más pequeña.

Esta función es útil para buscar su máximo, en función de los parámetros θ que definen una aproximación matemática. Los valores obtenidos se denominan Estimadores de Máxima Verosimilitud (EMV).

En ocasiones, para obtener el valor máximo de verosimilitud resulta más sencillo hacerlo sobre su logaritmo, ya que el valor máximo de este coincidirá con aquel:

$$\Lambda(\Theta) = \ln[L(\Theta)] = \ln \prod_{i=1}^{n} f(t_i; \Theta)$$

Por otra parte, si consideramos un intervalo en el que no tenemos valores precisos para todos los datos, no podremos obtener la función de densidad para esos puntos, por lo que deberemos definir la función de verosimilitud a partir de la probabilidad de fallo. En función de donde fallen los datos, esta función se definirá como:

Datos imprecisos antes del instante i:
$$L_i(\Theta) = P(t_{i-1} < t < t_i) = \int_{t_{i-1}}^{t_i} f(t)dt = F(t_i) - F(t_{i-1})$$

Datos imprecisos después del instante i:
$$L_i(\Theta) = P(t > t_i) = \int_{t_i}^{\infty} f(t)dt = F(\infty) - F(t_i) = 1 - F(t_i)$$

4.6. TASA DE FALLO

La tasa de fallo $\lambda(t)$ se define como el número de fallos por unidad de tiempo.

De manera simplificada, si consideremos un grupo de N componentes, en un tiempo t se han producido un total k fallos. El tiempo acumulado, T, viene dado por el producto $(N \cdot t)$ y la tasa de fallo estimada viene dada por:

$$\lambda = \frac{k}{T} = \frac{k}{N \cdot t}$$

donde:
- λ índice de fallo relativo al periodo considerado.
- k número de fallos en el periodo.
- T tiempo del periodo considerado para calcular el índice (por ejemplo 1 año).
- N componentes que han fallado
- t intervalos de que consta el periodo (por ejemplo, 12 meses).

En realidad k/T es solo una estimación de λ, ya que el valor real se puede determinar solo cuando los N componentes hayan fallado.

De manera más formal, la probabilidad de fallo en un instante vendrá dada por:

$$P(t \leq T < t + \Delta t \mid T \geq t) = \frac{P(t \leq T < t + \Delta t)}{P(T > t)} = \frac{F(t + \Delta t) - F(t)}{R(t)}$$

La tasa de fallos o hazard rate también se puede definir como la probabilidad de fallo instantánea, dado que el componente funciona en el momento actual t. Su valor se obtiene dividiendo esta probabilidad de fallo entre la longitud del intervalo, y haciendo que esa duración tienda a cero:

$$\lambda(t)\Delta t = P(t \leq T < t + \Delta t \mid T \geq t)$$

$$\lambda(t) = \lim_{\Delta t \to 0} \frac{P(t \leq T < t + \Delta t \mid T \geq t)}{\Delta t} = \lim_{\Delta t \to 0} \frac{\frac{F(t + \Delta t) - F(t)}{R(t)}}{\Delta t}$$

$$= \lim_{\Delta t \to 0} \frac{\frac{R(t) - R(t + \Delta t)}{R(t)}}{\Delta t} = \lim_{\Delta t \to 0} \frac{-[R(t + \Delta t) - R(t)]}{\Delta t} \cdot \frac{1}{R(t)} = \frac{-dR(t)}{dt} \cdot \frac{1}{R(t)}$$

$$\boxed{\lambda(t) = \frac{f(t)}{R(t)}}$$

Otras formas de expresar la tasa de fallos pueden ser:

$$\lambda(t) = \frac{f(t)}{1 - F(t)} \qquad \lambda(t) = -\frac{d[\ln R(t)]}{R(t)}$$

También puede ser útil hacer notar que:

$$\lambda(t)dt \approx P(t \leq T < t + \Delta t \mid T \geq t)$$

$$f(t)dt \approx P(t \leq T < t + \Delta t)$$

La tasa de fallo de un sistema puede variar durante su tiempo de vida útil. Esta variación con frecuencia sigue una curva con forma de bañera, decreciente al inicio, constante durante la mayor parte, y exponencialmente creciente al final.

- Los fallos registrados en la primera parte de la curva, donde la tasa de fallo es decreciente, se denominan fallos prematuros o infantiles, relacionadas con errores de fabricación o instalación. A medida que pasa el tiempo hasta el final de esta etapa, la tasa de fallos decrece, ya que sobreviven los equipos sin errores.
- La zona central representa los fallos aleatorios normales, suele caracterizarse por una tasa constante, debida a fallos aleatorios.
- La última sección de la curva registra los fallos por desgaste o corrosión, con una tasa de fallos creciente a medida que el deterioro se acumula.

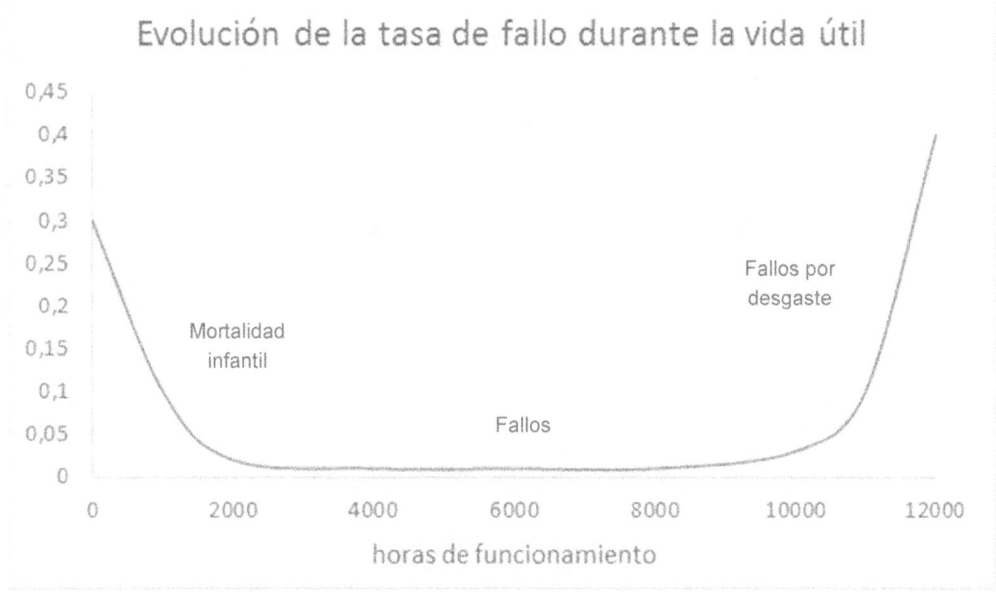

Fig. 11 –*Evolución de la tasa de fallo durante la vida útil*

En función de cómo varíe la tasa de fallos de un sistema, podemos tomar diferentes decisiones sobre cómo mantener y gestionar sus componentes:

1. Si la tasa de fallo es decreciente, es mejor no reemplazar las partes que se hayan averiado salvo que sean críticas o afecten al fallo de otras partes. De esta manera ahorraremos costes sin perder confiabilidad. Por ejemplo, un elemento que se endurece con la utilización.
2. Si hay una tasa de fallo constante, el reemplazo planeado de los componentes no reducirá la tasa de fallo ya que es aleatoria, e incluso podría incrementarla debido a la mortalidad infantil de los recambios. Por ejemplo, el fallo de un parabrisas en un vehículo.
3. Si con el tiempo se incrementa la tasa de fallos, será necesario reemplazar de manera programada aquellas partes con mayores fallos, para eliminar componentes desgastados y hacer regresar el sistema a su zona de vida útil.

4.7. RIESGO ACUMULADO

A partir de la integral de la función tasa de fallo, podemos calcular el riesgo acumulado por un componente o sistema hasta un instante t de su funcionamiento, como:

$$H(t) = \int_0^t \lambda(t)\, dt$$

Observamos que cuando t crece indefinidamente, el riesgo acumulado llega a la certeza del fallo, incluso aunque la tasa de fallo sea decreciente

$$H_{final} = \int_0^\infty \lambda(t)\, dt \geq 1$$

La forma de la función de riesgo variará según se comporte la tasa de fallos, condicionando la supervivencia y por tanto la estrategia de gestión de activos:

| Con tasa decreciente no proceder a reemplazos | Con tasa constante el reemplazo no afecta | Con tasa creciente el reemplazo limita el riesgo |

Fig. 12 – Riesgo y estrategias de gestión de activos según la tasa de fallo

Por medio de esta función, también se puede relacionar el riesgo y la confiabilidad como:

$$\lambda(t) = -\frac{d[\ln R(t)]}{R(t)}$$

$$R(t) = e^{-H(t)}$$

Así mismo, podemos expresar el riesgo como:

$$H(t) = -\ln(1 - F(t))$$

También, de otra forma:

$$H(t) = \int_0^t \frac{f(t)}{R(t)} \, dt$$

4.8.   TIEMPO MEDIO PARA FALLAR (MTTF)

Se define como tiempo medio para fallar, a la razón entre el periodo de tiempo acumulado en la vida de un componente y el número de fallos que se han registrado en él:

$$MTTF = \frac{T}{k}$$

donde:
   MTTF= Mean Time To Failure, tiempo medio para el fallo
   k: número de fallos en el periodo.
   T: tiempo del periodo considerado para calcular el índice. Normalmente se mide en horas, pero sus unidades dependen de qué apariencia deseemos para el indicador.

El tiempo medio para fallar también se puede calcular a partir de la función densidad de probabilidad de fallos, f(t) de ese componente, como la probabilidad de que un componente que no ha fallado en (0, *t*) falle en el intervalo (*t, t + dt*).

$$MTTF = \int_0^\infty t\, f(t)\, dt$$

Por tanto, el valor de MTTF representa la esperanza de vida total, como el tiempo esperado hasta el fallo en un componente o sistema no reparable.

Para su estudio, a veces también se puede definir la vida media como la **esperanza de una variable aleatoria**, como el valor esperado del promedio de los tiempos de fallo obtenidos hasta el momento de estudio:

$$E(t) = \mu = \int_0^t t\, f(t)\, dt$$

Otra forma de calcular el tiempo medio para fallar, a partir de la confiabilidad, es:

$$MTTF = \int_0^\infty t\, f(t)\, dt = \int_0^\infty R(t)\, dt$$

Para demostrarlo, tomamos el segundo miembro, integral de R(t). Aunque es una integral impropia podemos resolverla por partes ya que la confiabilidad converge hacia cero:

$$\int u\, dv = uv - \int v\, du$$

Haciendo:
$$u = R(t)$$
$$dv = dt$$

Derivando u:
$$\frac{du}{dt} = \frac{dR(t)}{dt} = \frac{-dF(t)}{dt} = -f(t)$$

Luego
$$du = -f(t)\, dt$$

Así que:
$$\int u\, dv = uv - \int v\, du$$

$$\int_0^\infty R(t)\, dt = t\, R(t)]_0^\infty + \int_0^\infty t\, f(t)\, dt$$

Como al final de la vida útil el fallo está asegurado:
$$\lim_{t \to \infty} t\, R(t) = 0$$

Mientras que como R está acotada, al inicio:
$$t\, R(t)]_0^\infty = 0$$

Por lo que el primer término de la suma se anula, quedando, como queríamos demostrar:

$$MTTF = \int_0^\infty t\,f(t)\,dt = \int_0^\infty R(t)\,dt$$

4.9. ESPERANZA DE VIDA RESIDUAL

Considerando que un equipo no reparable comienza a operar en un tiempo t=0, y que lo hace hasta el tiempo de estudio t, se define como esperanza media de vida residual (Mean Life Remaining - MRL) a aquella que le resta más allá del tiempo de estudio, es decir, a la probabilidad de sobrevivir un tiempo x adicional a su edad o tiempo t, que se expresa como la probabilidad de x condicionada a t:

$$R(x|t) = P\{T > x + t \mid T > t\}$$

$$R(x|t) = \frac{P\{T > x + t\,)\}}{P\{T > t\,)\}} = \frac{R(x + t)}{R(t)}$$

De forma análoga a la esperanza de vida total ó MTTF, podemos hacer:

$$MRL\,(t) = \int_0^\infty R(x|t)\,dt = \frac{1}{R(t)} \int_t^\infty R(x)\,dx$$

donde:
    MRL(t): esperanza de vida remanente en el momento t.
    t: constante, edad hasta el momento

Cuando t=0, MRL(0) = MTTF.

La relación entre MRL y MTTF representa el porcentaje de vida útil restante.

4.10. TIEMPO MEDIO ENTRE FALLOS (MTBF)

Para equipos reparables, se define el **tiempo medio entre fallos** (MTBF) como el intervalo de tiempo entre dos fallos consecutivos. Se compone del tiempo de funcionamiento y del tiempo necesario para la primera reparación:

$$MTBF = MTTF + MTTR$$

donde:
- MTBF   Mean Time Between Failures, tiempo medio entre fallos
- MTTF   Mean Time To Failure, tiempo medio para el fallo
- MTTR   Mean Time To Repair, tiempo medio para reparar.

Por tanto, el MTBF se aplica en componentes o sistemas reparables.

El tiempo medio entre fallos también se puede calcular a partir de la función confiabilidad, R(t), como la probabilidad de que un componente que no ha fallado en (0, *t)* falle en el instante *dt:*

$$MTBF = \int_0^\infty R(t)\, dt$$

En general MTTR << MTTF y suele despreciarse; con lo que muy a menudo podemos encontrar que se usa la aproximación MTBF ≈ MTTF, en vez de considerar el MTTF y el MTTR en un sistema reparable.

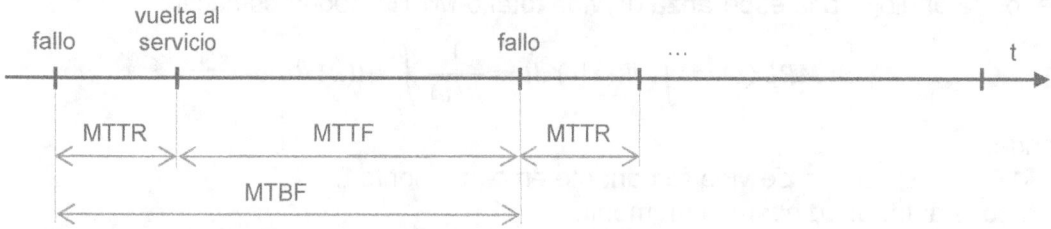

Fig. 13 –Componentes del tiempo medio entre fallos MTBF

4.11. TIEMPO MEDIO DE PARADAS (MDT)

Como la reparación no suele comenzar de manera inmediata tras un fallo, en los estudios se considera el tiempo de paradas MDT (Mean Down Time), que es el tiempo que un componente se encuentra detenido debido a un fallo, e incluye:

- el tiempo medio para reparar (MTTR) que es función del diseño, las herramientas disponibles, así como destreza y capacitación del personal,
- el tiempo medio de espera (MWT o Mean Wait Time) que es función de la administración del departamento y del tiempo que se demore en detectar el fallo.

4.12. MANTENIMIENTO, MANTENIBILIDAD

El mantenimiento es el conjunto de acciones realizadas sobre un sistema o componente para restaurarlo a un estado especifico.

La mantenibilidad se define como la probabilidad de que logremos restaurar la funcionalidad de un componente con fallo dentro de un periodo de tiempo, siguiendo el procedimiento de actuación definido. Es decir, la mantenibilidad es "La probabilidad de reparar un componente en un tiempo determinado".

Para que un sistema tenga una alta disponibilidad, debe ser muy confiable, pero también debe poder ser reparado rápidamente.

Matemáticamente lo podemos expresar de manera similar a la confiabilidad, como:

$$M(t) = \int_0^t g(t)\,dt$$

donde:

g(t): función de densidad de probabilidad de la variable aleatoria (tiempo para reparar).

Además, la mantenibilidad está relacionada con la reparación, de una manera similar como la confiabilidad con el fallo.

La mantenibilidad M(t) se puede calcular, al igual que la confiabilidad R(t) utilizando una tasa de reparación μ(t), similar al concepto de tasa de fallas λ(t).

Así, cuando consideramos una tasa de reparación constante, podemos calcular la mantenibilidad como:

$$M(t) = 1 - e^{-\mu(t)}$$

Ejemplo 19 – Mantenibilidad o probabilidad de reparación a tiempo

¿Cuál es la probabilidad de terminar una reparación en solo 5 horas, si su MTTR es de 8 horas? ¿Y de que lo hayamos reparado tras 12 horas?

Solución:

Para 5 horas

$$M(t) = 1 - e^{-\frac{5}{8}} = 1 - 0.54 = 0.46 = 46\%$$

Para 12 horas:

$$M(t) = 1 - e^{-\frac{12}{8}} = 1 - 0.22 = 0.78 = 78\%$$

De la misma forma, cuando consideramos una tasa de reparación μ constante, el tiempo medio para la reparar MTTR (Mean Time To Repair) puede calcularse como:

$$\mu = \frac{1}{MTTR}$$

4.13. RELACIONES ÚTILES

Veamos como los conceptos anteriores están relacionados entre sí.

Consideremos n(t) el número de componentes que no han fallado en el intervalo [0, t]. Por tanto, el número esperado de fallos en el intervalo [t, t+dt] será n(t)−n(t+dt).

La tasa instantánea de fallos se define como el número de fallos por componente para un tiempo dado, luego:

$$\lambda(t) = \lim_{dt \to 0} \left(\frac{n(t) - n(t + dt)}{n(t)dt} \right)$$

Como

$$R(t) = \frac{n(t)}{N}$$

Reemplazando

$$n(t) = N \cdot R(t)$$

$$\lambda(t) = \lim_{dt \to 0} \left(\frac{N\,R(t) - N\,R(t + dt)}{N\,R(t)dt} \right) = \lim_{dt \to 0} \left(\frac{R(t) - R(t + dt)}{R(t)dt} \right) = \frac{-dR(t)}{R(t)dt}$$

despejando:

$$-R(t) \cdot \lambda(t) = \frac{dR(t)}{dt}$$

Integrando:

$$\boxed{R(t) = e^{-\int_0^t \lambda(t)\,dt}}$$

Por otra parte, como la probabilidad de que falle es la inversa de que siga funcionando, podemos expresar:

$$F(t) = 1 - R(t)$$

Si derivamos respecto dt, obtenemos que es la función de densidad de fallas:

$$\frac{dF(t)}{dt} = -\frac{R(t)}{dt} = f(t)$$

Cuando la tasa de fallo es constante, es decir, λ(t)=λ, la confiabilidad sigue una distribución exponencial:

$$R(t) = e^{-\lambda t}$$

En este mismo caso de λ constante, además tendremos:

$$f(t) = \lambda \cdot e^{-\lambda t} \qquad\qquad H(t) = \lambda \cdot t$$

Por otra parte, podemos calcular el tiempo medio para fallar (MTTF) considerando un conjunto de N componentes idénticos, donde *n(t)* es el número de ellos que no han fallado hasta el intervalo [0, *t*].

En cada intervalo de tiempo *dt* el tiempo sin fallos que se acumula es *n(t) dt*. Luego el tiempo acumulado total, por el conjunto de n componentes que aún no han fallado es,

$$\int_0^\infty n(t)\, dt$$

Por lo tanto el tiempo medio para fallar de un solo componente será:

$$MTTF = \int_0^\infty \frac{n(t)\, dt}{N} = \int_0^\infty R(t) dt$$

Independientemente de cómo varíe el valor de λ, podemos obtener la vida media o tiempo esperado hasta el fallo en función de la confiabilidad R(t).

Para el caso más simple, durante la vida normal de un componente, con λ(t)= λ constante, vemos que:

$$MTTF = \int_0^\infty R(t) dt = \int_0^\infty e^{-\lambda t} dt = \frac{1}{\lambda}$$

Es decir, el tiempo medio entre fallos es la inversa de la tasa de fallo, como habíamos definido:

$$MTTF = \frac{1}{\lambda} = \frac{T}{k} = \frac{N \cdot t}{k}$$

Sin embargo, esta fórmula solo es válida en caso de λ constante, y de forma aproximada si se obtiene antes de que se hayan producido todos los fallos.

La tabla recoge las relaciones generales entre las cuatro funciones básicas de la confiabilidad $f(t)$, $F(t)$, $R(t)$, y $\lambda(t)$.

	f(t)	λ(t)	F(t)	R(t)
f(t) =		$\lambda(t)\,e^{-\int_0^t \lambda(t)}$	$\dfrac{dF(t)}{dt}$	$-\dfrac{dR(t)}{dt}$
λ(t) =	$\dfrac{f(t)}{1-\int_0^t f(t)dt}$		$\dfrac{1}{1-F(t)}\dfrac{dF(t)}{dt}$	$-\dfrac{d[\ln R(t)]}{dt}$
F(t) =	$\displaystyle\int_0^t f(t)dt$	$1-e^{-\int_0^t \lambda(t)}$		$1-R(t)$
R(t) =	$1-\displaystyle\int_0^t f(t)dt$	$e^{-\int_0^t \lambda(t)}$	$1-F(t)$	

Ejemplo 20 – Relación entre indicadores de fiabilidad en un componente

Un componente electrónico tiene una tasa de fallo constante λ de 0,000 025.

a) *¿Cuál es la probabilidad de que falle antes de alcanzar las 5.000 horas de funcionamiento?*
b) *¿Cuánto tiempo debe transcurrir para que falle el 1 % de esos componentes?*
c) *¿Cuál es la esperanza de vida ó MTTF para ese tipo de componente?*
d) *¿Cuál es la mediana del tiempo de fallo (el tiempo para el que se han producido la mitad de los fallos)?*

Solución:

a) Para tasa constante, sabemos que:
$$F(t) = 1 - e^{-\lambda t}$$

Para t=5.000
$$F(5.000) = 1 - e^{-0,000025 \cdot 5.000} = 0,1175 \text{ ó } 11,75\%$$

b) Despejando t y haciendo F(t)= 0,01 en la fórmula de la fiabilidad:

$$t = \frac{\ln\left(1 - F(t)\right)}{\lambda} = \frac{\ln(1 - 0,01)}{0,000025} = 402 \; horas$$

c) Sabemos que para tasa de fallo constante:

$$MTTF = \frac{1}{\lambda} = \frac{1}{0,000025} = 40.000 \; horas$$

d) La mediana del tiempo de fallo será cuando F(t)=0,50, luego:

$$t = \frac{\ln\left(1 - F(t)\right)}{\lambda} = \frac{\ln(1 - 0,50)}{0,000025} = 27.725,9 \; horas$$

Ejemplo 21 – Relación entre indicadores de fiabilidad en un conjunto de activos

Sea una prueba hasta el fallo total de 10 equipos. Las horas alcanzadas por cada uno hasta su fallo se encuentran en la tabla y su tasa de fallo se aproxima a una distribución exponencial.

Unidad	Horas
1	41
2	42
3	137
4	322
5	331
6	357
7	415
8	577
9	1.228
10	1.414
11	1.416
12	1.488
13	1.792
14	2.254
15	2.681

Horas de falla

Hallar la tasa de fallos λ, y estimar las funciones de densidad de fiabilidad f(t), de confiabilidad R(t), de fiabilidad F(t) y de riesgo H(t).

Solución:

En una distribución exponencial con tasa de fallos constante, podemos aplicar:

$$\lambda = \frac{k}{T} \qquad f(t) = \lambda \cdot e^{-\lambda t} \qquad R(t) = e^{-\lambda t} \qquad F(t) = 1 - R(t) \qquad H(t) = \lambda \cdot t$$

f(t)	R(t)	F(t)	H(t)
9,9E-04	0,958	0,042	0,042
9,9E-04	0,957	0,043	0,043
9,0E-04	0,868	0,132	0,142
7,4E-04	0,717	0,283	0,333
7,3E-04	0,710	0,290	0,343
7,2E-04	0,691	0,309	0,369
6,7E-04	0,651	0,349	0,429
5,7E-04	0,550	0,450	0,597
2,9E-04	0,281	0,719	1,271
2,4E-04	0,231	0,769	1,463
2,4E-04	0,231	0,769	1,465
2,2E-04	0,214	0,786	1,540
1,6E-04	0,157	0,843	1,854
1,0E-04	0,097	0,903	2,333
6,5E-05	0,062	0,938	2,774

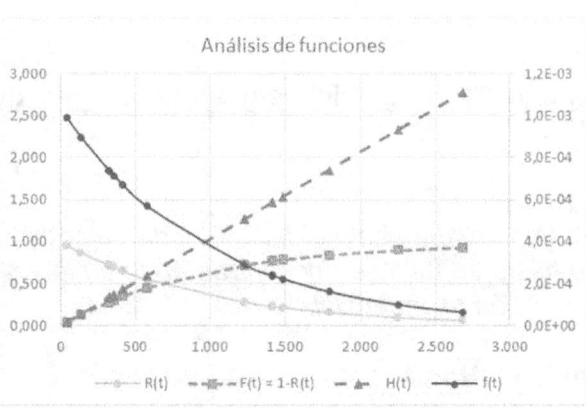

4.14. DISPONIBILIDAD

La disponibilidad (A, availability) es un indicador para describir el tiempo total que un componente está disponible. Depende tanto de la confiabilidad como de la mantenibilidad del componente. Se puede calcular como la razón entre el tiempo disponible y el total:

$$A = \frac{Tiempo\ disponible}{Tiempo\ total} = \frac{Tiempo\ disponible}{Tiempo\ no\ disponible + Tiempo\ disponible}$$

En función de los conceptos que incluyamos entre el tiempo disponible o no, podemos tener diferentes estimaciones para la disponibilidad.

Así, podemos considerar solamente los tiempos de reparación hasta que el componente o equipo puede volver a funcionar, o bien, podemos incluir todo el tiempo de parada si la reparación se demora, o incluso, podemos considerar como tiempo no disponible las paradas programadas debidas a operaciones de mantenimiento preventivo.

En todo caso, las variaciones en el cálculo de A normalmente no deberían ser elevadas.

Una estimación frecuente de la disponibilidad es:

$$A = \frac{Tiempo\ hasta\ un\ fallo}{Tiempo\ de\ parada + Tiempo\ hasta\ un\ fallo}$$

$$\boxed{A = \frac{MTTF}{MDT + MTTF}}$$

donde:
MTTF Mean Time To Failure, tiempo medio para el fallo
MDT   Mean Down Time, tiempo de paradas.

Hay que resaltar que el MDT o tiempo de parada no siempre coincide con el tiempo medio para reparar MTTR (Mean Time To Repair) que usamos para calcular el tiempo medio entre fallos MTBF. Esto es así porque un fallo puede provocar la detención del equipo cuando no sea posible comenzar inmediatamente con su reparación.

Por otra parte, como sabemos, el tiempo entre dos fallos de un sistema o componente, se compone del tiempo que está funcionando entre ellos y el que necesitamos para la reparación:

$$MTBF = MTTF + MTTR$$

Donde:
MTBF: Mean Time Between Failures, tiempo medio entre fallos
MTTF= Mean Time To Failure, tiempo medio para el fallo
MTTR: Mean Time To Repair, tiempo medio para reparar.

Por ello, si asumimos que el tiempo medio de parada MDT es el tiempo de reparación MTTR (es decir, el fallo se detecta y comienza a repararse de manera inmediata), podemos estimar la disponibilidad como:

$$A = \frac{Tiempo\ entre\ fallos}{Tiempo\ entre\ fallos + Tiempo\ para\ reparar} = \frac{MTBF}{MTBF + MTTR}$$

Para el caso de tasa de fallo constante, sabemos que:

$$MTTF = \frac{1}{\lambda} \qquad\qquad MTBF = \frac{1}{\mu}$$

Y en este supuesto, la disponibilidad viene dada por:

$$A = \frac{MTTF}{MDT + MTTF} = \frac{\frac{1}{\lambda}}{MDT + \frac{1}{\lambda}} = \frac{\frac{1}{\lambda}}{\frac{\lambda\,MDT + 1}{\lambda}}$$

$$A = \frac{1}{1 + \lambda\,MDT}$$

O también podemos expresarla como:

$$A = \frac{MTBF}{MTBF + MTTR} = \frac{\mu}{\mu + \lambda}$$

Ejemplo 22 – Disponibilidad de un sistema

Un sistema es capaz de funcionar 5.620 horas seguidas de media entre dos fallos (MTBF), y tarda de media en ser reparado cuando falla unas 9 horas (MTTR). ¿Cuál es la disponibilidad de este sistema?

Solución:

$$A = \frac{5.620}{5.620 + 9} = 99,84\%$$

Por otra parte, una forma de incrementar la disponibilidad es realizar el mantenimiento preventivo, sustituyendo el equipo en operación antes de que se produzca su fallo. Ese momento de sustitución se puede determinar en función del riesgo tolerable (a partir de la tasa de fallos) o también de los costes.

Cuando en un sistema se sustituye preventivamente el componente, sucesivamente al llegar a múltiplos de un tiempo T, su tiempo medio para el fallo (MMTF o esperanza de vida) y el tiempo medio antes del fallo pasan a ser:

$$MTTF = \int_0^\infty R(t)dt$$

Pasa a ser:

$$MTTF = \frac{1}{1 - R(t)} \int_0^T R(t)dt$$

Mientras que

$$MTBR = \int_0^T R(t)dt$$

Y la disponibilidad se calcula como la disponibilidad entre los reemplazos, es decir, no durante la vida del componente sino en el intervalo de tiempo (0,T)

$$A(T) = \frac{1}{T} \int_0^T A(t)dt$$

4.15. NO DISPONIBILIDAD

En algunos casos es más conveniente utilizar la no disponibilidad que es lo mismo que la probabilidad de fallo en demanda:

$$\overline{A} = 1 - A$$

Quizá el concepto más simple para expresar la disponibilidad esté precisamente en la no disponibilidad desde el punto de vista del cliente. Se aplica generalmente a los sistemas de suministro (agua, gas, electricidad), como indicador para medir la continuidad de su funcionamiento. Para ello se obtiene el cociente de las horas de fallo respecto a las horas totales de un periodo.

$$\overline{A} = \frac{n^\circ\ horas\ interrupciones}{n^\circ\ horas\ totales\ periodo}$$

Por ejemplo, para un año, las interrupciones para diferentes disponibilidades serían:

A	tiempo de interrupción al año
99 %	3,6 días
99,9 %	9 horas
99,99 %	59 minutos
99,999 %	5 minutos
99,9999 %	32 segundos

Dado que la disponibilidad se compone del tiempo de funcionamiento y de los tiempos en que se tarda en reponer ese funcionamiento, los conceptos de confiabilidad, mantenibilidad y disponibilidad se relacionan:

Disponibilidad	Confiabilidad	Mantenibilidad
Creciente	Constante	Decreciente
Creciente	Creciente	Constante
Decreciente	Decreciente	Constante
Decreciente	Constante	Creciente

5. INTRODUCCIÓN A LA ESTRUCTURA DE COSTES

El coste global de mantenimiento C_g se define como la suma de cuatro componentes:

$$C_g = C_i + C_f + C_a + C_{si}$$

donde:

C_i Coste de las intervenciones

C_f Coste de los fallos

C_a Coste de almacenamiento

C_{si} Coste de sobre-inversiones

Como gestores de activos, una de nuestras principales tareas es definir una política de mantenimiento que minimice el coste global. Por ejemplo, una política de mantenimiento frecuente disminuye los costes asociados a fallos, pero aumenta los costes de intervención y almacenamiento. Entonces se hace necesario estudiar si el coste de fallo baja más de lo que crecieron estos componentes.

5.1. COSTE DE INTERVENCIÓN

El coste de intervención (C_i) incluye los gastos relacionados con el mantenimiento preventivo y correctivo. Los costes de intervención están compuestos por:

- Mano de obra interna o externa. El coste de mano de obra interna se calcula con el tiempo gastado en la intervención multiplicado por el coste de horario de esos recursos. La mano de obra externa se obtendrá como un total a partir

de la factura, o si tenemos el desglose, por el coste horario de los recursos que fueron requeridos.

- Repuestos de almacén, o comprados para una intervención. Los repuestos de nuestro almacén deben ser valorados a su precio actual en el mercado y no al valor que ingresaron en su día. Los repuestos comprados específicamente para la intervención se valoran de acuerdo a su factura.

- Otro material fungible necesario para la intervención y herramientas generales. El coste por fungibles se debe imputar de acuerdo a la cantidad usada. De forma similar, la imputación por equipos y herramientas de uso general se considerará proporcional al tiempo de intervención, englobando sus costes operativos o de mantenimiento si los tienen y los de amortización. Este coste por uso de equipos propios se engloba en el concepto fiscal de amortización, aplicable como importe imputable máximo hasta que se produzca su extinción. Si las herramientas tienen una vida útil superior y se encuentran fiscalmente amortizadas, hay que obtener el coste imputable de esos medios, que como máximo será el fiscal.

El coste de intervención por unidad de tiempo es:

$$C_i = \frac{costes\ de\ intervención}{total\ horas\ de\ intervención}$$

5.2. COSTE DE FALLOS

El coste por fallos C_f corresponde a las pérdidas de utilidad asociadas al fallo de un componente, que hayan reducido la tasa de producción, mermado la calidad del producto, ocasionado pérdidas de materias primas o pérdidas de negocio, entre otros.

El coste por fallos se calcula como,

C_f = ingresos no percibidos + gastos extras de producción + pérdida de materias primas - materias primas no utilizadas

Se pueden definir tres escenarios posibles:

1. El volumen de producción puede recuperarse. En este caso el coste de fallo corresponde a los gastos extras que debemos realizar para recuperar la producción perdida.

2. El volumen de producción no puede ser alcanzado. En este caso el costo de fallo corresponde a la pérdida de ingresos, descontando los costes de materias primas y productos que no fueron utilizados. No se descuentan todos los costes de producción dejando el margen, ya que algunos de ellos (costes generales, mano de obra,..) se realizan pese al fallo.

3. La producción no se detiene, pero la calidad del producto disminuye. Un deterioro en la calidad del producto hace que su precio también disminuya (ventas como saldo por defectos). En este caso en el coste de fallo se considera la pérdida de ingresos.

5.3. COSTE DE ALMACENAMIENTO

El coste de almacenamiento C_a representa el inmovilizado de capital que provoca mantener el inventario de repuestos, más los gastos de gestión que ocasiona. Este coste incluye:

- El interés financiero del capital inmovilizado por el inventario.
- La mano de obra dedicada a la gestión y manejo del inventario
- Los costes de explotación de edificios: energía, seguridad y mantenimiento.
- Amortización de los sistemas adjuntos: equipamiento (estantes, montacargas, sistemas informáticos…).
- Coste de pólizas de seguro
- La depreciación comercial de repuestos

Para el departamento de mantenimiento éste es un coste fijo, no asociado a una intervención, si bien pude actuarse sobre él modificando el stock, adaptando los equipos o las técnicas de actuación, etc.

5.4. COSTE SOBRE-INVERSIONES

El coste de sobre-inversiones C_{si} es aquel sobre coste que tienen las buenas inversiones respecto de las mínimas necesarias para el funcionamiento de un equipo o de un proyecto.

Cuando durante el diseño de una planta o a la hora de proceder a la renovación de un equipo, decidimos adquirir medios que minimicen sus costes globales durante todo ciclo de vida, la mayor parte de las veces se encarecen las inversiones iniciales. La diferencia de precio entre estos equipos o proyectos óptimos y aquellos más baratos pero con peor desempeño futuro es lo que se denomina sobre coste de inversiones. Este es un coste fijo del departamento, que no está asociado a ninguna intervención, sino a la inversión inicial.

Al incluir el coste de sobre-inversión entre los costes de mantenimiento, se toma la cuota de amortización de esa diferencia durante el periodo de cálculo, mientras dure la vida fiscal del equipo. Así es posible incluir en el coste global las inversiones extras que hayamos realizado, a la vez que disminuimos los demás componentes del coste que tendrá un mejor equipo. De esta manera además, estamos llevando a la partida de costes de mantenimiento la mayor inversión, sin que repercuta sobre esta. Al contabilizarlo así logramos que los sobre costes se compensen con los menores de mantenimiento en la misma cuenta donde se producen.

5.5. COSTES DE UNA INTERVENCIÓN POR MANTENIMIENTO

Las intervenciones en mantenimiento pueden ser de tres tipos: preventivas, cuando tratan de evitar un fallo; correctivas, cuando tratan de restablecer las condiciones anteriores una vez se ha producido el fallo; y predictivas, cuando tratan de anticiparse a un fallo que va a suceder en breve. Sus costes son diferentes según el tipo:

- **Coste de una intervención preventiva** C_p: dado que una intervención preventiva puede ser programada para que no afecte la producción, el coste de una intervención preventiva Cp se compone solo del costo de intervención:

$$C_p = C_i$$

- **Coste de una intervención correctiva** C_c: el coste de intervención correctiva debido a una fallo imprevisto, tiene dos componentes; el coste de la intervención más el coste del fallo,

$$C_c = C_i + C_f$$

- **Coste de una intervención predictiva** C_s: si nuestro mantenimiento sintomático fuese perfecto, podríamos evitar completamente los fallos. Por tanto, el coste del mantenimiento predictivo se compone del coste de intervención (C_i), más el coste de la monitorización y control (C_m).

$$C_s = C_i + C_m$$

A su vez, estos costes de monitorización predictiva pueden ser resultado de una sola inversión (adquisición de equipos de inspección, capacitación del personal), o bien costes repetitivos (costes de subcontratas de medición y análisis).

6. INTRODUCCIÓN A LOS MODELOS DE CONFIABILIDAD

6.1. TRATAMIENTO DE DATOS

Antes de estudiar los tipos de distribución estadística que pueden utilizarse en cálculos de fiabilidad y gestión de activos, es necesario aclarar que no siempre todos los datos del conjunto que vamos a analizar están homogéneamente repartidos ni son fiables. Por ello puede ser necesario proceder a su ordenación y normalización antes de intentar ajustarlos con alguna distribución. Para esta labor necesitaremos utilizar algunos conceptos como los rangos o la censura.

6.1.1 RANGOS MEDIOS

El rango medio es un número entre 0 y 1 que refleja en orden ascendente la fracción del valor de un dato que es menor que ese mismo dato dentro de un conjunto de números ordenados.

El valor del rango medio se utiliza como aproximación de la probabilidad de fallo F(t) para el intervalo (0,t), facilitando la construcción de las distribuciones.

Se puede calcular de manera simple como:

$$Rango\ medio = \frac{i}{n+1}$$

O mejor aún, mediante el estimador de probabilidad de Benard, como:

$$Rango\ medio = \frac{i-0{,}3}{n+0{,}4}$$

donde:
  i: número de orden
  n: total de datos de la serie

Según autores podemos encontrar fórmulas diferentes como el estimador de Kaplan Meier, y también recomendaciones para usar unas u otras en función del tamaño de la muestra, como por ejemplo:

$$n \leq 20 \qquad Rango\ medio = \frac{i-0,3}{n+0,4}$$

$$20 \leq n \leq 50 \qquad Rango\ medio = \frac{i}{n+1}$$

$$n \geq 50 \qquad Rango\ medio = \frac{i}{n}$$

En la práctica, generalmente las diferencias son mínimas. Si se utiliza software estadístico especializado para los cálculos, normalmente la selección de una y otra fórmula es automática.

Por ejemplo, para un conjunto de elementos que fallan según los tiempos indicados en la tabla, el rango medio indica la probabilidad de que siga funcionando un número menor del porcentaje restante hasta la unidad indicado por ese rango medio. Es decir, cuando se alcance el tiempo del último elemento, el valor del rango medio será el porcentaje de todos los que habrán fallado antes de ese momento.

Orden	Rango medio	% de fallos
1	0,0673	6,73%
2	0,1635	16,35%
3	0,2596	25,96%
4	0,3558	35,58%
5	0,4519	45,19%
6	0,5481	54,81%
7	0,6442	64,42%
8	0,7404	74,04%
9	0,8365	83,65%
10	0,9327	93,27%

El rango medio implica una probabilidad de equivocarse en un 50%.

Estos valores del rango medio dependen solamente del tamaño de la muestra ordenada. Antes del desarrollo de las aplicaciones informáticas era frecuente que se utilizasen tablas, en prontuarios cuyas columnas representaban el rango medio de fallos para cada tamaño de la muestra y las filas el número medio de fallos acumulado.

Prontuario	Rango medio para cada tamaño de muestra %									
	1	**2**	**3**	**4**	**5**	**6**	**7**	**8**	**9**	**10**
1	50,00	29,17	20,59	15,91	12,96	10,94	9,46	8,33	7,45	6,73
2		70,83	50,00	38,64	31,48	26,56	22,97	20,24	18,09	16,35
3			79,41	61,36	50,00	42,19	36,49	32,14	28,72	25,96
4				84,09	68,52	57,81	50,00	44,05	39,36	35,58
5					87,04	73,44	63,51	55,95	50,00	45,19
6						89,06	77,03	67,86	60,64	54,81
7							90,54	79,76	71,28	64,42
8								91,67	81,91	74,04
9									92,55	83,65
10										93,27

Nº medio de fallos acumulados

6.1.2 OTROS RANGOS

Otro método que podemos utilizar para calcular los rangos medios es emplear una densidad de probabilidad dada por la función beta, que permite a partir de dos parámetros a y b repartir fraccionalmente de diferentes formas sus valores en el intervalo (0,1).

Una expresión para la función beta es:

$$B(a,b) = \int_0^1 x^{a-1} \cdot (1-x)^{b-1} \, dx$$

Siempre con a y b estrictamente positivos: a>0 y b>0.

La densidad de probabilidad que corresponde a este tipo de función es:

$$f(x) = \frac{1}{B(a,b)} x^{a-1} \cdot (1-x)^{b-1}$$

Para valores de x entre (0,1), y nula para el resto.

Supuesta una función de reparto de este tipo, se calcula su inverso a partir de una probabilidad del 50% (rango medio). Para ello se utilizan como parámetros de la función beta el número de fallos acumulados como límite inferior; y la diferencia entre el tamaño de la muestra y el número de fallos acumulados más uno como límite superior).

En EXCEL, DISTR.BETA.INV (0,5; fallos acumulados;tamaño de muestra-fallos acumulados+1)

Los resultados que obtenemos son muy similares a los de la fórmula de Benard:

Prontuario		Rango medio para cada tamaño de muestra %									
		1	2	3	4	5	6	7	8	9	10
N° medio de fallos acumulados	1	50,00	29,29	20,63	15,91	12,94	10,91	9,43	8,30	7,41	6,70
	2		70,71	50,00	38,57	31,38	26,44	22,85	20,11	17,96	16,23
	3			79,37	61,43	50,00	42,14	36,41	32,05	28,62	25,86
	4				84,09	68,62	57,86	50,00	44,02	39,31	35,51
	5					87,06	73,56	63,59	55,98	50,00	45,17
	6						89,09	77,15	67,95	60,69	54,83
	7							90,57	79,89	71,38	64,49
	8								91,70	82,04	74,14
	9									92,59	83,77
	10										93,30

La ventaja de esta manera de cálculo es que permite, alterando los parámetros de la función beta, cambiar la distribución de los valores entre los que repartimos la densidad de fallos.

Y en función de cómo distribuyamos los valores que damos a la función obtendremos unas probabilidades de fallo diferentes. Esto nos permite establecer los intervalos para un grado de acierto o confianza deseado.

Para ello ajustando la probabilidad de la función beta a otro valor diferente del 0,5 (rango medio), podemos obtener distintos grados de confianza o probabilidad de que esos valores estén en el rango esperado. Por ejemplo Probabilidad=0,05 para un 5% de confianza, o Probabilidad=0,95 para el 95% suelen ser los valores más usuales.

En EXCEL, DISTR.BETA.INV (Probabilidad; fallos acumulados; tamaño de muestra-fallos acumulados+1)

Así, calculando de igual manera su inversa para ese valor con el número de fallos y el tamaño de muestra deseado como parámetros, tendremos:

P = 5%		Rango medio para cada tamaño de muestra %									
		1	2	3	4	5	6	7	8	9	10
Nº medio de fallos acumulados	1	5,00	2,53	1,70	1,27	1,02	0,85	0,73	0,64	0,57	0,51
	2		22,36	13,54	9,76	7,64	6,28	5,34	4,64	4,10	3,68
	3			36,84	24,86	18,93	15,32	12,88	11,11	9,77	8,73
	4				47,29	34,26	27,13	22,53	19,29	16,88	15,00
	5					54,93	41,82	34,13	28,92	25,14	22,24
	6						60,70	47,93	40,03	34,49	30,35
	7							65,18	52,93	45,04	39,34
	8								68,77	57,09	49,31
	9									71,69	60,58
	10										74,11

P = 95%		Rango medio para cada tamaño de muestra %									
		1	2	3	4	5	6	7	8	9	10
Nº medio de fallos acumulados	1	95,00	77,64	63,16	52,71	45,07	39,30	34,82	31,23	28,31	25,89
	2		97,47	86,46	75,14	65,74	58,18	52,07	47,07	42,91	39,42
	3			98,30	90,24	81,07	72,87	65,87	59,97	54,96	50,69
	4				98,73	92,36	84,68	77,47	71,08	65,51	60,66
	5					98,98	93,72	87,12	80,71	74,86	69,65
	6						99,15	94,66	88,89	83,12	77,76
	7							99,27	95,36	90,23	85,00
	8								99,36	95,90	91,27
	9									99,43	96,32
	10										99,49

6.1.3 DATOS INCOMPLETOS

En muchas ocasiones no contamos con registros completos de fallos a lo largo de toda la vida útil de un sistema, sino que las observaciones están incompletas durante ciertos periodos de tiempo. La causa suele ser el procedimiento utilizado para recopilar la información, o una mala conservación de los registros.

Esta falta de datos se denomina **censura**, y puede alterar la estimación de las muestras, cambiando los rangos medios.

Hay dos tipos básicos de censura:

- **Por la derecha**, cuando se desconoce el valor exacto a la derecha de la escala temporal para un dato D, pero se sabe que excede del tiempo hasta D. En estudios de fiabilidad (temporales) es la más habitual, porque aparece para todos los activos que tenemos en servicio: conocemos su edad y cuando fallaron aquellos iguales que los que ahora funcionan, pero no sabemos cuándo fallarán los que tenemos…. Solo sabemos que como mínimo, no fallaron hasta el momento actual.

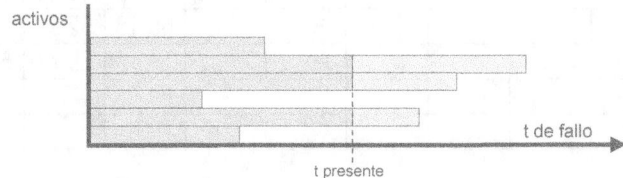

Fig. 14 –Censura por la derecha

- **Por la izquierda**, cuando sabemos que el valor de la observación es menor que D, aunque no se conoce la cantidad exacta. Puede ser debido a corrupción de la información, a una sustitución de un equipo que no ha sido registrada correctamente, o a que ha sido deducida de fuentes indirectas que no permiten asegurar con precisión el momento del suceso antes de determinada fecha.

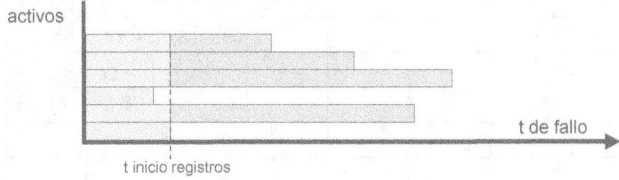

Fig. 15 –Censura por la izquierda

Cuando los datos censurados presentan censura por la derecha y por la izquierda estamos ante una censura **por intervalo**. En este caso tenemos elementos que entran en la investigación cuando esta ya se ha iniciado, y salen de ella sin haber presentado fallo.

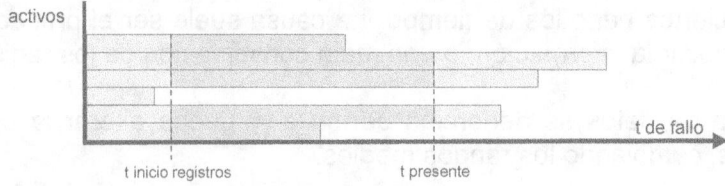

Fig. 16 –Censura por intervalo

En datos con censura, el rango medio se calcula de igual manera que en el caso de datos sin censurar, por ejemplo mediante la fórmula de Benard:

$$Rango\ medio = \frac{i - 0{,}3}{n + 0{,}4}$$

donde:

    i: número de orden modificado.

    n: total de datos de la serie, incluyendo los censurados.

Para calcular el número de orden modificado de cada dato, podemos usar:

$$i_{ajustado} = \frac{i_{inverso} \cdot i_{previo} + (n + 1)}{1 + i_{inverso}}$$

Otra particularidad que pueden presentar los datos a estudiar es el truncamiento, que consiste en la exclusión del conjunto de análisis de aquellos activos que no presentan la característica o el evento a estudiar. Por ejemplo, si tomamos únicamente el registro de fallos de un sistema para analizar su fiabilidad, tendremos los datos truncados (se excluyen los componentes que no han fallado). Si además tomamos también el inventario de activos operativos, tendremos datos censurados (los de aquellos componentes que aún no han fallado).

Fig. 17 – Truncamiento de datos

Ejemplo 23 – Rangos medios de fallo con dato incoherente

Para un conjunto de 8 elementos que fallan consecutivamente en un tiempo de funcionamiento t, apreciamos que el tercer dato es defectuoso (el registro presenta un valor de tiempo incoherente), pero sabemos que el fallo se produjo y cuales le precedieron y sucedieron.

Orden	Dato (t)
1	72
2	125
3	-493
4	179
5	215
6	248
7	273
8	344

Obtener en este caso los rangos medios por la fórmula de Benard:

Solución:

Corregimos el orden inicial para ajustarlo a la suspensión del tercer dato, y obtenemos normalmente el rango para el conjunto de datos censurado:

$$i_{ajustado} = \frac{i_{inverso} \cdot i_{previo} + (n+1)}{1 + i_{inverso}}$$

Para el primer valor:

$$i = \frac{8 \cdot 0 + (8+1)}{1+8} = 1$$

Para el segundo valor:

$$i = \frac{7 \cdot 1 + (8+1)}{1+7} = 2$$

Para el tercer valor:

$$i = \frac{5 \cdot 2 + (8+1)}{1+5} = 3,167$$

Para el cuarto valor:

$$i = \frac{4 \cdot 3,167 + (8+1)}{1+4} = 4,333$$

Y sucesivamente, hasta obtener:

Orden	Dato (t)	Orden inverso	Orden ajustado	Rango medio Bernard
1	72	8	1,000	8,3%
2	125	7	2,000	20,2%
3	-493	6	Suspensión	
4	179	5	3,167	34,1%
5	215	4	4,333	48,0%
6	248	3	5,500	61,9%
7	273	2	6,667	75,8%
8	344	1	7,833	89,7%

Ejemplo 24 – Rangos medios de fallos con datos incompletos

Para un conjunto de 8 elementos que fallan consecutivamente no se dispone de datos fiables para el primero, el tercero y el último de ellos.

Obtener para este conjunto los rangos medios por la fórmula de Benard:

Solución:

Corregimos el orden inicial para ajustarlo a la suspensión de los tres datos imprecisos y obtenemos normalmente el rango para este conjunto de datos censurado:

$$i_{ajustado} = \frac{i_{inverso} \cdot i_{previo} + (n+1)}{1 + i_{inverso}}$$

Para el primer valor:

$$i = \frac{7 \cdot 0 + (8+1)}{1+7} = 1,125$$

Para el segundo valor:

$$i = \frac{5 \cdot 1,125 + (8+1)}{1+5} = 2,438$$

Para el tercer valor:

$$i = \frac{4 \cdot 2,438 + (8+1)}{1+4} = 3,750$$

Para el cuarto valor:

$$i = \frac{3 \cdot 3,750 + (8+1)}{1+3} = 5,063$$

Y sucesivamente, hasta obtener:

Id	Dato	Orden inverso	Orden ajustado	Rango Bernard
1	Suspendido	8		
2	Fallo	7	1,125	9,8%
3	Suspendido	6		
4	Fallo	5	2,438	25,4%
5	Fallo	4	3,750	41,1%
6	Fallo	3	5,063	56,7%
7	Fallo	2	6,375	72,3%
8	Suspendido	1	7,688	

6.2. DISTRIBUCIONES DISCRETAS

La información que puede utilizarse para realizar estudios de confiabilidad es muy variada: tipos de fallo, condiciones de operación, grados de desgaste o deterioro, etc. Para su estudio, podemos traducir toda esta información en eventos temporales durante la vida de un equipo, como los tiempos de vida o tiempos de fallo, ya que la confiabilidad se ha definido como una función temporal R(t).

Sin embargo, no es posible definir a priori con exactitud esta función matemática R(t), ya que los ensayos durante las fases de prueba de un diseño no siempre reflejan la robustez del diseño en condiciones reales, o el entorno operativo concreto en el que va a trabajar. Por ello, la función de la confiabilidad debe adaptarse durante toda la vida útil de un componente, conforme avance su evolución. Para ello se utilizan herramientas estadísticas.

En el análisis estadístico interesa especialmente la evolución de la población media y las desviaciones del estándar, por lo que se suele emplear la distribución normal para el ajuste de datos a una función matemática. Sin embargo, en el análisis de confiabilidad el estudio se centra en la obtención de tasas de fallo, probabilidades y cuantiles o tiempos para que el fallo de una determinada cantidad de componentes supere cierto valor.

Por otra parte, en el análisis estadístico habitual suele interesar el estudio de hechos ocurridos en una serie de ensayos, utilizando variables discretas; mientras que en el análisis orientado a la gestión de activos con mayor frecuencia interesa el tiempo necesario para que se produzca determinado hecho, por lo que se utilizan variables continuas como el tiempo.

Dado que los tiempos de fallo son siempre positivos y tienen un comportamiento asimétrico y de sesgo positivo, las distribuciones más apropiadas para modelar el comportamiento de los activos ajustándoles a una función matemática son la binomial, de Poisson, de Weibull, log-normal y exponencial aunque según casos pueden usarse otras.

En cualquier caso, para que una función matemática f(t) describa una ley de probabilidad temporal (es decir, para valores positivos t>0), ha de cumplir que:

$$\int_{0}^{\infty} f(t)\, dt = 1$$

Ya que necesariamente, la probabilidad de todos los sucesos posibles ha de ser total:

$$\sum_{k=0}^{\infty} P[X = k] = 1$$

Para determinar estas funciones podemos recurrir al análisis de probabilidades de un proceso experimental. Se determina un experimento con una serie de resultados posibles, cada uno con una probabilidad de ocurrencia. La función se obtendrá considerando si las probabilidades se mantienen constantes, el número de pruebas, la forma de la variable aleatoria y la manera de extraer los resultados.

A continuación se describen las distribuciones estadísticas más utilizadas en análisis estadístico y de confiabilidad.

6.2.1 DISTRIBUCIÓN DE BERNOULLI

La distribución de Bernoulli o dicotómica, es una distribución de probabilidad discreta, que toma valores booleanos en función del éxito o cumplimiento de la condición, o del fracaso o incumplimiento.

Si X es una variable aleatoria que mide el "número de éxitos", y se realiza un único experimento con dos posibles resultados: éxito (p) o fracaso (q):

P (X = 1) = p
P (X = 0) = 1 − p = q.

La función de probabilidad de esta distribución puede escribirse como:

$$P\{X = r\} = p^r (1 - q)^{1-r}$$

donde r es el número de éxitos, que únicamente toma valores:

$$r = \{0 \, ; 1\}$$

La distribución de Bernoulli se utiliza en estudios de clasificación de piezas defectuosas, lanzamiento de monedas, opinión a favor o en contra, circuitos eléctricos, etc.

Su representación gráfica es muy simple, ya que en realidad se trata de un simple conteo:

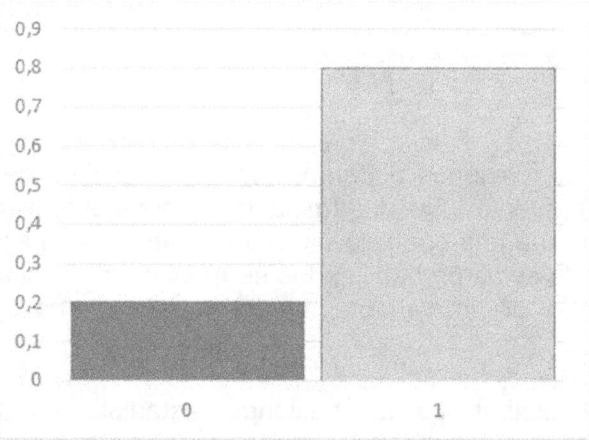

Fig. 18 – Distribución de Bernoulli

En esta distribución, la media y la varianza son:

$$\mu = p \qquad\qquad \sigma^2 = pq$$

6.2.2 DISTRIBUCIÓN BINOMIAL

Si tenemos n experimentos de Bernoulli independientes, cada uno con su resultado favorable o negativo, y definimos la variable aleatoria X como el número de éxitos en n pruebas de Bernoulli, dicha variable seguirá una distribución binomial.

Para obtener esta probabilidad, calcularemos la probabilidad de que salga solo una vez un resultado positivo tras n experimentos. En este supuesto, tendríamos un resultado positivo y n-1 resultados negativos. Las probabilidades de esto serían, siguiendo la notación de Bernoulli:

Experimentos del 1 al (n-1): resultado negativo, con probabilidad q.
Experimento n: resultado positivo, con probabilidad p.

Por lo que la probabilidad de conseguir un resultado positivo en la última prueba, dado que las pruebas son independientes, sería:

$$P\{X = 1\} = q \cdot q \cdots q \cdot p = q^{n-1} \cdot p$$

Como nos es indiferente el orden en que obtengamos ese único resultado positivo, esta probabilidad será:

$$P\{X = 1\} = \binom{n}{1} \cdot p \cdot q^{n-1}$$

Generalizando, sea un experimento consistente en *n* intentos. Cada intento puede resultar positivo o negativo con probabilidades *p* y *q* respectivamente.

La probabilidad P_r de obtener *r* resultados positivos y (*n* − *r*) negativos será:

$$\boxed{P\{X = r\} = P_r = \binom{n}{r} p^r (1 - p)^{n-r}}$$

donde:
   n = número de sucesos
   p = probabilidad de resultado positivo
$$\binom{n}{r} = \frac{n!}{(n - r)! \, r!}$$

En Excel, esta probabilidad P_r puede evaluarse con la instrucción DISTR.BINOM.N (r; n; p; FALSO), o en versiones más antiguas como DISTR.BINOM (r; n; p; FALSO)

Una serie de sucesos sigue una distribución binomial si se cumple que:
- El número de ensayos es fijo.
- El resultado de cada ensayo es independiente.
- El resultado de cada ensayo es booleano (si/no; funciona/no funciona; 0/1)
- La probabilidad de cada resultado es igual para cada ensayo.

En esta distribución binomial, la media y la varianza son:

$$\mu = n\,p \qquad\qquad \sigma^2 = n\,p\,q$$

La binomial se aplica en el estudio de procesos dicotómicos que presenten resultados independientes en cada prueba y mantengan una probabilidad de éxito constante entre pruebas.

Ejemplo 25 – Distribución binomial

La probabilidad de que un elemento sobreviva a una caída es 3/4.

Si se caen cuatro componentes, ¿Cuál es la probabilidad de que sobrevivan exactamente dos?

Solución:

Supongamos que las pruebas realizadas son independientes. La probabilidad de éxito para cada prueba es p=3/4, por tanto:

$$P\{X=2\} = \binom{n}{r} \cdot p^r \cdot (1-p)^{n-r} = \binom{4}{2} \cdot \left(\frac{3}{4}\right)^2 \cdot \left(1-\frac{3}{4}\right)^{4-2} = \frac{4!}{(4-2)!\,2!} \cdot \left(\frac{3}{4}\right)^2 \cdot \left(1-\frac{3}{4}\right)^{4-2}$$
$$= 0{,}21$$

Por otra parte, cuando el número de ensayos n es grande y la probabilidad de uno u otro suceso p está cerca de 0.5, esta distribución binomial se puede aproximar mediante una distribución normal estándar.

Si X denota el número de resultados positivos en n intentos, entonces X es una variable discreta con valor medio de (np) y varianza de (npq).

Si asociamos esta distribución al caso de un sistema con n componentes con una probabilidad individual p de fallo, entonces la probabilidad de encontrar r defectuosos de un total de n vendrá dada por Pr.

Habitualmente se utiliza esta función binomial para describir la **confiabilidad en el caso de sistemas con redundancia parcial** donde se necesitan k componentes funcionando de un total de m. Así, la confiabilidad del sistema será:

$$R_{Sistema\ k/m} = \sum_{i=k}^{m} \binom{m}{i} R^i (1-R)^{m-i}$$

donde:

$$\binom{m}{i} = \frac{m!}{(m-i)! \cdot i!}$$

Es decir, una distribución exponencial, que también podemos expresar como:

$$R_{Sistema\ k/m} = \sum_{i=0}^{m-k} \binom{m}{i} R^{m-i} (1-R)^{i}$$

6.2.3 DISTRIBUCIÓN MULTINOMIAL

Si en una prueba o evaluación pueden darse más de dos resultados posibles, el experimento de Bernoulli se convierte en multinomial.

La probabilidad de estos r_i resultados viene dada por una distribución multinomial, y se calcula como el número de permutaciones sin repetición de los resultados, por la probabilidad de cada uno en todas las pruebas, que incluirá todas las formas en que pueden aparecer los r_i resultados, es decir, las variaciones con repetición:

$$P\{X_1 = r_1, X_2 = r_2, \cdots X_k = r_k,\} = \binom{n}{r_1, r_2, \cdots r_k} \cdot P_1^{r_1} \cdot P_2^{r_2} \cdots \cdot P_k^{r_k}$$

como

$$\binom{n}{r_1, r_2, \cdots r_k} = \frac{n!}{r_1! \ r_2! \cdots r_k!}$$

Entonces:

$$P\{X_1 = r_1, X_2 = r_2, \cdots X_k = r_k,\} = \frac{n!}{r_1! \ r_2! \cdots r_k!} \cdot P_1^{r_1} \cdot P_2^{r_2} \cdots \cdot P_k^{r_k}$$

donde

$$\sum_{i=1}^{k} r_i = n \qquad\qquad \sum_{i=1}^{k} P_i = 1$$

con

n   número de pruebas independientes
r_i número de resultados que aparecen
P_i probabilidad de un determinado resultado en una prueba

Ejemplo 26 – Distribución multinomial

Tenemos una instalación de redes eléctricas para alumbrado público en un nuevo polígono urbano. Durante la inspección de recepción de las obras, los técnicos municipales catalogan tres tipos de fallos: mal conexionado, mal etiquetado de los circuitos, y ausencia de cableado en la canalización. Una constructora ha presentado un 82% de fallos por mal conexionado, un 15% de circuitos mal etiquetados y un 3% de ausencia de cableado en canalizaciones. Calcular la probabilidad de que de 6 fallos encontrados en uno de los sectores, 3 sean por mal conexionado y 2 por mal etiquetado.

Solución:

Al considerar n=6 fallos, estos se distribuirán:

r_1 = 3 (mal conexionado)
r_2 = 2 (mal etiquetado)
r_3 = 6-3-2=1 (ausencia de cableado)

$$P\{X_1 = 3, X_2 = 2, X_3 = 1\} = \frac{n!}{r_1!\,r_2!\,r_3!} \cdot P_1^{r_1} \cdot P_2^{r_2} P_3^{r_3} = \frac{6!}{3!\,2!\,1!} \cdot 0{,}82^3 \cdot 0{,}15^2 \cdot 0{,}03^1 = 0{,}0223$$

6.2.4 DISTRIBUCIÓN HIPERGEOMÉTRICA

La distribución hipergeométrica es una distribución discreta, que mide la probabilidad de obtener x elementos con una propiedad dada (sí o no), sobre un conjunto de n elementos, sin reemplazo. Cada experimento tiene dos resultados posibles, pero solo se ensaya una vez, es decir, las muestras no tienen reemplazo porque cada elemento es diferente. Esto hace que la probabilidad cambie tras cada ensayo, ya que se reduce el número de elementos.

Por tanto difiere de la binomial en la forma que se realiza el muestreo, ya que la hipergeométrica no requiere independencia en las pruebas: la hipergeométrica utiliza muestreos sin reemplazo, mientras que la binomial estudia muestreos con reemplazo.

Sin embargo, cuando el número de repeticiones en el muestreo es bajo (la muestra extraída es pequeña en relación con el total de elementos del conjunto), podemos suponer que las extracciones sin reposición no afectan demasiado al conjunto total, y las probabilidades se mantienen más o menos constantes. Por tanto, en grandes conjuntos y pequeño número de experimentos, la distribución hipergeométrica puede aproximarse mediante la binomial.

Sea un conjunto de N elementos de tipo booleano, N_p de tipo 1 y N_q de tipo 0. Como solo son posibles dos resultados (prueba booleana), al realizar n experimentos sobre ese conjunto de N elementos, obtendremos r resultados de tipo 1, y n-r resultados de tipo 0. Es decir, el número de formas distintas de obtener estos resultados será el número de combinaciones sin repetición por el que obtenemos los primeros, multiplicado por el número de combinaciones sin repetición por el que obtenemos los segundos:

$$C_r^{N_p} \cdot C_{n-r}^{N_q} = \binom{N_p}{r} \cdot \binom{N_q}{n-r}$$

Por otra parte, si realizamos n experimentos en el conjunto de N elementos, tendremos un total de posibles distribuciones de elementos, dado por el número de combinaciones sin repetición en los que podemos extraerlos:

$$C_n^N = \binom{N}{n}$$

Por tanto, la probabilidad de obtener un resultado de tipo 1 será, con la regla de Laplace:

$$P\{X = r\} = \frac{Casos\ favorables\ (X = r)}{Total\ de\ casos\ posibles} = \frac{\binom{Np}{r} \cdot \binom{Nq}{n-r}}{\binom{N}{n}}$$

Formalmente, cuando X es una variable aleatoria discreta, seguirá una distribución hipergeométrica si en una muestra aleatoria de tamaño n extraída de un conjunto de N resultados, obtiene k éxitos y N-k fracasos, si presenta la siguiente probabilidad:

$$P\{X = r\} = \frac{\binom{k}{r} \cdot \binom{N-k}{n-r}}{\binom{N}{n}}$$

En Excel se obtiene mediante la instrucción DISTR.HIPERGEOM.N (r; n; k; N; FALSO). En versiones más antiguas del software se debe usar DISTR.HIPERGEOM (r; n; k; N).

La forma de esta función es similar a los ramales de curvas de histéresis que tienden a la unidad conforme se obtienen más resultados r para cada número de experimentos n dado.

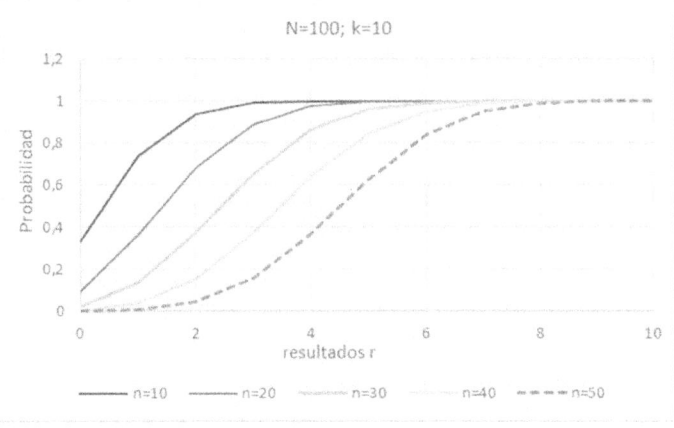

Fig. 19 – Distribución de hipergeométrica

En esta distribución hipergeométrica, la media y la varianza son:

$$\mu = \frac{n\,k}{N} \qquad\qquad \sigma^2 = n\,\frac{N-n}{N-1} \cdot \frac{k}{N} \cdot \left(1 - \frac{k}{N}\right)$$

Ejemplo 27 – Distribución hipergeométrica

Un fabricante de componentes para automoción los suministra al comprador en lotes de 100 unidades. El comprador los inspecciona, analizando el 5% de unidades de cada lote, que acepta si encuentra dos o menos defectuosos.

¿Cuál es la probabilidad de que acepte un lote con 6 componentes defectuosos?

Solución:

Estamos ante una prueba con dos resultados posibles (defectuoso o correcto) que se realiza a elementos diferentes extraídos de un lote. Cada componente solo se ensaya una vez y las muestras no tienen reemplazo (no se devuelven al lote). Por tanto, para estudiar los resultados debemos usar una distribución hipergeométrica, en la que:

$$P\{X = r\} = \frac{\binom{k}{r} \cdot \binom{N-k}{n-r}}{\binom{N}{n}}$$

Las variables a utilizar son:
   N= 100 componentes de un lote
   k= 6 defectuosos
   n= 5 inspecciones por lote

Los resultados a evaluar serán los que den lugar a la aceptación del lote completo: r=0 (ningún resultado defectuoso), r=1 (uno defectuoso) y r=2 (dos defectuosos). Por tanto:

$$P\{X \leq 2\} = P\{X = 0\} + P\{X = 1\} + P\{X = 2\} = \frac{\binom{6}{0} \cdot \binom{100-6}{5-0}}{\binom{100}{5}} + \frac{\binom{6}{1} \cdot \binom{100-6}{5-1}}{\binom{100}{5}} + \frac{\binom{6}{2} \cdot \binom{100-6}{5-2}}{\binom{100}{5}}$$
$$= 0.9988$$

Nota: en este ejemplo, para su resolución con Excel en sus últimas versiones, se puede utilizar la funcionalidad de acumulación, mediante la instrucción DISTR.HIPERGEOM.N (r; n; k; N; VERDADERO), obteniendo el resultado en un solo paso, sin necesidad de sumar cada una de las probabilidades.

6.2.5   DISTRIBUCIÓN GEOMÉTRICA

Cuando realizamos una serie de pruebas de Bernoulli independientes y con igual probabilidad de éxito (p) en cada prueba, la probabilidad X de obtener un número r de fracasos antes de lograr el primer éxito sigue una distribución geométrica.

Si X es la variable aleatoria que mide el "primer éxito", y se realizan r experimentos con dos posibles resultados: éxito (p) o fracaso (q):

$$P\{X = primer\ éxito\} = P\{fracaso\} \cap P\{fracaso\} \cap P\{fracaso\} \cap \cdots \cap P\{éxito\}$$

Siguiendo la notación de la distribución de Bernoulli para las probabilidades de éxito o fracaso en cada experimento:
P (éxito) = p
P (fracaso) = q.

La función de probabilidad de esta distribución geométrica puede escribirse como:

$$P\{X = primer\ éxito\} = q^{r-1}p$$

Como su nombre indica, la gráfica de la función decrece rápidamente al incrementarse el número de experimentos, y más brusco es el descenso cuanto más elevada sea la probabilidad inicial.

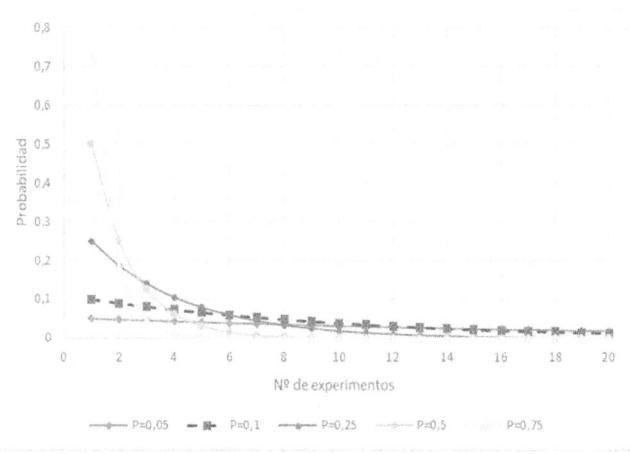

Fig. 20 – Distribución de geométrica

Ejemplo 28 – Distribución geométrica

En un proceso de fabricación, la probabilidad de que un producto resulte defectuoso es del 0,5%. Un encargado desconfiado decide inspeccionar la producción, y tras analizar siete artículos no ha encontrado aún ninguno con defecto. ¿Cuál es la probabilidad de que encuentre defecto en el octavo?

Solución:

Estamos ante un caso de primer resultado de dos posibles en una serie, es decir, una distribución geométrica. Por tanto, la probabilidad será, para 8 pruebas:

$$P\{X = primer\ defectuoso\} = q^{r-1}p = (1 - 0,005)^{8-1} \cdot 0,005 = 0,00482$$

6.2.6 DISTRIBUCIÓN BINOMIAL NEGATIVA

A pesar de su nombre, podemos considerar la distribución binomial negativa como una ampliación de la distribución geométrica, ya que se emplea para realizar estudios repetitivos en los que se ejecuta un ensayo hasta alcanzar un número determinado de resultados favorables. De esta manera, la distribución geométrica es un caso particular de la binomial negativa, en el que el número de resultados favorables es uno.

En esta distribución consideraremos un proceso de experimentos de Bernoulli, independientes entre sí y cada uno con su resultado booleano (positivo o negativo). Si el proceso incluye la extracción de un elemento, este se devolverá tras la prueba para no alterar las probabilidades, que deben permanecer constantes, salvo que su número pueda asimilarse a infinito.

A diferencia de la distribución binomial, aquí no conocemos el número de ensayos a realizar, ya que este no concluirá hasta alcanzar k resultados positivos. Si consideramos que todos los fracasos se obtienen al inicio del proceso, y los éxitos al final, sus probabilidades serán:

$P\{X = k\ éxitos\}$
$$= P\{fracaso\} \cap P\{fracaso\} \cap P\{fracaso\} \cap \cdots \cap P\{éxito\} \cap P\{éxito\} \cdot$$
$$\cdots \cap P\{éxito\}$$

Como en casos anteriores, siguiendo la notación de la distribución de Bernoulli para las probabilidades de éxito o fracaso en cada experimento:
P (éxito) = p
P (fracaso) = q=(1-p).

Si consideramos un total de x experimentos para alcanzar k éxitos, la probabilidad queda:

$$P\{X = k\ éxitos\} = q^{(x-k)} \cdot p^k$$

Pero como en el proceso puede darse cualquier otro orden de obtención de los éxitos y los fracasos, sin que deban aparecer primero unos y luego otros, debemos considerar todas las posibles formas de ordenación en el cálculo de la probabilidad de la progresión binomial negativa, sin repeticiones. El número de formas de ordenación posibles será el resultado de tomar todos los resultados (x-1) salvo el ya obtenido, ordenándolos de (x-k) formas diferentes, resultando:

$$\boxed{P(x = k) = \binom{x - 1}{x - k} q^{(x-k)} \cdot p^k}$$

donde:

  x   número de experimentos necesarios

  k   número de éxitos pretendido

Otra forma de expresar esta distribución es a través del número de fracasos r hasta alcanzar el k-ésimo éxito:

$$P(x = r) = \binom{r + k - 1}{r} q^r \cdot p^k$$

Equivalente a la expresión anterior ya que x = (k+r) es el número de pruebas necesarias

En la distribución binomial negativa, la media y la varianza son:

$$\mu = \frac{k}{p} \qquad\qquad \sigma^2 = \frac{kq}{p^2}$$

6.2.7 DISTRIBUCIÓN DE POLYA

La distribución de Polya estudia una serie de pruebas de Bernoulli independientes en las que la probabilidad de éxito en cada ensayo depende de la probabilidad alcanzada en los ensayos anteriores. La variación de probabilidad se implementa considerando una reposición mayorada del último resultado, de manera que el conjunto incrementa la cantidad de elementos de ese tipo cada vez que se obtiene.

Gracias a esta característica, esta distribución permite estudiar fenómenos de contagio, deterioro acumulativo o propagación de la información.

Para calcularla, sean:

  N_0 número inicial de elementos con resultado de tipo 0.

  N_1 número inicial de elementos con resultado de tipo 1.

  N   número total de elementos (N_0+ N_1)

  p   probabilidad de éxito en el primer ensayo.

  c   factor de contagio, definido como el número de elementos del mismo tipo al obtenido en el último ensayo, que se repondrán al conjunto incrementando las posibilidades del último resultado.

Supongamos una sucesión de "ensayos con contagio", en los que aparecen todos los resultados de tipo 1 al comienzo y el resto de tipo 0 al final:

$$\{tipo\ 1\}, \{tipo\ 1\}, \cdots \{tipo\ 1\}, \{tipo\ 0\}, \{tipo\ 0\}, \cdots \{tipo\ 0\},$$

En el primer ensayo, la probabilidad de obtener un elemento de tipo 1, por el teorema de Laplace, es:

$$P(X = tipo\ 1) = \frac{N_1}{N}$$

En el segundo ensayo, añadiremos por tanto c elementos de tipo 1 al conjunto, y la probabilidad para ese experimento será mayor:

$$P(X = tipo\ 1) = \frac{N_1}{N} \cdot \frac{c + N_1}{N + c}$$

Tras x ensayos obteniendo elementos de tipo 1, la probabilidad habrá evolucionado hasta:

$$P(X = tipo\ 1) = \frac{N_1}{N} \cdot \frac{c + N_1}{N + c} \cdot \frac{2c + N_1}{N + 2c} \cdots \frac{(x - 1)\,c + N_1}{N + (x - 1)\,c}$$

Por otra parte, si realizamos un total de n ensayos, habremos obtenido (n-x) resultados de tipo 0, cuya probabilidad será:

$$P(X = tipo\ 0) = \frac{N_2}{N + xc} \cdot \frac{c + N_2}{N + (x + 1)c} \cdot \frac{2c + N_2}{N + (x + 2)c} \cdots \frac{(n - x - 1)c + N_2}{N + (n - 1)\,c}$$

Por tanto, la probabilidad de un resultado tras n pruebas para esta sucesión de resultados ordenada, será el producto de ambas probabilidades:

$$P(X) = P(X = tipo\ 1) \cdot P(X = tipo\ 0)$$

Pero la sucesión de resultados no tiene por qué aparecer en el orden estudiado, sino que puede aparecer en cualquier otro, por tanto, la distribución de probabilidad de Polyá será:

$$P(X) = \binom{n}{x} \cdot P(X = tipo\ 1) \cdot P(X = tipo\ 0)$$

$$P(X) = \binom{n}{x} \cdot \frac{N_1}{N} \cdot \frac{c + N_1}{N + c} \cdots \frac{(x-1)\,c + N_1}{N + (x-1)\,c} \cdot \frac{N_2}{N + xc} \cdot \frac{c + N_2}{N + (x+1)c} \cdots \frac{(n - x - 1)c + N_2}{N + (n-1)\,c}$$

Según diferentes autores, hay diversas formas de expresar esta probabilidad, utilizando expresiones combinatorias o funciones auxiliares (como Gamma o Beta).

La media y la varianza para la distribución de Polyá son:

$$\mu = n\,p$$

$$\sigma^2 = n\,p\,q\,\frac{1 + n\dfrac{c}{N}}{1 + \dfrac{c}{N}}$$

Si en esta distribución hacemos c = -1, sería un caso de no reposición de la extracción, es decir, un experimento que respondería a la distribución hipergeométrica.

6.2.8 DISTRIBUCIÓN DE POISSON

La ley de Poisson es el número de eventos aleatorios en una serie, a partir de su promedio de ocurrencia en un intervalo conocido. Se utiliza para estudiar el número de sucesos aleatorios que pueden producirse en un intervalo considerando ciertas restricciones; y también para analizar los límites de procesos dicotómicos con muy pequeñas probabilidades y elevado número de repeticiones.

Sea una serie de eventos continuos que ocurren a una tasa de λ eventos por unidad de tiempo. Según Poisson, la probabilidad de que se produzcan en el intervalo (0, *t*) exactamente x eventos P [X = x eventos], viene dada por,

$$P[X = x \text{ eventos}] = P_x(t) = e^{-m}\frac{m^x}{x!}$$

donde:

m parámetro de Poisson, representa la probabilidad de un hecho en un intervalo dado. Debe observarse que si una media se aplica a una muestra distinta de aquella sobre la que se obtuvo, ha de recalcularse.

En Excel P[X=x] puede calcularse mediante la instrucción POISSON.DIST(x;m;FALSO).

Una variable sigue una distribución de Poisson si:
* Todos sus datos cuentan eventos (x enteros no negativos, sin límite superior).
* Cada uno de los eventos es independiente del resto.
* La tasa promedio no cambia durante el intervalo estudiado.

Esta distribución es similar a la distribución binomial ya que ambas modelan el recuento de eventos, con la salvedad que en la distribución de Poisson no se limita el número de eventos a estudiar, mientras que en la binomial debe ser fijo.

En fiabilidad, como el número de fallos (x) en un intervalo (0, t) es una variable discreta con valor medio de (λt) y varianza de (λt), se suele expresar P [X = x fallos] como:

$$P[X = x \text{ fallos}] = P_x(t) = e^{-\lambda t}\frac{(\lambda t)^x}{x!}$$

Por otra parte, con esta distribución podemos estudiar la **confiabilidad de un sistema redundante pasivo**, en el que no debe producirse el fallo de sus n componentes hasta el momento t, es decir P(fallo ≤ n) en (0,t), como la probabilidad acumulada o sumatorio:

$$R_{Sistema} = P[X \le n] = P[X \le r \text{ fallos}] = e^{-\lambda t}\sum_{r=0}^{n}\frac{(\lambda t)^r}{r!}$$

donde:
n   número de componentes redundantes.
λt   media de fallos, que coincide con la frecuencia y la varianza.
r   número de fallos

Se volverá sobre esto más adelante, al tratar la modelación de sistemas.

En Excel P[X≤r] puede calcularse mediante la instrucción POISSON.DIST(r; λt;VERDADERO).

Así mismo, la distribución de Poisson también puede utilizarse para analizar el número de fallos que pueden ser reparados si dejamos descender el stock de repuestos necesarios en nuestro almacén hasta un nivel crítico S_c, como:

$$P(reparación) = N_r = \sum_{r=0}^{S_c} (S_c - r)e^{-\lambda t}\frac{(\lambda t)^r}{r!}$$

donde:

N_r número de fallos que serán reparados
S_c stock crítico a partir del cual se repone el almacén.
λt media de fallos.
r   número de fallos.

Por último y de manera análoga, con esta distribución también podemos analizar la probabilidad de que los fallos no puedan ser reparados por falta de stock, como:

$$P(no\ reparación) = \sum_{r=S_c+1}^{\infty} (r - S_c)e^{-\lambda t}\frac{(\lambda t)^r}{r!}$$

Ejemplo 29 – Distribución de Poisson

A una planta de tratamiento de residuos industriales llega cada día una media de 8 camiones. Como mínimo siempre llega uno, y el máximo que puede ser descargado diariamente en las instalaciones es de 12 camiones. Calcular la probabilidad de que un día haya camiones que no puedan ser descargados.

Solución:

El evento a considerar en este proceso es la llegada de un camión. La media del evento es m=8 camiones. La variable aleatoria X es el número de camiones que llegan en un día. Por tanto, la incógnita es P[X>12].

Como este proceso presenta eventos aleatorios a lo largo del tiempo, luego es un proceso de Poisson, en el que la probabilidad de un número exacto de ellos P [X = r] se puede calcular como:

$$P[X = r] = e^{-m}\frac{m^r}{r!}$$

Luego para obtener P[X>12], hacemos:

$$P[X > 12] = 1 - P[X \leq 12]$$

La probabilidad acumulada P[X ≤ n$_{camiones}$] se puede calcular como (excluyendo r=0 porque llega al menos un camión siempre):

$$P[X \leq n] = \sum_{r=1}^{n} P[X = r] = \sum_{r=1}^{n} e^{-m}\frac{m^r}{r!} = e^{-m}\sum_{r=1}^{n}\frac{m^r}{r!}$$

Sustituyendo:

$$P[X > 12] = 1 - P[X \leq 12] = 1 - e^{-8}\sum_{r=1}^{12}\frac{8^r}{r!} = 1 - 0.935867 = 0.064132$$

Es decir, hay un 6,41 % de probabilidades que un día lleguen camiones que no puedan descargarse.

6.2.9 CONVERGENCIA DE LA DISTRIBUCIÓN BINOMIAL A LA DE POISSON

Algunas distribuciones pueden resultar más complicadas de calcular que otras. Por esa razón, en determinados casos se sustituyen por sus equivalentes. El caso más frecuente es el de la binomial por la de Poisson, pero también puede sustituirse esta por la normal, o la hipergeométrica por la binomial.

En el primero de estos casos, la distribución de Poisson puede usarse para calcular de forma aproximada una distribución binomial y viceversa, ya que sus límites convergen, porque el producto del número de pruebas (n) frente a un número de éxitos (p) reducido, permanece constante (np=m), y toma el valor del parámetro de la distribución de Poisson:

$$\lim_{n \to \infty}(X_n = r) = \lim_{\substack{n \to \infty \\ p \to 0}} \binom{n}{r} p^r(1-p)^{n-r} = e^{-m}\frac{m^r}{r!}$$

Esto se conoce como teorema de Poisson o ley de eventos raros.

En efecto, sea la probabilidad de una distribución binomial, dada por:

$$P(x) = \binom{n}{r} \cdot p^r(1-p)^{n-r}$$

Sea m = n·p. desarrollando la binomial:

$$P(x) = \frac{n\,(n-1)\cdots(n-r+1)}{r!} \cdot \left(\frac{m}{n}\right)^r \cdot \left(1 - \frac{m}{n}\right)^{n-r}$$

$$P(x) = \frac{n\,(n-1)\cdots(n-r+1)}{r!} \cdot \frac{m^r}{n^r} \cdot \left(1 - \frac{m}{n}\right)^{n}\left(1 - \frac{m}{n}\right)^{-r}$$

$$P(x) = \frac{n}{n}\left(1 - \frac{1}{n}\right) \cdots \left(1 - \frac{r-1}{n}\right)\frac{m^r}{r!} \cdot \left(1 - \frac{m}{n}\right)^n \left(1 - \frac{m}{n}\right)^{-r}$$

Ordenando y tomando límites:

$$\lim_{n\to\infty} \left[\frac{m^r}{r!} \cdot \left(1 - \frac{1}{n}\right) \cdots \left(1 - \frac{r-1}{n}\right) \cdot \left(1 - \frac{m}{n}\right)^{-r} \cdot \left(1 - \frac{m}{n}\right)^n\right]$$

El primer factor es constante, luego puede sacarse del límite:

$$= \frac{m^r}{r!} \lim_{n\to\infty} \left[\left(1 - \frac{1}{n}\right) \cdots \left(1 - \frac{r-1}{n}\right) \cdot \left(1 - \frac{m}{n}\right)^{-r} \cdot \left(1 - \frac{m}{n}\right)^n\right]$$

Analizando el resto, vemos que al comienzo tenemos una sucesión de factores con cocientes de la variable. Por tanto, cuando n tiende a infinito esos cocientes tienden a cero, y esos factores tienden a 1, y por tanto su producto también:

$$\lim_{n\to\infty} \left[\left(1 - \frac{1}{n}\right) \cdots \left(1 - \frac{r-1}{n}\right) \cdot \left(1 - \frac{m}{n}\right)^{-r}\right] = 1$$

Además verificamos, que cuando n tiende a infinito, p, que se ha definido como m/n tiende a cero como pretendíamos.

Por otra parte, el último factor potencial converge hacia la función exponencial:

$$\lim_{n\to\infty} \left(1 - \frac{m}{n}\right)^n = e^{-m}$$

Con todo, dado que ningún factor tiende a cero ni a infinito, por la propiedad del producto en límites, podemos decir que:

$$= \frac{m^r}{r!} \lim_{n\to\infty} \left[\left(1 - \frac{1}{n}\right) \cdots \left(1 - \frac{r-1}{n}\right) \cdot \left(1 - \frac{m}{n}\right)^{-r}\right] \cdot \lim_{n\to\infty} \left(1 - \frac{m}{n}\right)^n$$

$$= \frac{m^r}{r!} \cdot 1 \cdot e^{-m}$$

Que es la distribución de Poisson.

Para poder utilizar esta convergencia entre la distribución Binomial y la de Poisson, n debe ser suficientemente grande y p reducido. En general, la de Poisson dará una buena aproximación de la binomial para n>=50 y p < 0,1; o bien cuando p<0,1 y np<5.

Ejemplo 30 – Convergencia de una distribución binomial a Poisson

Sea una distribución binomial con parámetros n= 35 y p=0.08. Calcular las diferencias para los 10 primeros valores de r entre ella y su distribución de Poisson equivalente.

Solución:

El parámetro de la distribución de Poisson equivalente será:

$$m = n \cdot p = 35 \cdot 0{,}08 = 2{,}8$$

Por tanto, aplicando las fórmulas:

$$\binom{n}{r} p^r (1-p)^{n-r} \qquad\qquad e^{-m}\,\frac{m^r}{r!}$$

r	B(35, 0.08)	P(2,8)	diferencia
0	0,05402241	0,06081006	-0,00678765
1	0,16441603	0,17026818	-0,00585214
2	0,24304979	0,23837545	0,00467434
3	0,2324824	0,22248375	0,00999865
4	0,16172689	0,15573862	0,00598827
5	0,08719189	0,08721363	-2,1741E-05
6	0,03790952	0,04069969	-0,00279018
7	0,01365684	0,01627988	-0,00262303
8	0,00415643	0,00569796	-0,00154153
9	0,00108429	0,0017727	-0,00068841
10	0,00024514	0,00049636	-0,00025121

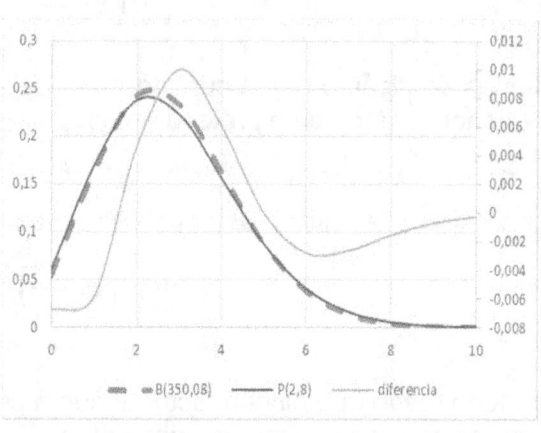

Así mismo, en una distribución hipergeométrica, cuando el tamaño de la muestra extraída es reducido en comparación con el total de elementos del conjunto, la no reposición no afecta significativamente al tamaño del conjunto, que se puede considerar constante, al igual que las probabilidades que presenta, por lo que puede asimilarse a una binomial. Por tanto:

$$\lim_{k,N \to \infty} \frac{\binom{k}{r} \cdot \binom{N-k}{n-r}}{\binom{N}{n}} \cong \binom{n}{r} p^r (1-p)^{n-r}$$

Ejemplo 31 – Convergencia de una distribución hipergeométrica a Poisson

En un proceso industrial, uno de cada 800 productos resulta defectuoso. ¿Cuál es la probabilidad de que aparezcan menos de 6 elementos defectuosos en un lote de 10.000 productos?

Solución:

El evento a considerar en este proceso es la aparición de un producto defectuoso. La media del evento es λ=1/800 productos. La variable aleatoria X es el número de defectos que aparecen. Por tanto, la incógnita es P [X<6].

Las inspecciones del proceso son experimentos de Bernoulli que presentan dos tipos de resultados (correcto o defectuoso) y cada experimento se realiza solo una vez (no hay reposición), por tanto estamos ante una distribución hipergeométrica. Como en este caso, el número de los ensayos realizados es reducido frente al tamaño total del lote, la hipergeométrica puede aproximarse como una distribución binomial. A su vez, esta la podemos aproximar con una distribución de Poisson, más fácil de obtener.

Con Poisson, la probabilidad de un número concreto de defectuosos P [X=r] se puede calcular como:

$$P[X = r] = e^{-m} \frac{m^r}{r!}$$

Luego para obtener P [X<6], hacemos:

$$P[X < 6] = P[X \leq 5] = e^{-m} \sum_{r=0}^{5} \frac{m^r}{r!}$$

El parámetro m de Poisson representa el número de defectos esperable a priori, y se obtendrá al aplicar la media de defectos al tamaño del lote:

$$m = \lambda \cdot n = \frac{1}{800} \cdot 10.000 = 12,5$$

Entonces:

$$P[X < 6] = e^{-12,5} \sum_{r=0}^{5} \frac{12,5^r}{r!} = 0,01482$$

Es decir, lo razonable a priori es esperar 12,5 fallos, y solo tenemos un 1,48% de probabilidades de que en nuestro lote de 10.000 productos surjan menos de 6 defectuosos.

6.3.   DISTRIBUCIONES CONTINUAS

Las distribuciones responden a modelos matemáticos que reproducen el comportamiento de conjuntos de datos.

Por lo general la mayoría de distribuciones usadas en fiabilidad tienen una formulación matemática compuesta por una función y un término multiparamétrico de ajuste con parámetros que pueden variar su forma (adaptación a los datos), su escala (para ajustar su dispersión) y su localización (para determinar su inicio o final).

La forma de incorporar estos parámetros suele ser como variables dentro de una función Φ

Por ejemplo, de manera general, sabemos que la fiabilidad o probabilidad acumulada de fallos (probabilidad de que un elemento falle antes de un tiempo T) se representa como la función de la distribución, y ésta en términos de Φ queda:

$$P\{T < t\} = F(t) = \Phi\left(\frac{y - \gamma}{\eta}\right)$$

donde:
   Φ función de ajuste que determina la distribución (normal, exponencial, etc..)
   y variable aleatoria que integra un factor de forma β
   γ factor de localización que marca el inicio de la función
   η factor de escala que ajusta el recorrido de la función

Cuando la variable aleatoria y toma una forma logarítmica, se puede generar una variación de las distribuciones que se denominan con el prefijo "log-" (p.e. log-normal)

A continuación iremos viendo las diferentes distribuciones de este tipo, más habituales en análisis de fiabilidad.

6.3.1   DISTRIBUCIÓN NORMAL

La distribución normal describe un conjunto de datos que presenta un reparto simétrico.

En análisis de confiabilidad se utiliza para reflejar el efecto aditivo de múltiples componentes en el fallo de un producto, de forma que al combinarse entre sí

provocan que se exceda su capacidad de resistencia. No se suele emplear de forma unitaria para un solo tipo de componente de fallo porque su comportamiento frente al tiempo suele ser asimétrico.

La distribución normal depende solo de dos factores: el parámetro de localización que toma el valor de la media de los datos, y el factor de escala, que es su desviación estándar:

$$Y = \mu \qquad\qquad \eta = \sigma$$

Esta distribución:
- Siempre tiene una forma simétrica respecto de un eje vertical sobre su media.
- El punto máximo se encuentra sobre la media, y marca también la moda del conjunto de datos.
- La curva es asintótica con el eje horizontal a izquierda y derecha.
- La curva presenta dos puntos de inflexión en $x = \mu \pm \sigma$ y es cóncava hacia abajo en su espacio central.
- Cuanto mayor sea su desviación estándar, más achatada y extendida es su forma.
- A igual desviación pero con medias diferentes, dos distribuciones normales se encontrarán desplazadas la distancia que separa sus medias.
- A igual media pero con desviaciones estándar distintas, dos distribuciones presentarán un pico más o menos acusado.

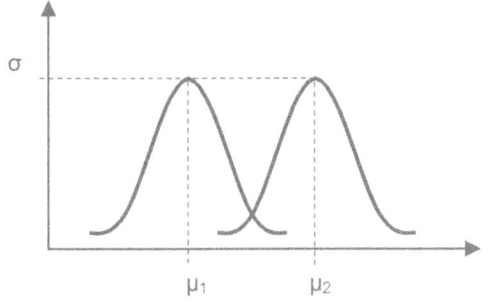

Fig. 21 – Distribuciones normales de igual desviación

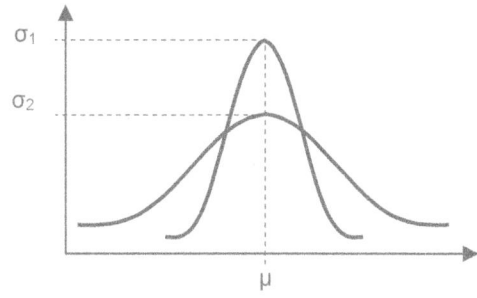

Fig. 22 – Distribuciones normales de igual media

Con todo lo dicho, el área total bajo la curva de la distribución es unitaria, y la que encierra a cada uno de los lados de la media es 0,5, es decir, el 50% de los datos:

$$P(x \leq \mu) = 0,5$$

Se denomina distribución normal estándar aquella en la que $\mu=0$ y $\sigma=1$.
Aplicando esta distribución normal al estudio de la probabilidad de fallo $P(T \leq t)$, ésta viene dada por el área bajo la curva densidad, que es la función fiabilidad $F(t)$ de esta distribución:

Función de fiabilidad:

$$P\{T < t\} = F(t) = \int_{-\infty}^{t} f(t)dt = \Phi\left(\frac{t - \mu}{\sigma}\right)$$

En EXCEL DISTR.NORM(t; media μ; desv_estándar σ; VERDADERO)

Donde la función de densidad f(t) para una distribución normal es:

$$f(t) = \frac{1}{\sigma\sqrt{2\pi}}\, e^{-\frac{1}{2}\left(\frac{t-\mu}{\sigma}\right)^2}$$

En EXCEL DISTR.NORM(t; media μ; desv_estándar σ; FALSO)

Es decir:

$$F(t) = \int_{-\infty}^{t} f(t)dt = \int_{-\infty}^{t} \frac{1}{\sigma\sqrt{2\pi}} \cdot e^{-\frac{1}{2}\left(\frac{t-\mu}{\sigma}\right)^2} dt = \frac{1}{\sigma\sqrt{2\pi}} \cdot \int_{-\infty}^{t} e^{-\frac{(t-\mu)^2}{2\sigma^2}} dt$$

$$= \frac{1}{\sqrt{2\pi}} \cdot \int_{-\infty}^{\frac{t-\mu}{\sigma}} e^{-\frac{x^2}{2}} dx$$

Para un solo intervalo de probabilidad, de igual forma sería:

$$P(t_1 < T < t_2) = \int_{t_1}^{t_2} \frac{1}{\sigma\sqrt{2\pi}} e^{-\frac{1}{2}\left(\frac{t-\mu}{\sigma}\right)^2} dt = \frac{1}{\sigma\sqrt{2\pi}} \cdot \int_{t_1}^{t_2} e^{-\frac{1}{2}\left(\frac{t-\mu}{\sigma}\right)^2} dt$$

La fiabilidad a través de la función auxiliar Φ puede también expresarse en términos de la función de error de Gauss (erf), como:

$$F(t) = P\{T < t\} = \Phi\left(\frac{t - \mu}{\sigma}\right) = \frac{1}{2}\left(1 + erf\left(\frac{t - \mu}{\sigma\sqrt{2}}\right)\right)$$

Donde erf se define como:

$$\mathrm{erf}(x) = \frac{2}{\sqrt{\pi}} \int_{0}^{x} e^{-t^2} dt$$

Como en cualquier caso el cálculo de estas áreas suele resultar complicado, se utiliza el cambio de variable para convertir cualquier distribución normal en una de tipo estándar, cuyas áreas se encuentran tabuladas. Este cambio es:

$$Z = \frac{t - \mu}{\sigma}$$

Como para la distribución normal estándar μ=0 y σ=1, verificamos:

$$\Phi\left(\frac{t-\mu}{\sigma}\right) \rightarrow \Phi_{nor}(Z) = \frac{1}{\sqrt{2\pi}} \cdot \int_{-\infty}^{z} e^{-\frac{z^2}{2}} dz$$

Los resultados de esta función son el área bajo la curva, y se encuentran tabulados en la página siguiente para facilitar los cálculos de la fiabilidad:

Los números se representan por su valor en unidades y décimas en la primera columna, y según sus centésimas en las siguientes columnas de esa misma fila. Así por ejemplo, el número 0,12 será la casilla de la fila 3 y la columna 4, y le corresponde una P(Z<0,12) = 0,54776.

En EXCEL también puede obtenerse cualquier valor de esta tabla con la función DISTR.NORM.ESTAND.N (número;VERDADERO)

También, para facilitar el análisis de un sistema cuya fiabilidad F(t) sigue una función normal, podemos representarla como una recta, adaptando las escalas del papel a sus parámetros.

Para ello, en el eje horizontal representaremos como abscisas los valores de la variable de la función auxiliar Φ, mientras que en el vertical de ordenadas representaremos los que toma esa función.

Sobre este gráfico se puede leer directamente la desviación típica, que será la pendiente; además de la media, que será el punto de intersección con el eje X.

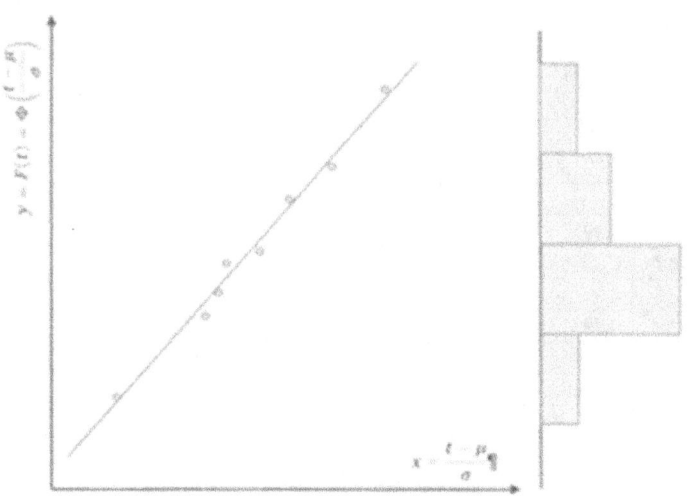

Fig. 23 – Análisis gráfico de la distribución normal

Si además deseamos mejorar la capacidad de análisis con el gráfico, podemos incluir a su derecha un histograma vertical con la densidad de los datos.

Tabla: Distribución normal estándar

	0	0,01	0,02	0,03	0,04	0,05	0,06	0,07	0,08	0,09
0,0	0,50000	0,50399	0,50798	0,51197	0,51595	0,51994	0,52392	0,52790	0,53188	0,53586
0,1	0,53983	0,54380	0,54776	0,55172	0,55567	0,55962	0,56356	0,56749	0,57142	0,57535
0,2	0,57926	0,58317	0,58706	0,59095	0,59483	0,59871	0,60257	0,60642	0,61026	0,61409
0,3	0,61791	0,62172	0,62552	0,62930	0,63307	0,63683	0,64058	0,64431	0,64803	0,65173
0,4	0,65542	0,6591	0,66276	0,66640	0,67003	0,67364	0,67724	0,68082	0,68439	0,68793
0,5	0,69146	0,69497	0,69847	0,70194	0,70540	0,70884	0,71226	0,71566	0,71904	0,72240
0,6	0,72575	0,72907	0,73237	0,73565	0,73891	0,74215	0,74537	0,74857	0,75175	0,75490
0,7	0,75804	0,76115	0,76424	0,7673	0,77035	0,77337	0,77637	0,77935	0,78230	0,78524
0,8	0,78814	0,79103	0,79389	0,79673	0,79955	0,80234	0,80511	0,80785	0,81057	0,81327
0,9	0,81594	0,81859	0,82121	0,82381	0,82639	0,82894	0,83147	0,83398	0,83646	0,83891
1,0	0,84134	0,84375	0,84614	0,84849	0,85083	0,85314	0,85543	0,85769	0,85993	0,86214
1,1	0,86433	0,86650	0,86864	0,87076	0,87286	0,87493	0,87698	0,87900	0,88100	0,88298
1,2	0,88493	0,88686	0,88877	0,89065	0,89251	0,89435	0,89617	0,89796	0,89973	0,90147
1,3	0,90320	0,90490	0,90658	0,90824	0,90988	0,91149	0,91308	0,91466	0,91621	0,91774
1,4	0,91924	0,92073	0,9222	0,92364	0,92507	0,92647	0,92785	0,92922	0,93056	0,93189
1,5	0,93319	0,93448	0,93574	0,93699	0,93822	0,93943	0,94062	0,94179	0,94295	0,94408
1,6	0,94520	0,94630	0,94738	0,94845	0,94950	0,95053	0,95154	0,95254	0,95352	0,95449
1,7	0,95543	0,95637	0,95728	0,95818	0,95907	0,95994	0,96080	0,96164	0,96246	0,96327
1,8	0,96407	0,96485	0,96562	0,96638	0,96712	0,96784	0,96856	0,96926	0,96995	0,97062
1,9	0,97128	0,97193	0,97257	0,9732	0,97381	0,97441	0,97500	0,97558	0,97615	0,97670
2,0	0,97725	0,97778	0,97831	0,97882	0,97932	0,97982	0,98030	0,98077	0,98124	0,98169
2,1	0,98214	0,98257	0,98300	0,98341	0,98382	0,98422	0,98461	0,98500	0,98537	0,98574
2,2	0,98610	0,98645	0,98679	0,98713	0,98745	0,98778	0,98809	0,98840	0,9887	0,98899
2,3	0,98928	0,98956	0,98983	0,9901	0,99036	0,99061	0,99086	0,99111	0,99134	0,99158
2,4	0,99180	0,99202	0,99224	0,99245	0,99266	0,99286	0,99305	0,99324	0,99343	0,99361
2,5	0,99379	0,99396	0,99413	0,9943	0,99446	0,99461	0,99477	0,99492	0,99506	0,99520
2,6	0,99534	0,99547	0,9956	0,99573	0,99585	0,99598	0,99609	0,99621	0,99632	0,99643
2,7	0,99653	0,99664	0,99674	0,99683	0,99693	0,99702	0,99711	0,9972	0,99728	0,99736
2,8	0,99744	0,99752	0,9976	0,99767	0,99774	0,99781	0,99788	0,99795	0,99801	0,99807
2,9	0,99813	0,99819	0,99825	0,99831	0,99836	0,99841	0,99846	0,99851	0,99856	0,99861
3,0	0,99865	0,99869	0,99874	0,99878	0,99882	0,99886	0,99889	0,99893	0,99896	0,99900
3,1	0,99903	0,99906	0,99910	0,99913	0,99916	0,99918	0,99921	0,99924	0,99926	0,99929
3,2	0,99931	0,99934	0,99936	0,99938	0,9994	0,99942	0,99944	0,99946	0,99948	0,99950
3,3	0,99952	0,99953	0,99955	0,99957	0,99958	0,99960	0,99961	0,99962	0,99964	0,99965
3,4	0,99966	0,99968	0,99969	0,9997	0,99971	0,99972	0,99973	0,99974	0,99975	0,99976
3,5	0,99977	0,99978	0,99978	0,99979	0,9998	0,99981	0,99981	0,99982	0,99983	0,99983
3,6	0,99984	0,99985	0,99985	0,99986	0,99986	0,99987	0,99987	0,99988	0,99988	0,99989
3,7	0,99989	0,99990	0,99990	0,99990	0,99991	0,99991	0,99992	0,99992	0,99992	0,99992
3,8	0,99993	0,99993	0,99993	0,99994	0,99994	0,99994	0,99994	0,99995	0,99995	0,99995
3,9	0,99995	0,99995	0,99996	0,99996	0,99996	0,99996	0,99996	0,99996	0,99997	0,99997
4,0	0,99997	0,99997	0,99997	0,99997	0,99997	0,99997	0,99998	0,99998	0,99998	0,99998

Por otra parte, la distribución normal es simétrica respecto de la media, luego la tabla de la función normal estándar es simétrica respecto de cero.

Esto significa que si deseamos la probabilidad de cualquier valor negativo, la podemos obtener, aplicando las propiedades de las probabilidades, como:

$$P(Z \leq -n) = P(Z \geq n) = 1 - P(Z < n)$$

Así mismo, el resto de funciones de fiabilidad cuando los datos observados se ajustan mediante una distribución normal, quedan:

Confiabilidad:

$$R(t) = 1 - \int_{-\infty}^{t} f(t)dt = \int_{t}^{\infty} f(t)dt = \int_{t}^{\infty} \frac{1}{\sigma\sqrt{2\pi}} \cdot e^{-\frac{1}{2}\left(\frac{t-\mu}{\sigma}\right)^2} dt$$

Tasa de fallo:

$$\lambda(t) = \frac{f(t)}{R(t)} = \frac{\frac{1}{\sigma\sqrt{2\pi}} e^{-\frac{1}{2}\cdot\left(\frac{t-\mu}{\sigma}\right)^2}}{\int_{t}^{\infty} \frac{1}{\sigma\sqrt{2\pi}} \cdot e^{-\frac{1}{2}\cdot\left(\frac{t-\mu}{\sigma}\right)^2} dt}$$

La función de vida media en este caso es constante e igual a la media:

$$E(t) = \mu$$

Ejemplo 32 – Distribución normal en análisis de garantía

Un tipo de batería eléctrica presenta una vida media de 7 años con una desviación estándar de 0,8 años. Si los tiempos de duración de este tipo de batería se distribuyen normalmente en torno a su media, ¿cuál es la probabilidad de que una de estas baterías dure menos de 5,5 años, P(t < 5,5)?

Solución:

Encontramos la distribución normal equivalente para poder aplicar tablas y evitar los cálculos manuales:

$$Z = \frac{t - \mu}{\sigma} = \frac{5,5 - 7}{0,8} = -1,875$$

La probabilidad para esta distribución, que representa el área bajo la curva hasta el punto 5,5, es equivalente a la de una distribución normal hasta el valor -1,875.

Consultando en las tablas de valores para la distribución normal e interpolando entre 1,87 y 1,88, tenemos que:

$$P(t < 5,5) = P(Z < -1,875) = P(Z \geq 1,875) =$$

$$= 1 - P(Z < 1,875) = 1 - 0,969605 = 0.03$$

Es decir, la probabilidad que falle antes de los 5,5 años es del 3%.

Ejemplo 33 – Distribución normal en análisis de esperanza de vida

Un tipo de lámpara led se anuncia con una duración media de 25.000h, y una desviación estándar de 1.000 horas. ¿Cuál es la probabilidad de que una de estas lámparas se funda entre las 20.000 y las 28.000 horas?

Solución:

Encontramos la distribución normal equivalente para poder aplicar tablas y evitar los cálculos manuales:

$$Z_1 = \frac{t - \mu}{\sigma} = \frac{20.000 - 25.000}{1.000} = -5$$

$$Z_2 = \frac{t - \mu}{\sigma} = \frac{28.000 - 25.000}{1.000} = 3$$

Luego:

$$P(20.000 < t < 28.000) = P(-5 < Z < 3) = P(Z < 3) - P(Z < -5) =$$

$$= P(Z < 3) - P(Z \geq 5) = P(Z < 3) - [1 - P(Z < 5)] =$$

$$= 0,99865 - [1-1] = 0,99865$$

Es decir, una probabilidad del 99,86 %

Vemos que para valores mayores de 4, la probabilidad tiende a uno (la función de la distribución normal es asintótica al eje horizontal).

En los activos sometidos a esfuerzos, la probabilidad de fallo se puede relacionar como la distancia que hay entre su límite de resistencia y las condiciones de esfuerzo a las que se ven sometidos. Por ejemplo la resistencia estructural frente a las condiciones de fuerza, el nivel de aislamiento frente al sobrevoltaje, la resistencia térmica frente a la temperatura, etc.

| Esfuerzo | Riesgo | Resistencia |

Fig. 24 – Zona de riesgo entre el esfuerzo y la resistencia

Cuando los valores de resistencia y esfuerzo se conocen, el riesgo se puede evitar mediante un factor de seguridad que permita mantenerles alejados. Sin embargo, cuando la resistencia y/o el esfuerzo pueden variar a lo largo de la vida del activo, este factor de seguridad se convierte en un parámetro de riesgo, que debe determinarse estadísticamente para cubrir la incertidumbre de esas variaciones.

La probabilidad de variación de una característica suele aproximarse mediante una distribución normal, en torno al supuesto de mayor probabilidad, con decrecimiento hacia otras situaciones menos probables. Considerando los casos de solicitaciones y resistencia del activo, puede desconocerse con exactitud solo uno de estas características, o ambas, según las representaciones gráficas.

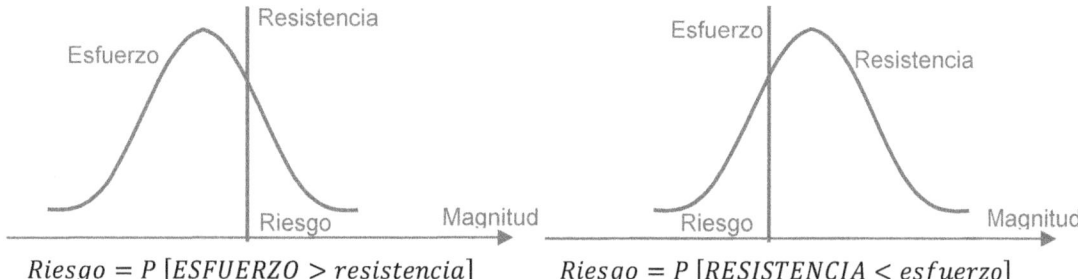

$$Riesgo = P\,[ESFUERZO > resistencia]$$ $$Riesgo = P\,[RESISTENCIA < esfuerzo]$$

Fig. 26 – Determinaciones del riesgo

El riesgo será la probabilidad de que el esfuerzo supere el límite de resistencia, o bien que la resistencia no sea suficiente para soportar el riesgo.

Ejemplo 34 – Distribución normal en análisis de rotura por esfuerzo

Un soporte tiene una carga de rotura de 5000 Kg. La carga media a la que está sometido es de 3500 Kg, y se encuentra normalmente distribuida, con una desviación típica del 15%. ¿Cuál es la probabilidad de rotura?

Solución:

$$Riesgo = P\,[ESFUERZO > resistencia] = [ESFUERZO > 5000]$$

Obtengo z:

$$z = \frac{resistencia - \mu}{\sigma} = \frac{resistencia - \mu_{esfuerzo}}{\mu_{esfuerzo} \cdot \sigma_{esfuerzo}(\%)} = \frac{5000 - 3500}{3500 \cdot 0.15} = 2,857143$$

Vemos que como la desviación típica aparece dada en porcentaje, debemos pasarla a unidades de la variable para utilizarla en la fórmula. Con todo:

$$Riesgo = 1 - \Phi(2{,}857143) = 1 - 0.99786 = 0.00213$$

Luego en esta utilización del soporte tenemos un 0,2% de probabilidades de riesgo de rotura.

Otro caso es cuando ambas características varíen, el riesgo puede calcularse como el área situada bajo la superposición de ambas curvas, que será:

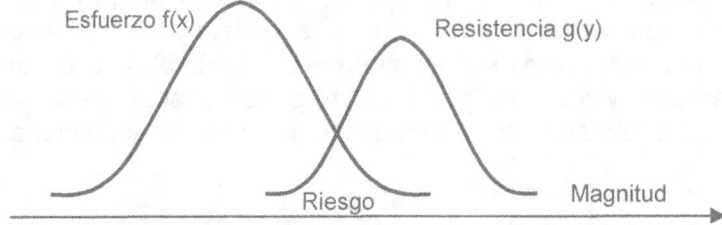

Fig. 27 – Determinación de zonas de riesgo

$$Riesgo = \int_0^\infty \left(\int_0^x f(x)dx \right) g(y)dy$$

Si consideramos la acumulación mediante la función de fiabilidad:

$$F(x) = \int_0^x f(x)dx$$

queda:

$$Riesgo = \int_0^\infty F(x)\, g(y)dy$$

Para que este análisis sea válido, debemos poner las dos distribuciones de la probabilidad en las mimas unidades de magnitud, de manera que el riesgo dependa de sus posiciones relativas, que estarán dadas por sus medias μ; y por sus grados de dispersión que se caracterizan por sus desviaciones típicas σ. En este caso la variable será:

$$z = \frac{t - \mu}{\sigma} = \frac{\mu_{resistencia} - \mu_{esfuerzo}}{\sqrt{\sigma^2_{resistencia} - \sigma^2_{esfuerzo}}}$$

Y entonces, la función para cuantificar el riesgo podrá calcularse por tanto en función de su media y sus varianzas, como:

$$Riesgo = 1 - \Phi\left(\frac{\mu_{resistencia} - \mu_{esfuerzo}}{\sqrt{\sigma^2_{resistencia} - \sigma^2_{esfuerzo}}}\right)$$

Ejemplo 35 – Distribución normal en análisis de resistencia

Un activo tiene una resistencia caracterizada por una distribución normal N (μ=1.200 Nw, σ=5%).
Calcular el riesgo de rotura si se encentra sometido a un esfuerzo caracterizado por una distribución normal N(μ=800 Nw, σ=20%).

Solución:

$$Riesgo = 1 - \Phi\left(\frac{\mu_{resistencia} - \mu_{esfuerzo}}{\sqrt{\sigma^2_{resistencia} - \sigma^2_{esfuerzo}}}\right) = 1 - \Phi\left(\frac{1200 - 800}{\sqrt{(0.05 \cdot 1200)^2 - (0.2 \cdot 800)^2}}\right)$$

$$Riesgo = 1 - \Phi(2,340823) = 1 - 0.9903 = 0.0096$$

Luego en esta utilización del activo tenemos un 0,96% de probabilidades de riesgo de rotura.

6.3.2 CONVERGENCIA DE UNA DISTRIBUCIÓN BINOMIAL A NORMAL

Una distribución binomial, además de aproximarse con una de Poisson, también puede calcularse de forma aproximada en ciertos casos mediante una distribución normal, ya que sus límites convergen, porque el producto del número de pruebas (n) frente a un número de éxitos (p) reducido, permanece constante, y su media y varianza son:

$$\mu = n\,p \qquad\qquad \sigma^2 = n\,p\,q = n\,p\,(1-p)$$

En efecto, en la binomial sabemos que:

$$P\{X = r\} = P_r = \binom{n}{r}p^r(1-p)^{n-r}$$

Dado que la distribución normal es continua, la convergencia ha de ser al valor acumulado de la binomial, y será:

$$P\{X \leq r\} = \sum_{i=0}^{r} \binom{n}{r} p^r (1-p)^{n-r} \approx P\{Y \leq r + 0.5\} = \Phi\left(\frac{r + 0.5 - np}{\sqrt{np(1-p)}}\right)$$

donde

$$\Phi_{nor}(Z) = \frac{1}{\sqrt{2\pi}} \cdot \int_{-\infty}^{t} e^{-\frac{t^2}{2}} dt$$

Vemos que la variable de la normal (Y) se ajusta al intervalo (r - 0.5 , r + 0.5) para mantener la variable de la binomial (X) igual a r.

Para poder utilizar esta convergencia entre la distribución Binomial y la Normal, n debe ser grande, y p no puede ser demasiado pequeño (p >0,1), y su producto debe ser np >5.

6.3.3 DISTRIBUCIÓN EXPONENCIAL

La distribución exponencial describe el número de sucesos que tienen lugar en un intervalo de tiempo, cuando su tasa de fallo es constante.

Esto implica que cuando un sistema puede modelarse mediante una distribución exponencial, no tiene memoria. En él, la probabilidad de que un evento ocurra no depende del tiempo transcurrido (edad del dispositivo), y la tasa de ocurrencia se mantiene constante dado que no "recuerda" su pasado. Esto en la práctica limita la aplicación de la distribución exponencial, ya que un sistema que experimenta una tendencia natural (envejece, se desgasta...) no es un sistema sin memoria.

Al acumularse los fallos de forma constante, esta función no tiene factor de forma, y su escala vendrá dada por la vida característica que podemos esperar de los elementos, que dependerá de su tasa de fallo. Cuando además tiene su origen en cero, esta distribución dependerá solo de un parámetro, la tasa de fallo.

Sus expresiones habituales son sencillas de calcular. Sabemos que cuando la tasa de fallo λ(t) = λ constante, la confiabilidad viene dada por:

$$R(t) = e^{-\int_0^t \lambda(t)} = e^{-\lambda t}$$

Y en ese caso, el tiempo medio entre fallos queda:

$$MTTF = \int_0^\infty R(t)dt = \int_0^\infty e^{-\lambda t}dt = \left.\frac{-1}{\lambda e^{\lambda t}}\right|_0^\infty = \frac{1}{\lambda}$$

Así mismo, la probabilidad de fallo es:

$$F(t) = 1 - R(t) = 1 - e^{-\lambda t}$$

Y por último la función densidad de probabilidad de fallos,

$$f(t) = \frac{dF(t)}{dt} = \frac{d(1 - R(t))}{dt} = \frac{d\left(1 - e^{-\int_0^t \lambda(t)}\right)}{dt} = \lambda(t)\,e^{-\int_0^t \lambda(t)}$$

Que cuando λ(t) = λ constante, queda:

$$f(t) = \lambda\,e^{-\lambda t}$$

En este caso, el intervalo de tiempo entre sucesos, la varianza y la desviación estándar son:

$$\mu = E(t) = \frac{1}{\lambda} \qquad \sigma^2 = \int_0^\infty t^2 f(t)dt = \int_0^\infty t^2 \lambda e^{-\lambda t}dt = \frac{1}{\lambda^2} \qquad \sigma = \frac{1}{\lambda}$$

Es decir, cuando los componentes de un sistema presentan una tasa de fallo constante, tienen una distribución exponencial. Las fórmulas de la confiabilidad para este caso particular ya las conocemos.

Los activos con una tasa de fallos constante suelen ser aquellos que **no tienen un desgaste físico acusado asociado a su funcionamiento** (sistemas electrónicos) **o que se encuentran dentro del periodo normal de su vida útil.**

Además suele aplicarse a componentes con vida útil muy larga, que excede ampliamente la de los sistemas en los que se integran; a componentes que se sustituyen preventivamente antes de su desgaste, y a sistemas reparables muy complejos sin redundancias dominantes.

Esta distribución no sirve para ajustar las funciones de fallo de sistemas sometidos a desgaste, fatiga o corrosión, ni en aquellos que se encuentran al inicio o al final de su ciclo de vida.

Por otra parte, vemos que la evolución de la función fiabilidad cuando los datos siguen una distribución exponencial depende fundamentalmente de un factor de escala λ definido por su tasa de fallos.

$$F(t) = 1 - e^{-\lambda t}$$

Esta función puede ser linealizada mediante un cambio de variables para adoptar la forma de una recta de regresión de tipo y = a + bx:

Despejamos t aislando y tomando logaritmos:

$$\ln(1 - F(t)) = \ln\left(e^{-\lambda t}\right) = -\lambda t$$

Haciendo el cambio de variable, queda:

$$\begin{cases} x = t \\ y = -\ln(1 - F(t)) \end{cases} \qquad y = \lambda x$$

donde el parámetro de la distribución exponencial es igual a la pendiente de la recta:

$$\lambda = \tan \alpha = \frac{y}{x}$$

Esta linealización permite construir una escala de representación donde resulta muy sencillo comparar diferentes conjuntos de datos u obtener la probabilidad de supervivencia por intervalos de tiempo.

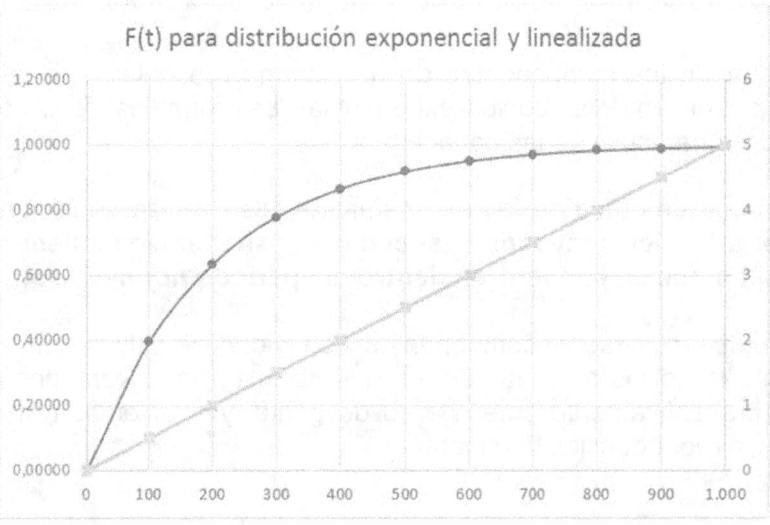

Fig. 28 – Linealización de función fiabilidad en una distribución exponencial

Ejemplo 36 – Distribución exponencial y probabilidad de fallo

Si la tasa media de fallo de un sistema electrónico es de una vez cada tres años (MTTF = 26.280 h) y lleva operando 25 meses sin fallar (18.000h), ¿cuál es la probabilidad de que falle en el próximo mes (antes de alcanzar las 18.720h)?

Solución

$$\lambda = \frac{1}{\text{MTTF}} = \frac{1}{26.280} = 3,8 \cdot 10^{-5}$$

$$F(18.720) - F(18.000) = (1 - e^{-3,8 \cdot 10^{-5} \cdot 18.720}) - (1 - e^{-3,8 \cdot 10^{-5} \cdot 18.000})$$

$$F(\text{próximo mes}) = (-e^{-0,7123288} + e^{-0,6849315}) = 0,0136 = 1,36\%$$

Debido a que en estos casos la función de riesgo acumulado H(t) es lineal, los mantenimientos serán mínimos y no se realizará ningún reemplazo preventivo de componentes en un sistema cuyos fallos respondan a esta distribución, hasta que efectivamente se produzca su fracaso. Si en estos sistemas se pretendiese una reducción del riesgo habría que optar por rebajar su probabilidad intrínseca (es decir, actuar sobre las causas del fallo) o por incorporar redundancia.

Ejemplo 37 – Distribución exponencial – cálculo de la mediana

Calcular la mediana de los fallos en una distribución exponencial

Solución:

Sabemos que la mediana en una serie de datos es el valor central. La mediana de los fallos en una serie temporal será el valor T_{50} central de los tiempos de fallo.

Por otro lado, sabemos que la función de distribución de fallo debe tomar el valor 0,5 para la mediana de los datos de fallo:

$$F(T_{50}) = 0,5$$

Como en la distribución exponencial tenemos que:

$$F(t) = 1 - e^{-\lambda t}$$

$$F(T_{50}) = 1 - e^{-\lambda T_{50}} = 0,5$$

Tomando logaritmos neperianos:

$$T_{50} = \frac{-\ln(0,5)}{\lambda} = \frac{0,69314}{\lambda}$$

Ejemplo 38 – Distribución exponencial y tasa de fallos

Una serie de datos sigue una distribución exponencial con una tasa de fallos λ. Hallar el valor de la tasa de fallos que maximiza la verosimilitud de la distribución de ajuste.

Solución

La función de densidad para la distribución exponencial es

$$f(t) = \lambda\, e^{-\lambda t}$$

Por tanto, la función de máxima verosimilitud para la función exponencial será

$$L = \prod_{i=1}^{n} f(t_i) = \prod_{i=1}^{n} \lambda\, e^{-\lambda t_i}$$

Para facilitar el cálculo, tomamos logaritmos, ya que el valor máximo de ambas funciones será coincidente:

$$\Lambda = \ln[L] = \ln\left[\prod_{i=1}^{n} f(t_i)\right] = \ln\left[\prod_{i=1}^{n} \lambda\, e^{-\lambda t_i}\right] = \sum_{i=1}^{n} \ln\left[\lambda\, e^{-\lambda t_i}\right] =$$

$$= \sum_{i=1}^{n} [\ln \lambda - \lambda\, t_i] = n \ln \lambda - \lambda \sum_{i=1}^{n} t_i$$

Para obtener el máximo de esta función, derivamos respecto de la tasa de fallos λ, que actúa como parámetro en la distribución exponencial:

$$\frac{d\Lambda}{d\lambda} = \frac{n}{\lambda} - \sum_{i=1}^{n} t_i$$

Igualando a cero y despejando el parámetro (tasa de fallos), tenemos:

$$\frac{d\Lambda}{d\lambda} = \frac{n}{\lambda} - \sum_{i=1}^{n} t_i = 0$$

$$\lambda = \frac{n}{\sum_{i=1}^{n} t_i}$$

Esta distribución exponencial puede aplicarse al estudio de **procesos de Markov**, ya que si una cadena de Markov entra en un estado i en un instante t, y lo abandona tras un tiempo j, la probabilidad de que no lo abandone hasta alcanzar un tiempo adicional h, es:

$$P_{i,j}\,[\,T_i > t + j + h \mid T_i > t + j\,] = P[\,T_i > h\,]$$

Es decir, el tiempo Ti que permanece en el mismo estado depende solo del tiempo adicional h considerado, no de t (ya que es un proceso de Markov, ni del tiempo en que realizó el último cambio j, ya que es una cadena homogénea). Por tanto la tasa del tiempo que falta para que el sistema pase de uno a otro estado es siempre la misma, e independiente del tiempo que haya permanecido en ese estado. Con tasa constante la distribución de probabilidad es exponencial:

$$P[\,T_i \leq t\,] = 1 - e^{\lambda t}$$

6.3.4 DISTRIBUCIÓN DE WEIBULL

La función de Weibull se creó en 1937 y fue publicada por primera vez en 1951. Con ella se puede definir la tasa de fallos como:

$$\int_0^t \lambda(t)dt = \left(\frac{t - t_0}{\eta}\right)^{\beta}$$

Esta ecuación permite definir de manera paramétrica la evolución de la confiabilidad de los sistemas mecánicos y similares, ya que es capaz de reflejar las tres etapas de fallo a lo largo de su vida útil (mortalidad infantil, fase normal e incremento del deterioro final).

Por tanto es capaz de integrar el comportamiento que reflejan otras distribuciones como la exponencial o la normal, y en consecuencia, más compleja de utilizar. Además, para su cálculo requiere de un número suficiente de fallos, siendo recomendable tener al menos 10 registros.

Mediante la distribución de Weibull, podemos representar la tasa de fallos como:

$$\lambda(t) = \frac{\beta}{\eta} \cdot \left(\frac{t - \gamma}{\eta}\right)^{\beta - 1}$$

donde,
- γ factor de inicio o localización para el instante t_0, con $t - \gamma \geq 0$
- β factor de forma, define la etapa del ciclo de vida que atraviesa, siempre $\beta > 0$
- η factor de escala, marca la vida característica en t=η , donde F(t)=63,21%, con $\eta > 0$

Sustituyendo la función tasa de fallos λ(t), las funciones de fiabilidad para este caso quedan como:

$$R(t) = e^{-\int_0^t \lambda(t)} = e^{-\left(\frac{t-\gamma}{\eta}\right)^\beta}$$

$$F(t) = 1 - R(t) = 1 - e^{-\left(\frac{t-\gamma}{\eta}\right)^\beta}$$

$$f(t) = \frac{dF(t)}{dt} = \frac{d\left(1 - e^{-\int_0^t \lambda(t)}\right)}{dt} = \lambda(t) \cdot e^{-\int_0^t \lambda(t)} = \frac{\beta}{\eta} \cdot \left(\frac{t-\gamma}{\eta}\right)^{\beta-1} \cdot e^{-\left(\frac{t-\gamma}{\eta}\right)^\beta}$$

$$MTTF = \int_0^\infty R(t)dt = \int_0^\infty e^{-\left(\frac{t-\gamma}{\eta}\right)^\beta} dt = \gamma + \eta \cdot \Gamma\left(1 + \frac{1}{\beta}\right)$$

Para resolver la última integral, de tipo exponencial, se recurre a la función Gamma (Γ), una función auxiliar que se define como:

$$\Gamma(x) = \int_0^\infty y^{x-1} \cdot e^{-y}dy$$

En excel podemos calcular la función Gamma como $\Gamma(x)$ = EXP(GAMMA.LN(X))

Como inciso, diremos que la función Gamma está relacionada con la función Beta, porque esta última puede definirse como:

$$B(a, b) = \frac{\Gamma(a)\Gamma(b)}{\Gamma(a + b)}$$

Esta función auxiliar Gamma (Γ) tiene la propiedad:
$$\Gamma(\alpha + 1) = \alpha \cdot \Gamma(\alpha)$$

Por tanto, cuando toma valores enteros, entonces
$$\Gamma(n + 1) = n!$$

La varianza para la distribución de Weibull es:

$$\sigma^2 = \eta^2 \left[\Gamma\left(1 + \frac{2}{\beta}\right) - \Gamma^2\left(1 + \frac{1}{\beta}\right)\right]$$

En función de los valores que toman los factores de la distribución de Weibull, la forma de estas funciones de fiabilidad varían sustancialmente.

Así, cuando la distribución de Weibull tiene un parámetro de forma β =1 y el de escala toma el valor igual a la media de los datos $\eta=media$, se convierte en una exponencial.

Por ejemplo, para diferentes factores la densidad de fallos f(t) será:

$\beta \in (0,1]$:   densidad decreciente

$\beta \in (1,n]$:   curva con un máximo cada vez más acusado sobre un punto que tiende a η (factor de escala) donde F(t)=63,21%.. Si β =3,44 la media es igual a la mediana, y la distribución de Weibull en este caso equivale a la normal, la más utilizada en análisis estadístico, aunque por su carácter simétrico no es muy habitual en estudios de fiabilidad.

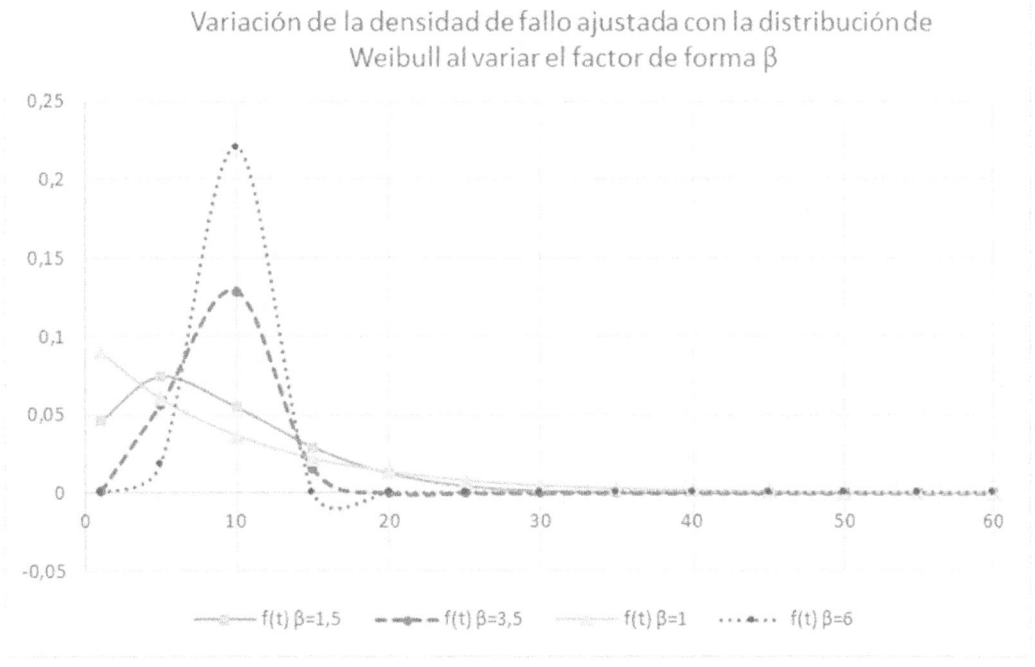

Fig. 29 – Evolución de la densidad de fallo con el factor de forma de Weibull

Por otra parte, la tasa de fallos λ(t) también varía con el factor de forma β:

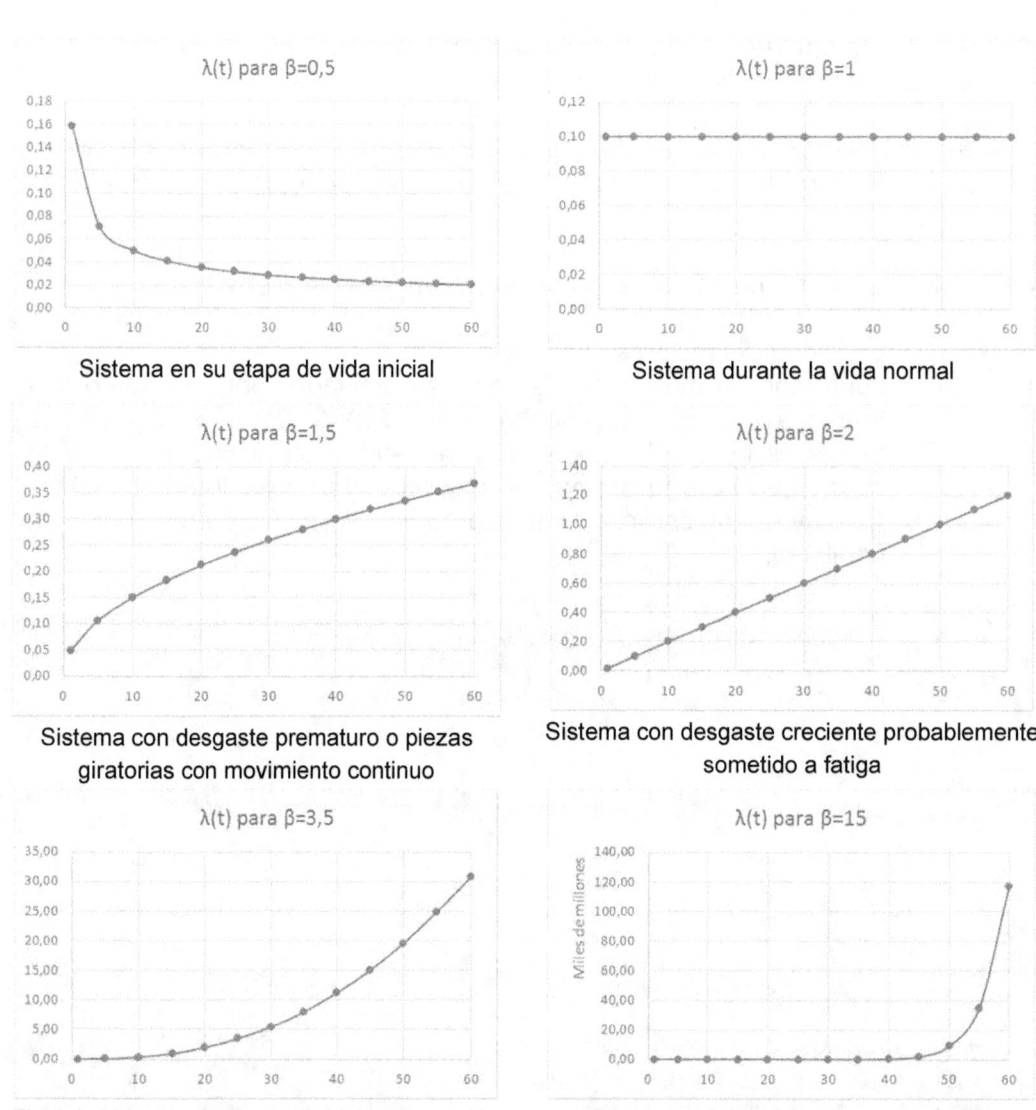

Fig. 30 – Evolución de la tasa de fallo con el factor de forma de Weibull

Este análisis de la tasa de fallos λ(t) estimada mediante una distribución de Weibull es muy útil porque permite utilizar el factor de forma β de la distribución como indicador para la toma de decisiones en gestión de activos de manera automática.

Así, podríamos llegar a determinar:

- El tipo de fallos (la mortalidad infantil, el azar, o el desgaste, y si se producen de forma única o sinérgica entre ellos, por ejemplo fatiga y abrasión)
- La vida útil que podemos esperar y los fallos previsibles para cada intervalo.
- Si es posible utilizar otra distribución para obtener un mejor ajuste o más simple (exponencial, normal, log-normal…)
- Detectar defectos de fabricación, degradación en el almacenaje o usos previos a la entrega.
- Confiabilidad intrínseca inicial con períodos libres de fracaso al comienzo de la vida útil

Para ello debemos saber cómo calcular los factores de la distribución de Weibull.

6.3.5 ESTIMACIÓN DE PARÁMETROS WEIBULL

El cálculo de los parámetros de la función de Weibull puede realizarse analíticamente mediante dos métodos bastante complejos: el de los momentos y el de máxima verosimilitud. Sin embargo resultan mucho más fáciles de calcular mediante una aproximación gráfica probabilística de los datos, utilizando una recta sobre una escala logarítmica.

a)   **Parámetro de inicio nulo** $\Upsilon = 0$

Consideremos primero el caso $\gamma = 0$. En este caso la función de fiabilidad se simplifica, y podemos estimar los parámetros η y β:

$$F(t) = 1 - R(t) = 1 - e^{-\left(\frac{t-\gamma}{\eta}\right)^{\beta}} = 1 - e^{-\left(\frac{t}{\eta}\right)^{\beta}}$$

Despejando y tomando logaritmos para aislar la variable:

$$e^{\left(\frac{t}{\eta}\right)^{\beta}} = \frac{1}{1 - F(t)}$$

$$\ln\left(e^{\left(\frac{t}{\eta}\right)^{\beta}}\right) = \left(\frac{t}{\eta}\right)^{\beta} = \ln\left(\frac{1}{1 - F(t)}\right)$$

Tomando de nuevo logaritmos para facilitar un cambio de variable:

$$\ln\left(\left(\frac{t}{\eta}\right)^{\beta}\right) = \beta \ln(t) - \beta \ln(\eta) = \ln\left[\ln\left(\frac{1}{1 - F(t)}\right)\right]$$

Haciendo el siguiente cambio de variables, esta función pasa a ser una recta:

$$\begin{cases} x = \ln t \\ y = \ln\left(\ln\dfrac{1}{1-F(t)}\right) \end{cases} \qquad\qquad y = ax + b$$

donde

$$a = \beta$$
$$b = -\beta \ln(\eta)$$

De manera que los parámetros *a* y *b* se puedan estimar fácilmente por medio de una regresión lineal simple a partir de los valores del registro:

$$y = \hat{a}x + \hat{b}$$

$$\hat{b} = \frac{\sum(x_i - \bar{x})(y_i - \bar{y})}{\sum(x_i - \bar{x})^2} \qquad\qquad \hat{a} = \bar{y} - b\bar{x}$$

De donde se obtiene que:

$$\hat{a} = \hat{\beta} \qquad\qquad \hat{\eta} = e^{-\frac{\hat{b}}{\hat{a}}}$$

Resulta más sencillo siguiendo paso a paso su aplicación. Sea un sistema del que tenemos un registro de *n* fallos. Para ajustar el patrón de fallo con una distribución de Weibull procedemos:

1. Ordenamos los n eventos de fallo por su tiempo de fallo de menor a mayor, asignando un número de orden i desde el primero 1 hasta n.

2. Calculamos para cada fallo el valor de su función probabilidad de fallo F(i) como el rango medio mediante la fórmula de Benard:

$$F(i) = \frac{i - 0,3}{n + 0,4}$$

3. Construimos la tabla de datos tiempo y valor de función probabilidad de fallo (*ti,F(i)*)

4. Realizamos el cambio de variables definido anteriormente para obtener los valores de los puntos (x_i, y_i) que representamos en un gráfico de doble logaritmo los valores de 1/(1 - Rango Medio) ó 1/(1-F(i)), respecto del logaritmo de los datos (t), obteniendo el Gráfico de Weibull.

5. Ajustamos mediante una regresión lineal y=ax+b; o por mínimos cuadrados.

6. Con los coeficientes a y b de la regresión lineal estimamos los parámetros η y β de la distribución de Weibull.

La **pendiente** de esta recta que aproxima los puntos del gráfico de Weibull es el **factor de forma β**, que indica el **grado de variación de la tasa de fallos**, y el tipo de distribución de probabilidad (normal, exponencial, etc.).

El **factor de escala η** determina la extensión de la distribución sobre el eje de tiempos. Representa la **vida característica**, y es el valor del dato que corresponde al 63.21% del Rango Medio de la línea recta. La probabilidad del 63.21% se corresponde con (1 - 1/e), para los tiempos $t_0 = 0$ y $t = \eta$.

Dicho de otra manera: cuando $(t - t_0) = \eta$ la fiabilidad viene dada por:

$$R(t) = e^{-\int_0^t \lambda(t)} = e^{-\left(\frac{t-\gamma}{\eta}\right)^\beta} = e^{-\left(\frac{\eta}{\eta}\right)^\beta} = e^{-1^\beta} = \frac{1}{e^{1^\beta}} = \frac{1}{e} = 0,3679$$

$$F(t) = 1 - R(t) = 1 - 0,368 = 0,6321 \text{ ó } 63,21\%$$

Es decir, **η indica cuando se espera que el 63,2 % de la población falle**, independientemente del valor de β, ya que no influye en el cálculo, razón por la cual se le suele llamar también **vida característica**.

Por tanto, con un gráfico de Weibull pueden leerse estimaciones para diferentes probabilidades, utilizando la línea recta para llevar los valores de probabilidad en la escala vertical, a la escala temporal horizontal.

Ejemplo 39 – Distribución de Weibull con factor de inicio nulo

Sea un conjunto de 10 componentes que han sido sometidos simultáneamente a prueba de funcionamiento, obteniendo los tiempos hasta el fallo de la tabla. Obtener su patrón de fallos mediante una distribución de Weibull con γ = 0.

Fallo	t (horas)
1	1007,7
2	854,2
3	705,2
4	1121,3
5	1048,2
6	1178,3
7	533,8
8	925,3
9	715,1
10	670,8

Solución:

Ordenamos la tabla de n=10 datos por tiempos, y calculamos los valores de la función de fiabilidad F(i) para estos momentos de fallo por el método de rangos medios, y después los puntos de su recta de regresión (x_i, y_i)

$$F(i) = \frac{i - 0,3}{n + 0,4} \qquad x = \ln t \qquad y = \ln\left(\ln\frac{1}{1 - F(t)}\right)$$

i	t horas	F(i)	x_i	y_i
1	533,8	0,0673	6,280	-2,664
2	670,8	0,1635	6,508	-1,723
3	705,2	0,2596	6,558	-1,202
4	715,1	0,3558	6,572	-0,822
5	854,2	0,4519	6,750	-0,509
6	925,3	0,5481	6,830	-0,230
7	1007,7	0,6442	6,915	0,033
8	1048,2	0,7404	6,955	0,299
9	1121,3	0,8365	7,022	0,594
10	1178,3	0,9327	7,072	0,993

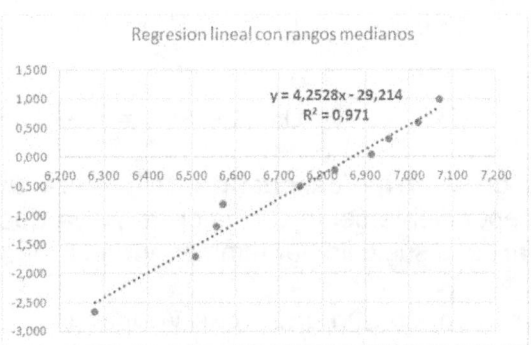

Luego ajustamos esos puntos (x_i, y_i) mediante la recta y=ax+b, obteniendo los parámetros a y b:

$$\hat{b} = \frac{\sum(x_i - \bar{x})(y_i - \bar{y})}{\sum(x_i - \bar{x})^2} = -29.214$$

$$\hat{a} = \bar{y} - b\bar{x} = 4,2528$$

En EXCEL con la función matricial =ESTIMACION.LINEAL(y_i; x_i;VERDADERO)

Por lo tanto:

$$\beta = a = 4,25 \qquad \hat{\eta} = e^{-\frac{\hat{b}}{\hat{a}}} = e^{-\frac{-29.214}{4,2528}} = 962,4$$

Entonces, para este sistema, podemos representar sus funciones de confiabilidad:

$$\lambda(t) = \frac{\beta}{\eta} \cdot \left(\frac{t - \gamma}{\eta}\right)^{\beta - 1}$$

$$F(t) = 1 - e^{-\left(\frac{t-\gamma}{\eta}\right)^{\beta}}$$

$$f(t) = \frac{\beta}{\eta} \cdot \left(\frac{t - \gamma}{\eta}\right)^{\beta - 1} \cdot e^{-\left(\frac{t-\gamma}{\eta}\right)^{\beta}}$$

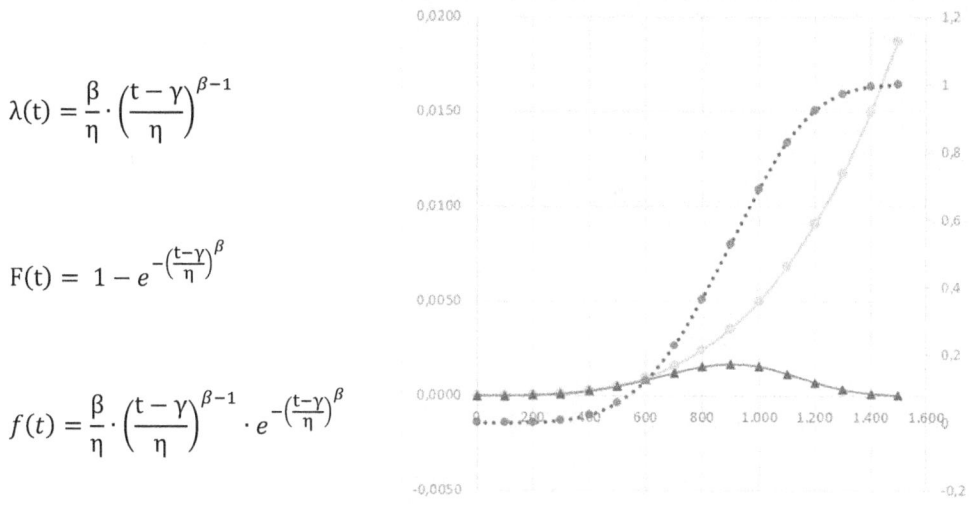

Además, su tiempo medio de fallo está muy próximo a la media:

$$MTTF = \gamma + \eta \cdot \Gamma\left(1 + \frac{1}{\beta}\right) = 875,4 \ \ horas$$

Ejemplo 40 – Distribución de Weibull con dos parámetros

Sea la siguiente serie de datos de fallos de componentes, en la que sabemos que el tercero falló después del décimo y antes de que lo hiciera el noveno, pero no conocemos con exactitud el momento de fallo.

Analizar cómo afecta al análisis de Weibull y a la esperanza de vida cada una de las siguientes formas de considerar esta ausencia del dato:
   a) Interpolando su valor entre los datos precedente y posterior.
   b) Considerando la censura de ese dato en los cálculos.
   c) Considerando que la serie solamente tiene 9 datos.

Componente	Duración (horas)
1	1.250
2	1.020
3	*Suspendido*
4	1.350
5	1.260
6	1.415
7	645
8	1.095
9	910
10	805

Solución:

Como en el caso anterior, ordenamos la tabla por tiempos y calculamos los valores del rango medio, que corresponden a la función de fiabilidad F(i), con la salvedad que en este ejercicio, para cada uno de los apartados del enunciado varía el cálculo del rango medio según interpolemos, consideremos la censura o la omitamos:

$$F(i) = \frac{i - 0{,}3}{n + 0{,}4} \qquad i_{ajustado} = \frac{i_{inverso} \cdot i_{previo} + (n + 1)}{1 + i_{inverso}}$$

Datos originales interpolando		Datos considerando censura		Datos omitiendo la censura	
Id orden	Horas (interpolando)	Orden inverso	Id orden ajustado	Id orden	Horas (eliminando)
1	645	10	1,000	1	645
2	805	9	2,000	2	805
3	*857,5*	8	Suspenso	3	910
4	910	7	3,125	4	1.020
5	1.020	6	4,250	5	1.095
6	1.095	5	5,375	6	1.250
7	1.250	4	6,500	7	1.260
8	1.260	3	7,625	8	1.350
9	1.350	2	8,750	9	1.415
10	1.415	1	9,875		

A partir de estos valores podemos calcular los puntos de la recta de regresión (x_i, y_i) correspondientes a cada caso:

$$x = \ln t \qquad y = \ln\left(\ln\frac{1}{1 - F(t)}\right)$$

Datos originales interpolando

Id	h	F(i)	x_i	y_i
1	645	0,0673	6,469	-2,664
2	805	0,1635	6,691	-1,723
3	*857,5*	0,2596	6,754	-1,202
4	910	0,3558	6,813	-0,822
5	1.020	0,4519	6,928	-0,509
6	1.095	0,5481	6,999	-0,230
7	1.250	0,6442	7,131	0,033
8	1.260	0,7404	7,139	0,299
9	1.350	0,8365	7,208	0,594
10	1.415	0,9327	7,255	0,993

Datos considerando censura

Id ajust.	h	F(i)	x_i	y_i
1,000	645	0,0673	6,469	-2,664
2,000	805	0,1635	6,691	-1,723
Suspenso				
3,125	910	0,2716	6,813	-1,149
4,250	1.020	0,3798	6,928	-0,739
5,375	1.095	0,4880	6,999	-0,401
6,500	1.250	0,5962	7,131	-0,098
7,625	1.260	0,7043	7,139	0,198
8,750	1.350	0,8125	7,208	0,515
9,875	1.415	0,9207	7,255	0,930

Datos omitiendo la censura

Id	h	F(i)	x_i	y_i
1	645	0,0745	6,469	-2,559
2	805	0,1809	6,691	-1,612
3	910	0,2872	6,813	-1,083
4	1.020	0,3936	6,928	-0,693
5	1.095	0,5000	6,999	-0,367
6	1.250	0,6064	7,131	-0,070
7	1.260	0,7128	7,139	0,221
8	1.350	0,8191	7,208	0,537
9	1.415	0,9255	7,255	0,955

Representando el conjunto de datos (xi, yi) obtenidos para cada apartado, observamos tres rectas de regresión muy similares:

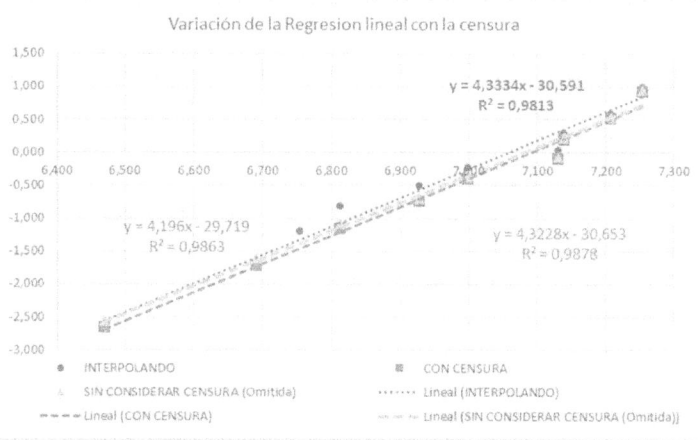

A simple vista podemos apreciar que al considerar la censura los datos se ajustan algo mejor a la recta de regresión, y además se alinean mejor con ella.

Los parámetros de la distribución de Weibull son, considerando $\gamma = 0$, y la esperanza de vida que se obtiene para cada uno de los supuestos:

Supuesto	a	b	β	η	MTTF
Interpolando (a)	4,3334	-30,5912	4,33	1.163,7	1.059,6
Con censura (b)	4,3228	-30,6528	4,32	1.201,1	1.093,6
Omitiendo dato (c)	4,1960	-29,7193	4,20	1.191,3	1.082,8

Obteniendo las funciones de tasa de fallos, fiabilidad y densidad vemos como al considerar la existencia del dato censurado se lamina la tasa de fallos y se mejora la fiabilidad y la esperanza de vida útil frente a las otras alternativas.

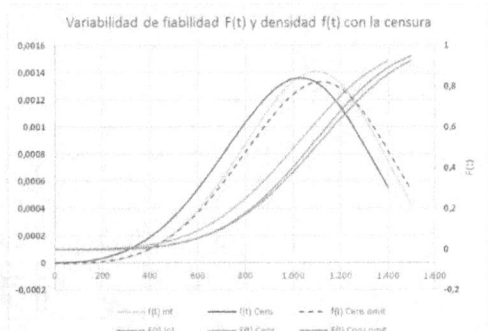

b)   Parámetro de inicio no nulo $\gamma \neq 0$

El **factor γ** representa el **instante t_0 de la distribución**, es decir, la **vida mínima** de los componentes como momento antes del cual no se espera que se produzcan fallos, y que marca el origen de la distribución.

Es decir, hasta el instante γ el activo tiene una fiabilidad intrínseca, sin fallos.

- Cuando γ es mayor que cero:

    El grafico (x_i, y_i) es una curva cóncava con una asíntota vertical, cuya posición marca el valor del parámetro de inicio γ. Estos conjuntos de datos también pueden ser ajustados correctamente con una función log-normal.

    Si en algunos casos los datos definen dos rectas más que una curva podría ser debido a mezcla de componentes de diferentes lotes en la muestra estudiada (unos con un fallo de origen y otros no), o a que se hayan omitido registros en el análisis. Este caso particular se conoce como distribución doble y exige rehacer las muestras o considerar datos censurados.

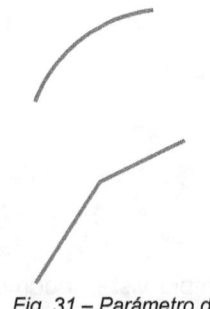

Fig. 31 – Parámetro de inicio positivo

Además, si este tipo de distribución presenta una variación de la tasa de fallos, β<1, indica una fatiga del elemento, mientras que para β>1 indicaría síntomas de erosión o desgaste.

- Cuando γ sea menor que cero

El grafico (x_i, y_i) es una curva convexa con una asíntota oblicua, cuya intersección con el eje de abscisas marca el valor del parámetro de inicio γ

En este caso la gráfica de la distribución en primera aproximación estará indicando que ese activo ya fue utilizado o tuvo fallos anteriormente al inicio de la toma de datos.

Si para algunos conjuntos de datos aparecen dos rectas más que una curva estamos de nuevo en el caso particular de distribución doble, en la que se están reflejando varias formas de fallos, por lo que deberemos someter los activos a un análisis de causa raíz para rehacer las muestras de estudio.

Fig. 32 – Parámetro de inicio negativo

Además, si hay variación de la tasa de fallos, en el caso que β<1 puede ser debido a un fallo de juventud o a un defecto de instalación. Si β>1 es probable que el activo se haya desgastado antes de su empleo actual, o que sus características se hayan deteriorado durante un elevado periodo de almacenamiento antes de su puesta en servicio.

Como el valor de γ se obtiene a partir de los registros existentes, debe afinarse su estimación iterando mediante correcciones de la escala de tiempo de modo que

$$t_{i+1} = t_i - \gamma_i$$

Si tras tres o cuatro iteraciones no consiguiéramos ajustar los datos a una recta de regresión (siguiesen presentando curvatura), podríamos concluir que no corresponden a una distribución de Weibull o hay algún tipo de error en su consideración o durante el proceso.

Ejemplo 41 – Distribución de Weibull con tres parámetros

Sea un sistema en el que se han producido 20 fallos durante su funcionamiento hasta la fecha. Obtener su patrón de fallos mediante una distribución de Weibull, teniendo en cuenta que solo disponemos de los 12 primeros registros con datos de fallo.

fallo	t (horas)
1	500
2	655
3	800
4	925
5	1.075
6	1.210
7	1.355
8	1.465
9	1.590
10	1.745
11	1.955
12	2.115
13-20	censurados

Solución:

Procedemos igual que antes. Como la tabla ya está ordenada, calculamos los valores de la función de fiabilidad F(i) para estos momentos de fallo por el método de rangos medianos, y después los puntos de su recta de regresión (x_i, y_i)

$$F(i) = \frac{i - 0,3}{n + 0,4} \qquad x = \ln t \qquad y = \ln\left(\ln\frac{1}{1 - F(t)}\right)$$

i	t (h)	F(i)	x_i	y_i
1	500	0,0343	6,215	-3,355
2	655	0,0833	6,485	-2,442
3	800	0,1324	6,685	-1,952
4	925	0,1814	6,830	-1,609
5	1075	0,2304	6,980	-1,340
6	1210	0,2794	7,098	-1,116
7	1355	0,3284	7,212	-0,921
8	1465	0,3775	7,290	-0,747
9	1590	0,4265	7,371	-0,587
10	1745	0,4755	7,465	-0,438
11	1955	0,5245	7,578	-0,297
12	2115	0,5735	7,657	-0,160
datos de 13 a 20 censurados				

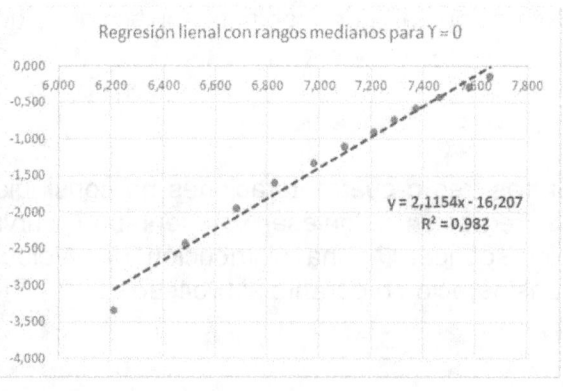

Vemos que los datos respecto de la recta de regresión presentan curvatura cóncava, lo que sugiere que el parámetro de inicio γ es mayor a cero. Sin embargo, su curvatura es tan reducida que resulta difícil determinar en qué punto cortará esa asíntota con el eje de abscisas. Ajustamos en primera estimación con $\gamma = 450$, y obtenemos los datos corregidos:

i	t- γ	F(i)	x$_i$	y$_i$
1	50	0,0343	3,912	-3,355
2	205	0,0833	5,323	-2,442
3	350	0,1324	5,858	-1,952
4	475	0,1814	6,163	-1,609
5	625	0,2304	6,438	-1,340
6	760	0,2794	6,633	-1,116
7	905	0,3284	6,808	-0,921
8	1.015	0,3775	6,923	-0,747
9	1.140	0,4265	7,039	-0,587
10	1.295	0,4755	7,166	-0,438
11	1.505	0,5245	7,317	-0,297
12	1.665	0,5735	7,418	-0,160
datos de 13 a 20 censurados				

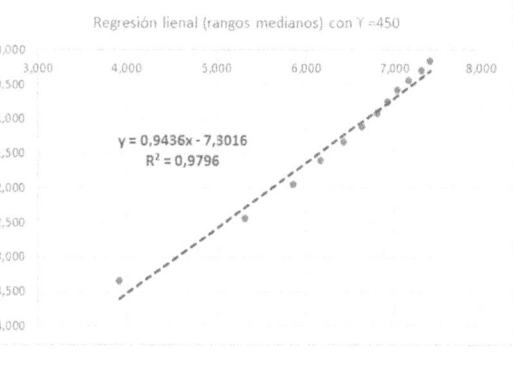

Tras corregir el tiempo con $\gamma = 450$ vemos que los datos presentan una curvatura convexa respecto de la recta de regresión, por lo que el valor del parámetro de inicio ha de ser menor del ajuste realizado. En este caso no existe una asíntota vertical, sino oblicua, que intersectará al eje de abscisas en un punto difícil de identificar a simple vista. Iteramos el ajuste con $\gamma = 370$:

i	t- γ	F(i)	x$_i$	y$_i$
1	130	0,0343	4,868	-3,355
2	285	0,0833	5,652	-2,442
3	430	0,1324	6,064	-1,952
4	555	0,1814	6,319	-1,609
5	705	0,2304	6,558	-1,340
6	840	0,2794	6,733	-1,116
7	985	0,3284	6,893	-0,921
8	1.095	0,3775	6,999	-0,747
9	1.220	0,4265	7,107	-0,587
10	1.375	0,4755	7,226	-0,438
11	1.585	0,5245	7,368	-0,297
12	1.745	0,5735	7,465	-0,160
datos de 13 a 20 censurados				

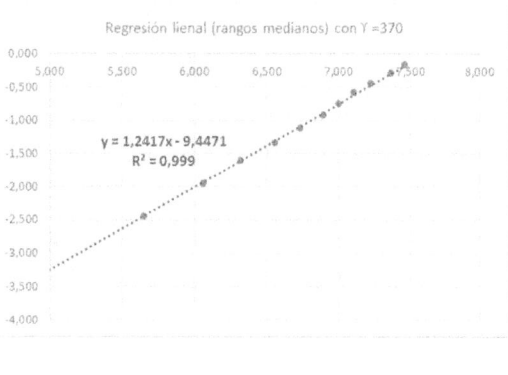

Con este último valor comprobamos que el ajuste a la recta de regresión es casi perfecto (coeficiente de determinación $R^2 = 0,999$, cuya cálculo se verá más adelante):

$$\hat{b} = \frac{\sum(x_i - \bar{x})(y_i - \bar{y})}{\sum(x_i - \bar{x})^2} = -9.4471$$

$$\hat{a} = \bar{y} - b\bar{x} = 1,2417$$

Por lo tanto, los parámetros de la distribución de Weibull son:

$$\gamma = 370 \qquad \beta = a = 1{,}24 \qquad \hat{\eta} = e^{-\frac{b}{a}} = e^{-\frac{-9.4471}{1{,}2417}} = 2.015{,}2$$

Además, en este caso, el tiempo medio de fallo no está próximo a la media, debido a la presencia de datos censurados:

$$MTTF = \gamma + \eta \cdot \Gamma\left(1 + \frac{1}{\beta}\right) = 2.249{,}8 \; horas$$

Entonces, para este sistema, podemos representar sus funciones de confiabilidad:

$$\lambda(t) = \frac{\beta}{\eta} \cdot \left(\frac{t-\gamma}{\eta}\right)^{\beta-1}$$

$$F(t) = 1 - e^{-\left(\frac{t-\gamma}{\eta}\right)^{\beta}}$$

$$f(t) = \frac{\beta}{\eta} \cdot \left(\frac{t-\gamma}{\eta}\right)^{\beta-1} \cdot e^{-\left(\frac{t-\gamma}{\eta}\right)^{\beta}}$$

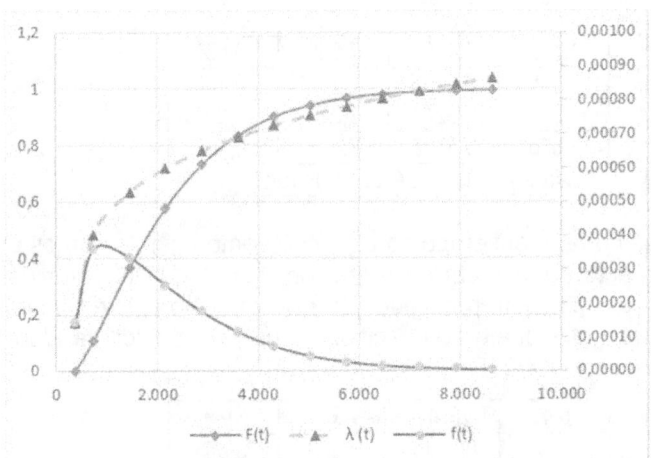

6.3.6 *LECTURA DIRECTA DE UN GRÁFICO DE WEIBULL*

Un papel de Weibull es aquel que está graduado en una escala doble logarítmica en vertical, y logarítmica en horizontal, de manera que facilita la representación manual en forma de recta de la fiabilidad en cualquier conjunto de datos con siga una distribución de Weibull, una vez ajustado el factor de inicio si procede. Este tipo de representaciones se denominan también gráficos de Allen Plait. En ellos, se suele incluir una doble graduación de los ejes, para permitir una lectura directa, que se realiza deshaciendo los cambios de variable:

Escalas de representación: Graduación para lectura directa:

$$\begin{cases} x = \ln t \\ y = \ln\left(\ln\dfrac{1}{1 - F(t)}\right) \end{cases} \qquad\qquad \begin{cases} t = e^{x} \\ F(t) = 1 - \dfrac{1}{e^{e^{y}}} \end{cases}$$

Igualmente, al representar gráficamente con cualquier sistema informático los datos ajustados a una distribución de Weibull mediante una recta de regresión, estamos adoptando unos ejes con estas escalas.

Sobre este tipo de gráfico se pueden leer directamente los parámetros de la distribución:

- Factor de forma β definido por la pendiente de la recta : $\beta = \tan\alpha = \dfrac{y}{x}$
- Factor de escala η, donde corta la recta de regresión con la horizontal sobre 63,21.

En función del valor de la pendiente de la recta (factor de forma β), podemos detectar los problemas más probables en piezas mecánicas:

- 1 < β < 2 - Fallos piezas giratorias o rodamientos.
- 2 < β < 4 - El riesgo crece poco al principio, y después rápidamente:
- β de 2.5 a 4 - Fatiga de piezas de baja frecuencia
- β = 2.5 - Fallos en correas
- β de 3 a 4 - Fallos por corrosión y erosión.
- β > 4. Envejecimiento operativo, degradación del material, corrosión por esfuerzos o desgaste por erosión.

Además, con un gráfico de Weibull podemos estimar la probabilidad de fallo en diferentes casos. Si deseamos conocer en qué momento se alcanza una probabilidad P, simplemente trazamos para ese valor del eje de ordenadas una línea horizontal, y donde corte a la recta de regresión obtenemos su abscisa que determina el tiempo para esa probabilidad.

6.3.7 CONFIANZA DE UNA PREDICCIÓN DE WEIBULL

La utilización del rango medio en la construcción de una distribución, por definición implica una probabilidad de equivocarse en un 50%.

Para garantizar mejor comprensión sobre lo bueno de la aproximación es necesario conocer otros límites de confianza. Para ello podemos trazar curvas complementarias sobre el gráfico de Weibull, con los valores obtenidos para otras probabilidades de equivocarnos, construidos a partir de los rangos dados por la función Beta, en vez de utilizar la fórmula de Benard o similares. De esta forma se obtienen sobre el gráfico las curvas que limitan la variación de la función para esos rangos de confianza.

Ejemplo 42 – Límites de confianza de una predición con Weibull

Tenemos 30 equipos, que fallan a lo largo de 11 meses según el patrón de la tabla. Hallar un ajuste de Weibull para la serie de fallos, y determinar sus límites de confianza para unas probabilidades de equivocación del 5 y del 95%.

Mes	Enero	Febrero	Marzo	Abril	Mayo	Junio	Julio	Agosto	Septiembre	Octubre	Noviembre
Fallos	3	4	4	4	3	2	3	2	3	1	1

Solución

Calculo para cada mes el número de fallos acumulados y el tiempo acumulado (en meses).

Luego obtengo los valores de probabilidad de fallo F(t) por medio de los rangos medios aplicando la función BETA para P=50%. Igualmente obtengo los valores F(t) para los rangos de confianza del 5 y del 95%.

Después, obtengo los valores de la distribución de Weibull, xi en función del tiempo acumulado, e y_i para cada uno de los valores de F(t) según su confianza P. Para cada conjunto de pares x_i, $y_i(P)$ se obtiene una gráfica de confianza.

$$x = \ln t \qquad y = \ln\left(\ln\frac{1}{1 - F(t)}\right)$$

Mes	Fallos	fallos acum	tiempo acum	F(t) por rangos BETA P=0,5	P=0,95	P=0,05	xi	P=0,5 y_i	P=0,95 y_i	P=0,05 y_i
Enero	3	3	1	8,81%	19,53%	2,78%	0,000	-2,383	-1,526	-3,568
Febrero	4	7	2	21,99%	35,70%	11,50%	0,693	-1,393	-0,817	-2,102
Marzo	4	11	3	35,17%	49,94%	22,11%	1,099	-0,836	-0,368	-1,387
Abril	4	15	4	48,35%	63,01%	33,89%	1,386	-0,414	-0,006	-0,882
Mayo	3	18	5	58,24%	72,13%	43,39%	1,609	-0,136	0,245	-0,564
Junio	2	20	6	64,83%	77,89%	50,06%	1,792	0,044	0,412	-0,365
Julio	3	23	7	74,72%	85,98%	60,61%	1,946	0,319	0,675	-0,071
Agosto	2	25	8	81,31%	90,91%	68,10%	2,079	0,517	0,875	0,133
Septiembre	3	28	9	91,19%	97,22%	80,47%	2,197	0,887	1,276	0,490
Octubre	1	29	10	94,47%	98,80%	85,14%	2,303	1,063	1,487	0,645
Noviembre	1	30	11	97,72%	99,83%	90,50%	2,398	1,330	1,852	0,856

Con este ajuste P=50%, la recta de regresión es:

$$y = ax + b = 1,4910x - 2,4636$$

Y los parámetros de la distribución de Weibull resultan, con Y=0:

$$a = \beta = 1,49 \qquad \eta = e^{-\frac{b}{a}} = 5,2$$

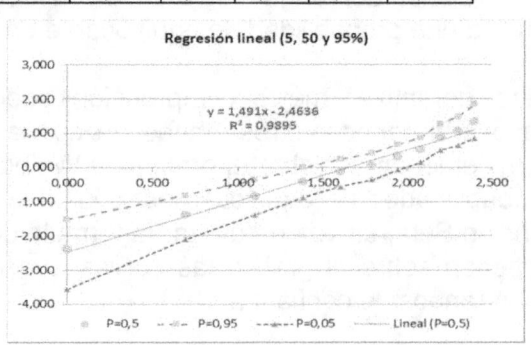

Para cada punto se obtiene también los límites de variación para el intervalo de confianza (5%,95%).

Así mismo, podemos obtener directamente los límites de fallo en una escala temporal con un límite de confianza dado para los tiempos de fallo, mediante la **fórmula de Johnson:**

$$t_{i,P} = \eta \left[\ln \left(\frac{1}{1 - F_{i,P}} \right) \right]^{\frac{1}{\beta}}$$

donde:

$t_{i,P}$:   tiempo de fallo para el suceso i con un grado de confianza P.

β: factor de forma, define la etapa del ciclo de vida que atraviesa, siempre $\beta > 0$

η: factor de escala, marca la vida característica en t=η , F(t)=63,21%, con $\eta > 0$

Mes	Fallos	Rangos BETA			Tiempos de fallo en meses (Jhonson)		
		0,5	0,95	0,05	ti (P=0,5)	ti (P=0,95)	ti (P=0,05)
Enero	3	8,81%	19,53%	2,78%	1,61	2,45	0,90
Febrero	4	21,99%	35,70%	11,50%	2,61	3,46	1,85
Marzo	4	35,17%	49,94%	22,11%	3,43	4,32	2,62
Abril	4	48,35%	63,01%	33,89%	4,22	5,15	3,36
Mayo	3	58,24%	72,13%	43,39%	4,84	5,83	3,92
Junio	2	64,83%	77,89%	50,06%	5,28	6,32	4,32
Julio	3	74,72%	85,98%	60,61%	6,04	7,19	4,99
Agosto	2	81,31%	90,91%	68,10%	6,66	7,93	5,52
Septiembre	3	91,19%	97,22%	80,47%	7,98	9,65	6,57
Octubre	1	94,47%	98,80%	85,14%	8,70	10,70	7,09
Noviembre	1	97,72%	99,83%	90,50%	9,91	12,80	7,86

La representación gráfica de estos tiempos de fallo nos indica directamente las probabilidades de obtener un determinado número de fallos en cada periodo, entre los límites de confianza considerados:

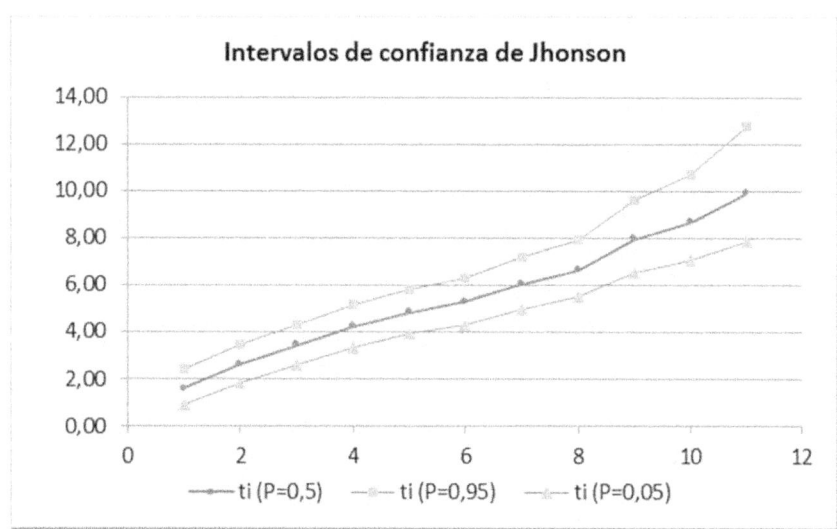

6.3.8 DISTRIBUCIÓN LOG-NORMAL

Una variable de datos T sigue una distribución log-normal LogN (µ, σ), si la variable de su función logaritmo, Y = ln (T), sigue una distribución normal con media µ y desviación típica σ.

A la inversa, si T tiene una distribución normal, su función exponencial Y =e^T sigue una distribución log-normal.

Esta distribución se utiliza ampliamente en ingeniería o medicina. En análisis de la fiabilidad es apropiada cuando en los tiempos de fallo intervienen muchos pequeños efectos multiplicativos, ya que refleja como actúan acumulándose sobre el logaritmo del efecto global o logaritmo del tiempo de fallo. Es útil para simular procesos de degradación de aislamientos eléctricos, envejecimiento de recubrimientos o fatiga de metales.

Como sabemos que la función de densidad f(t) para una distribución normal es:

$$f(t) = \frac{1}{\sigma\sqrt{2\pi}} e^{-\frac{1}{2}\cdot\left(\frac{t-\mu}{\sigma}\right)^2}$$

Entonces, la función densidad f(t) para la función T=e^Y que define la distribución Log-normal es:

$$f(t) = \frac{1}{t\,\sigma\sqrt{2\pi}} e^{-\frac{1}{2}\cdot\left(\frac{\ln(t)-\mu}{\sigma}\right)^2}$$

Siempre para una desviación típica σ>0 y en momentos t>0. En otro caso, f(t)=0.

Esta función de densidad para la distribución Log-Normal toma diferentes formas en función de la media y la desviación típica de los valores. En general, el incremento de la media µ desplaza la curva hacia la derecha; mientras que el aumento de la desviación típica σ produce una asimetría con el máximo cada vez más a la izquierda.

Por ejemplo, para µ = 2 y σ = 0.25, 0.5, 1, 1.5.y 2.

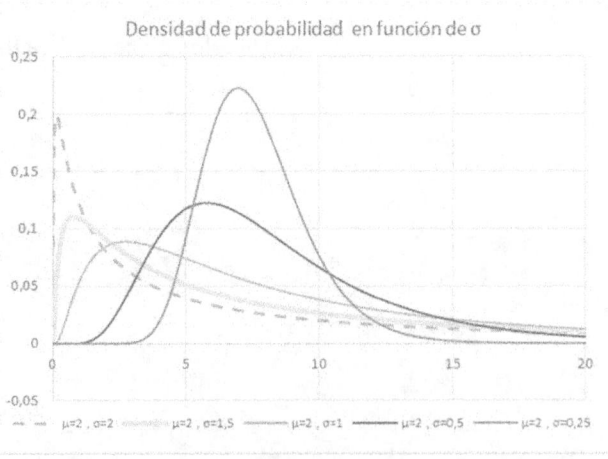

Fig. 33 – Densidad de probabilidad en función de la desviación típica

Por otra parte, como la fiabilidad se obtiene integrando la densidad de fallos:

$$f(t) = \frac{1}{t\sigma\sqrt{2\pi}} e^{-\frac{1}{2}\left(\frac{\ln(t)-\mu}{\sigma}\right)^2}$$

$$F(t) = \int_{-\infty}^{t} f(t)dt = \int_{-\infty}^{t} \frac{1}{t\sigma\sqrt{2\pi}} e^{-\frac{1}{2}\left(\frac{\ln(t)-\mu}{\sigma}\right)^2} dt = \frac{1}{\sigma\sqrt{2\pi}} \cdot \int_{-\infty}^{t} \frac{e^{-\frac{(\ln(t)-\mu)^2}{2\sigma^2}}}{t} dt$$

Esto se puede expresar más sencillamente recurriendo a la función auxiliar Φ:

$$P\{T < t\} = F(t) = \int_{-\infty}^{t} f(t)dt = \Phi\left(\frac{\ln(t)-\mu}{\sigma}\right)$$

donde Φ es la distribución normal estándar:

$$\Phi\left(\frac{t-\mu}{\sigma}\right) = \frac{1}{\sqrt{2\pi}} \cdot \int_{-\infty}^{\frac{t-\mu}{\sigma}} e^{-\frac{x^2}{2}} dx$$

En EXCEL se calcula con la instrucción DISTR.LOG.NORM (t ; μ ; σ)

Como en el caso de otras distribuciones, para facilitar el análisis de un sistema cuya fiabilidad F(t) sigue una función log-normal, podemos representarla como una recta. Para ello, en el eje horizontal representaremos como abscisas los logaritmos de valores de la variable de la función auxiliar Φ, mientras que en el vertical de ordenadas representaremos los que toma esa función, en escala logarítmica. Sobre ese gráfico podemos leer directamente la desviación típica, que será la pendiente, y la media, que será el punto de intersección con el eje X.

Igualmente, si T es la variable aleatoria continua definida con una función log-normal, la probabilidad de que tome un valor entre t_1 y t_2 será:

$$P(t_1 < T < t_2) = F(t_2) - F(t_1) = \Phi\left(\frac{\ln(t_2)-\mu}{\sigma}\right) - \Phi\left(\frac{\ln(t_1)-\mu}{\sigma}\right)$$

De la misma manera, la confiabilidad será:

$$R(t) = 1 - F(t) = 1 - \int_{-\infty}^{t} f(t)dt = 1 - \Phi\left(\frac{\ln(t)-\mu}{\sigma}\right)$$

La fiabilidad y la confiabilidad para la distribución Log-Normal también varían en función de la media y la desviación típica de los valores.

Por ejemplo, para µ = 1 y σ = 0.25, 0.5, 1, 1.5.y 2, con curvaturas más suaves que la normal:

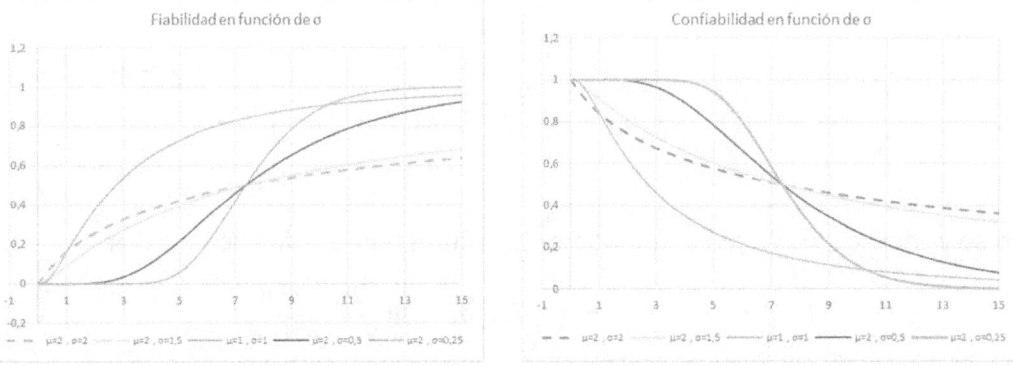

Fig. 34 – Variación de la fiabilidad y la confiabilidad en función de la desviación típica

La esperanza media o el tiempo de fallo para una distribución Log-normal es:

$$E(T) = MTTF = e^{\mu + \frac{\sigma^2}{2}}$$

6.4. VERIFICACIÓN DE MODELOS

Los resultados arrojados por un modelo matemático pueden diferir de la realidad. Por ello es necesario comprobar si su ajuste es adecuado a nuestras necesidades.

Una manera bastante obvia de realizarlo es verificando si la representación gráfica de la función de aproximación y los datos observados siguen el mismo patrón. Por ejemplo, si la nube de puntos se ubica junto a la recta de regresión de la distribución de Weibull, probablemente la variable siga una distribución de este tipo.

6.4.1 COEFICIENTE DE DETERMINACIÓN

Una forma bastante más precisa de realiza esta comprobación sería utilizar un indicador adimensional como el coeficiente de determinación (R^2), que varía entre 0 (muy mal ajuste) a 1 (ajuste idéntico a los datos observados). A partir de 0,85 en la mayoría de aplicaciones podremos considerar un buen ajuste.

El coeficiente de determinación R^2 se basa en que podemos predecir una variable mediante su media, con un error cuadrático medio dado por su varianza.

Si denominamos residuo a la diferencia entre el valor observado de la variable y el valor predicho, la media cuadrática de estos residuos es la varianza residual:

$$\sigma_r^2 = \frac{Valor\ observado - Valor\ predicho}{n}$$

El coeficiente de determinación viene dado por:

$$R^2 = 1 - \frac{\sigma_r^2}{\sigma^2}$$

donde:

R^2 - coeficiente de determinación

σ^2 - varianza de la variable dependiente.

σ_r^2 - varianza residual por σ_r^2.

Este coeficiente de determinación puede definirse como el porcentaje de variaciones de las observaciones que puede explicar la función propuesta. Es decir, la probabilidad de que la función se asemeje a la realidad.

6.4.2 TEST DE VERIFICACIÓN

Otra forma de comprobar la bondad entre una función calculada y los datos originales es utilizando un test de verificación, que contrasta si sus diferencias son inferiores a determinado valor, que determina la significancia del ajuste (normalmente el 1, 5 o 10%) y que representa la probabilidad de equivocarse en la estimación.

Es decir, la significancia α es la diferencia entre la certeza y el nivel de confianza (1- α) que tenemos en el ajuste. Por ejemplo, una estimación con un nivel de confianza del 99% tendrá una significancia del 0,01 (o del 1%).

Matemáticamente, el nivel de confianza se define como la probabilidad de que las diferencias de nuestro ajuste con la realidad estén entre ciertos valores límite:

$$P\{a \leq g(t_i, \theta) \leq b\} = (1 - \alpha)$$

donde

$g(t_i, \theta)$: función de n variables (t de la muestra y θ de los parámetros del ajuste).

a, b: valores límites del ajuste

α: significancia

6.4.3 TEST CHI CUADRADO

El test chi cuadrado (χ^2) se utiliza para verificar si la desviación de las predicciones es mayor o menor al valor de la distribución de Pearson correspondiente para el nivel de confianza mínimo deseado. Esta distribución de Pearson también se denomina de chi cuadrado (ó ji cuadrado), porque representa la suma de los cuadrados de n variables independientes, de donde viene el nombre del test.

La prueba se basa en agrupar nuestro conjunto de observaciones en categorías excluyentes y verificar que los datos reales observados se distribuyen por igual que los resultados de la distribución matemática que estamos probando en cada una de ellas. Esta comprobación requiere un conjunto de datos suficientemente grande, al menos con 30 ó 40 observaciones, y que las frecuencias en cada categoría sean significativas (como mínimo iguales o mayores de 5).

En su aplicación a la gestión de activos, el test chi cuadrado aplicado al estudio de la fiabilidad permite:

- Verificar la calidad que obtiene un ajuste matemático a los datos observados, o comparar entre diferentes distribuciones cual es aquella que se ajusta mejor.
- Analizar la independencia entre las categorías seleccionadas.
- Verificar la homogeneidad de las categorías establecidas, o detectar si aparece algún factor diferenciador de su comportamiento.

En nuestro caso, por tratarse de estudios de fiabilidad, estas categorías serán intervalos temporales sucesivos.

Para aplicar esta prueba, si tenemos un conjunto de n datos:

- Agrupamos los n datos en r intervalos, con al menos 5 observaciones i en cada uno de ellos. Estos intervalos pueden ser de diferente longitud.

- Obtenemos las diferencias entre el número de observaciones que hay en cada grupo con los datos reales y a partir de las predicciones obtenidas mediante la distribución.

El criterio de aceptación del test consiste en que el resultado de aproximar los datos observados a una distribución de Pearson, sea menor que el valor teórico de la distribución de Pearson correspondiente a ese conjunto de datos:

$$E = \sum_{i=1}^{r} \frac{(Frecuencia\ observada - Frcuencia\ esperada)^2}{Frecuencia\ esperada}$$

$$E = \sum_{i=1}^{r} \frac{(n_i - n \cdot p_i)^2}{n \cdot p_i}$$

donde:
- E estadístico para el test chi cuadrado.
- r número de intervalos en los que agrupamos los datos
- n_i número de observaciones en el i-esimo grupo
- n número total de observaciones ($n = \Sigma_i\ n_i$)
- p_i probabilidad calculada con la distribución a verificar, de que una observación pertenezca al i-ésimo grupo, es decir el número de observaciones exceptuadas las del i-ésimo grupo según la distribución. Se calcula como:

$$p_i = R(t_i) - R(t_{i+1})$$

El numerador de cada término es la diferencia entre la frecuencia observada y la frecuencia esperada: cuanto más próximos sean estos valores menor será el estadístico, y mejor el ajuste. El denominador simplemente relativiza el tamaño del numerador.

Para usar como criterio de aceptación este valor E, debe compararse con el valor teórico de la distribución de Pearson equivalente. Para definir la función χ^2 a utilizar debemos determinar tanto el nivel de confianza con el que deseamos el ajuste (1- α), como los grados de libertad de nuestro ajuste (v).

$$X_{1-\alpha,v}^2$$

Con estos valores, podemos calcular el valor de la distribución de Pearson, que se realiza consultando tablas, o bien utilizando una hoja de cálculo: en Excel INV.CHICUAD.CD (confianza α; grados de libertad v), o bien INV.CHICUAD (confianza 1-α; grados de libertad v)... Para las versiones antiguas de Excel la instrucción necesaria será PRUEBA.CHI.INV(confianza α; grados de libertad v).

El grado de libertad de la distribución de Pearson para este tipo de análisis es función del número de intervalos y de los parámetros que caracterizan a la distribución que estamos probando. El grado de libertad se calcula como:

$$v = r - k - 1$$

donde:
  r: número de intervalos
  k es el número de parámetros de la distribución que estamos comprobando. Por ejemplo, toma:
    $k = 1$ para la distribución exponencial,
    $k = 2$ para la distribución normal,
    $k = 3$ para la distribución de Weibull

Se tiene entonces que la probabilidad de acertar es:

$$P\{E \geq X^2_{1-\alpha,v}\} = 1 - \alpha$$

y la hipótesis de que las observaciones siguen la ley propuesta es rechazada si es superior a la probabilidad dada por una distribución de Pearson con un límite de confianza (1- α) y v grados de libertad:

$$E > X^2_{1-\alpha,v}$$

Es decir, cuando el valor estadístico E obtenido con el $\chi^2_{distribución}$ es menor que el valor crítico $\chi^2_{Pearson}$ tabulado igual a él se considera como aceptable; pero si es mayor, se rechaza.

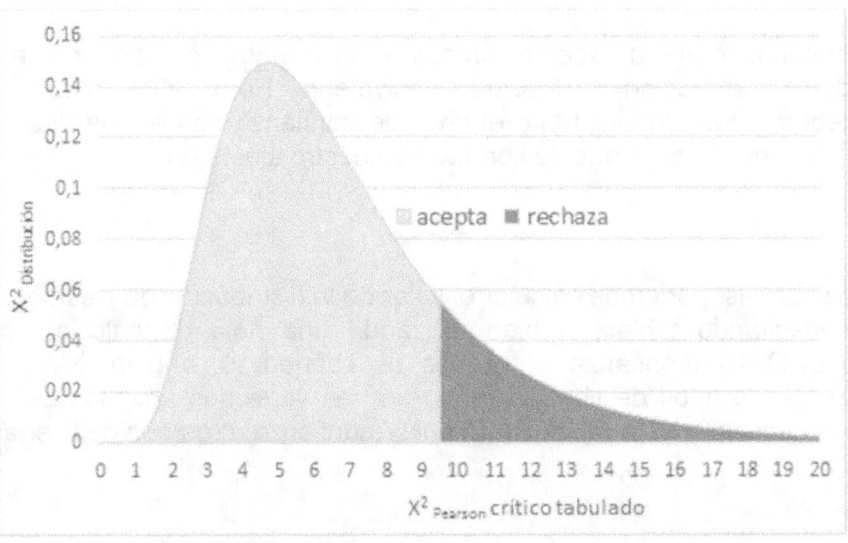

Fig. 35 – Criterio de aceptación X^2 de Pearson

Gráficamente, el valor $\chi^2_{Pearson}$ tabulado divide la gráfica de la distribución $\chi^2_{distribución}$ en dos partes. El área bajo la curva representa la confianza asociada al ajuste que estamos probando. La parte del área a la izquierda de la división es la probabilidad de que la distribución tenga una confianza igual o mejor que la requerida, mientras que a la derecha, el ajuste no llega a la confianza requerida.

Probabilidades para la distribución χ^2 chi cuadrado, $P\{E \geq X^2_{1-\alpha,v}\} = 1 - \alpha$

Grados libertad (v)	Confianza (1-α)								
	0,995	0,99	0,975	0,95	0,1	0,05	0,025	0,01	0,005
1	0,00	0,00	0,00	0,00	2,71	3,84	5,02	6,63	7,88
2	0,01	0,02	0,05	0,10	4,61	5,99	7,38	9,21	10,60
3	0,07	0,11	0,22	0,35	6,25	7,81	9,35	11,34	12,84
4	0,21	0,30	0,48	0,71	7,78	9,49	11,14	13,28	14,86
5	0,41	0,55	0,83	1,15	9,24	11,07	12,83	15,09	16,75
6	0,68	0,87	1,24	1,64	10,64	12,59	14,45	16,81	18,55
7	0,99	1,24	1,69	2,17	12,02	14,07	16,01	18,48	20,28
8	1,34	1,65	2,18	2,73	13,36	15,51	17,53	20,09	21,95
9	1,73	2,09	2,70	3,33	14,68	16,92	19,02	21,67	23,59
10	2,16	2,56	3,25	3,94	15,99	18,31	20,48	23,21	25,19
11	2,60	3,05	3,82	4,57	17,28	19,68	21,92	24,72	26,76
12	3,07	3,57	4,40	5,23	18,55	21,03	23,34	26,22	28,30
13	3,57	4,11	5,01	5,89	19,81	22,36	24,74	27,69	29,82
14	4,07	4,66	5,63	6,57	21,06	23,68	26,12	29,14	31,32
15	4,60	5,23	6,26	7,26	22,31	25,00	27,49	30,58	32,80
16	5,14	5,81	6,91	7,96	23,54	26,30	28,85	32,00	34,27
17	5,70	6,41	7,56	8,67	24,77	27,59	30,19	33,41	35,72
18	6,26	7,01	8,23	9,39	25,99	28,87	31,53	34,81	37,16
19	6,84	7,63	8,91	10,12	27,20	30,14	32,85	36,19	38,58
20	7,43	8,26	9,59	10,85	28,41	31,41	34,17	37,57	40,00
21	8,03	8,90	10,28	11,59	29,62	32,67	35,48	38,93	41,40
22	8,64	9,54	10,98	12,34	30,81	33,92	36,78	40,29	42,80
23	9,26	10,20	11,69	13,09	32,01	35,17	38,08	41,64	44,18
24	9,89	10,86	12,40	13,85	33,20	36,42	39,36	42,98	45,56
25	10,52	11,52	13,12	14,61	34,38	37,65	40,65	44,31	46,93
26	11,16	12,20	13,84	15,38	35,56	38,89	41,92	45,64	48,29
27	11,81	12,88	14,57	16,15	36,74	40,11	43,19	46,96	49,64
28	12,46	13,56	15,31	16,93	37,92	41,34	44,46	48,28	50,99
29	13,12	14,26	16,05	17,71	39,09	42,56	45,72	49,59	52,34
30	13,79	14,95	16,79	18,49	40,26	43,77	46,98	50,89	53,67
31	14,46	15,66	17,54	19,28	41,42	44,99	48,23	52,19	55,00
32	15,13	16,36	18,29	20,07	42,58	46,19	49,48	53,49	56,33
33	15,82	17,07	19,05	20,87	43,75	47,40	50,73	54,78	57,65
34	16,50	17,79	19,81	21,66	44,90	48,60	51,97	56,06	58,96
35	17,19	18,51	20,57	22,47	46,06	49,80	53,20	57,34	60,27
36	17,89	19,23	21,34	23,27	47,21	51,00	54,44	58,62	61,58
37	18,59	19,96	22,11	24,07	48,36	52,19	55,67	59,89	62,88
38	19,29	20,69	22,88	24,88	49,51	53,38	56,90	61,16	64,18

39	20,00	21,43	23,65	25,70	50,66	54,57	58,12	62,43	65,48
40	20,71	22,16	24,43	26,51	51,81	55,76	59,34	63,69	66,77
41	21,42	22,91	25,21	27,33	52,95	56,94	60,56	64,95	68,05
42	22,14	23,65	26,00	28,14	54,09	58,12	61,78	66,21	69,34
43	22,86	24,40	26,79	28,96	55,23	59,30	62,99	67,46	70,62
44	23,58	25,15	27,57	29,79	56,37	60,48	64,20	68,71	71,89
45	24,31	25,90	28,37	30,61	57,51	61,66	65,41	69,96	73,17
46	25,04	26,66	29,16	31,44	58,64	62,83	66,62	71,20	74,44
47	25,77	27,42	29,96	32,27	59,77	64,00	67,82	72,44	75,70
48	26,51	28,18	30,75	33,10	60,91	65,17	69,02	73,68	76,97
49	27,25	28,94	31,55	33,93	62,04	66,34	70,22	74,92	78,23
50	27,99	29,71	32,36	34,76	63,17	67,50	71,42	76,15	79,49

Ejemplo 43 – Test Chi cuadrado χ^2

Sea un conjunto compuesto por 45 equipos similares, para los que se ha observado sus fallos, ajustándose mediante una distribución exponencial con una tasa de fallos $\lambda = 1/5.000$ fallos/hora. Realizar el test χ^2 con un nivel de significancia del 5% ($\alpha = 0,05$), si la agrupación de los datos en intervalos es:

i	intervalo (horas)	fallos ni
1	0-1000	9
2	1000-2000	8
3	2000-3000	8
4	3000-4000	7
5	4000-5000	7
6	5000-6000	6

Solución:

La frecuencia esperada en cada intervalo (n p_i) se calcula como la probabilidad de que una observación pertenezca a un intervalo de la tabla:

$$p_i = R(t_i) - R(t_{i+1})$$

En este caso se trata de verificar una distribución exponencial, en la que:

$$R(t) = e^{-\lambda t}$$

Y podemos obtener el valor del estadístico E del test para nuestro conjunto de datos:

i	intervalo (h)	fallos n_i	inicio	fin	p_i	n p_i	n_i - n p_i	E_i
1	0-1000	9	0	1000	0,18126925	8,16	0,84	0,09
2	1000-2000	8	1000	2000	0,14841071	6,68	1,32	0,26
3	2000-3000	8	2000	3000	0,12150841	5,47	2,53	1,17
4	3000-4000	7	3000	4000	0,09948267	4,48	2,52	1,42
5	4000-5000	7	4000	5000	0,08144952	3,67	3,33	3,03
6	5000-6000	6	5000	6000	0,06668523	3,00	3,00	3,00
r=6		n=45					E_{total}	8,98

Por otra parte, el grado de libertad de la distribución de Pearson
$$v = r - k - 1$$

para $k = 1$ (distribución exponencial), tenemos $v = 4$

Con este grado de libertad y para un nivel de significancia de $\alpha = 0,05$ (5% de posibilidades de rechazar un buen ajuste), tenemos que

$$X^2_{1-\alpha,v} = X^2_{0,95,4} = 9,488$$

Luego, como cuanto mejor es el ajuste, menor es el estadístico χ^2, y en este caso

$$E < X^2_{1-\alpha,v}$$

Por tanto la distribución exponencial es aceptable para ese nivel de confianza.

Por otra parte, si consideramos una tasa de fallos $\lambda(t)$ variable, el estimador de significancia $1-\alpha$ para ella en el intervalo t, según la distribución Chi-cuadrado, será:

$$\left(\frac{1}{2t} X^2_{1-\frac{\alpha}{2},2n} , \frac{1}{2t} X^2_{\frac{\alpha}{2},2(n+1)} \right)$$

Es decir, variará en función de los valores de la distribución chi cuadrado (χ^2) para niveles de confianza $1 - \frac{\alpha}{2}$ y $\frac{\alpha}{2}$; y grados de libertad $2n$ y $2(n+1)$.

Esto nos permite definir el intervalo de variación para un determinado nivel de confianza, y una vez establecido, detectar automáticamente cualquier desviación.

Ejemplo 44 – Cálculo de significancia de una tasa de fallo

Sea un tipo de equipo que suponemos dentro de su vida útil normal, con tasa de fallos constante, en el que se han observado 2 averías en un tiempo de funcionamiento continuo de 6 años. Calcular su tasa de fallos y su intervalo de variación para un 95% de confianza (significancia $\alpha = 0,05$).

Solución:

La tasa de fallos:

$$\lambda = \frac{2}{6 \cdot 365 \cdot 24} = 3,80 \cdot 10^{-5} \, h^{-1}$$

Para el intervalo de confianza

$$\frac{1}{2t} X^2_{1-\frac{\alpha}{2},2n} = \frac{1}{2 \cdot 6 \cdot 365 \cdot 24} X^2_{1-\frac{0,05}{2},2\cdot2} = 4,61 \cdot 10^{-6}$$

$$\frac{1}{2t}X^2_{\frac{\alpha}{2},2(n+1)} = \frac{1}{2 \cdot 6 \cdot 365 \cdot 24}X^2_{\frac{0,05}{2},2(2+1)} = 1,37 \cdot 10^{-4}$$

Luego el intervalo de variación para un 95% de confianza es:

$$(4,61 \cdot 10^{-6}, 1,37 \cdot 10^{-4}) \ horas^{-1}$$

6.4.4 TEST DE KOLMOGOROV- SMIRNOV

El test de Kolmogorov-Smirnov compara los valores absolutos de las diferencias entre los puntos observados, con los valores obtenidos al modelar el comportamiento del sistema con una distribución.

Se puede aplicar para cualquier número de observaciones n, aunque si es elevado puede resultar más sencillo agrupar las observaciones en categorías y usar el test Chi cuadrado.

La discrepancia para los puntos t_i es:

$$D_{n_i} = \mathcal{F}(t_i) - F(t_i)$$

donde:
- F(t) es la probabilidad que nos suministra la distribución propuesta y cuyo ajuste se va a probar.
- $\mathcal{F}$(t) es la probabilidad de obtener valores menores o iguales que t_i calculada a partir de las observaciones (con la verdadera distribución). Puede ser estimada por el método de los rangos medios con la fórmula de Benard:

$$\mathcal{F}(t_i) = \frac{i - 0,3}{n + 0,4}$$

La distribución de las discrepancias depende solo de n:

$$D_n = \text{máx} \left(D_{n_i} \right)$$

Y se puede escribir como:

$$P \left\{ \text{máx} \left| \mathcal{F}(t) - F(t) \right| < D_{n,\alpha} \right\} \leq 1 - \alpha$$

donde α representa la significancia deseada en el ajuste.

Por tanto, D_n es la mayor diferencia absoluta entre la frecuencia acumulada observada $\mathcal{F}$(t) y la frecuencia acumulada teórica F(t), obtenida a partir de la distribución de probabilidad que se especifica como hipótesis nula.

Si los valores observados son similares a los esperados, el valor de D_n será pequeño, y crecerá cuando se eleve la discrepancia.

Por tanto, el criterio para aceptar el ajuste planteado será:
Si $D_n \leq D_\alpha \Rightarrow$ Ajuste aceptable
Si $D_n > D_\alpha \Rightarrow$ Ajuste rechazado

El valor para D_α se elige a partir del nivel de significancia deseado a partir de datos tabulados.

Como la significancia indica la probabilidad que tenemos de equivocarnos rechazando un buen modelo, el valor crítico D_α se incrementa cuando para un mismo conjunto de datos reducimos la significancia, ya que al disminuir la probabilidad de equivocarnos la posibilidad de acertar encuentra mayor tolerancia.

Tabla de valores críticos D_α para test Kolmogorov-Smirnov

Tamaño de muestra *n*	Significancia α				
	0.20	0.15	0.10	0.05	0.01
1	0.900	0.925	0.950	0.975	0.995
2	0.684	0.726	0.776	0.842	0.929
3	0.565	0.597	0.642	0.708	0.828
4	0.494	0.525	0.564	0.624	0.783
5	0.446	0.474	0.510	0.565	0.669
6	0.410	0.436	0.470	0.521	0.618
7	0.381	0.405	0.438	0.486	0.577
8	0.358	0.381	0.411	0.457	0.543
9	0.339	0.360	0.388	0.432	0.514
10	0.322	0.342	0.368	0.410	0.490
11	0.307	0.326	0.352	0.391	0.468
12	0.285	0.313	0.338	0.375	0.450
13	0.284	0.302	0.325	0.361	0.433
14	0.274	0.292	0.314	0.349	0.418
15	0.266	0.283	0.304	0.338	0.404
16	0.258	0.274	0.295	0.328	0.392
17	0.250	0.266	0.286	0.318	0.381
18	0.244	0.259	0.278	0.309	0.371
19	0.237	0.252	0.272	0.301	0.363
20	0.231	0.246	0.264	0.294	0.356
25	0.21	0.22	0.24	0.27	0.32
30	0.19	0.20	0.22	0.24	0.29
35	0.18	0.19	0.21	0.23	0.27
más de 35	$1.07/\sqrt{n}$	$1.14/\sqrt{n}$	$1.22/\sqrt{n}$	$1.36/\sqrt{n}$	$1.63/\sqrt{n}$

Fuente: Journal of the American Statistical Association

Otra forma más restrictiva consiste en una corrección planteada por Lilliefors, que obtiene el valor para D_α particularizado según la distribución, a partir del nivel

de significancia deseado, del tipo de distribución a probar, y del número de datos observados, con:

$$D_\alpha = \frac{c_\alpha}{k(n)}$$

donde los coeficientes C_α y $k(n)$ toman los valores de la siguiente tabla:

C_α	significancia				
Modelo	α=0.20	α=0.15	α=0.1	α=0.05	α=0.01
General	1,068	1,148	1.224	1.358	1.628
Normal	0,715	0,765	0.819	0.895	1.035
Exponencial	0,865	0,928	0.990	1.094	1.308
Weibull n>50	0,698	0,745	0.803	0.874	1.007

Tipo de distribución	k(n)
General de parámetros conocidos	$k(n) = \sqrt{n} + 0{,}12 + \dfrac{0{,}11}{\sqrt{n}}$
Normal	$k(n) = \sqrt{n} - 0{,}01 + \dfrac{0{,}85}{\sqrt{n}}$
Exponencial	$k(n) = \sqrt{n} + 0{,}12 + \dfrac{0{,}11}{\sqrt{n}}$
Weibull	$k(n) = \sqrt{n}$

Los pasos a seguir para aplicar este test son, una vez tenemos la distribución de ajuste y el grado de significancia deseado:

1. Determinar $F(t_i)$ o valores teóricos de la distribución para cada fallo con t=i.

2. Con los datos de fallo determinar $\mathcal{F}(t_i)$, por ejemplo mediante rangos medios.

3. Calcular el valor máximo D_n de:

$$\begin{cases} |\mathcal{F}(t_i) - F(t_i)| \\ |\mathcal{F}(t_{i-1}) - F(t_i)| \end{cases}$$

Si estimamos $\mathcal{F}(t_i)$ mediante rangos medios esto quedaría:

$$D_j = \text{máx}\left[\text{máx}\left(\frac{i}{n} - F(ti)\right), \text{máx}\left(F(ti) - \frac{i-1}{n}\right) \right]$$

Y el mayor de todos ellos será el máximo D_n.

4. Comparar ese valor con el valor tabulado de D_α: cuando $D_n > D_\alpha$, la hipótesis de ajuste es rechazada.

Ejemplo 45 – Diferencia máxima entre predicciones y observaciones

Para una muestra de 10 sucesos y una significancia del 15%, ¿Cuál es la máxima diferencia entre las probabilidades de fallo observadas y ajustadas por una distribución estadística, es decir D_α?

Solución:

De la tabla: 0,342, o lo que es lo mismo, el 34,2%. Si la diferencia observada es mayor de este valor debe rechazarse el ajuste.

Ejemplo 46 – Test de Kolmogorov Smirnov

Sea un conjunto de n=5 dispositivos que han fallado en los tiempos de la tabla. Comprobar por el test de K-S si los ajustes mediante una distribución normal y mediante una distribución exponencial serían aceptables para una significancia del 10%.

i	t(i) horas
1	1
2	1,5
3	4
4	7
5	9

Solución:

El valor crítico D_α para la tabla general que corresponde a n=5 y α=0,1 es 0,510.

Los parámetros que definen estas dos distribuciones, a partir de los datos serán:

Normal:	Media	$\mu = \dfrac{\sum t(i)}{n} = 4,5$
	Desviación estándar	$\sigma = \dfrac{\sum (t_i - t)^2}{n-1} = 3,4641$
Exponencial:	Tasa de fallo	$\lambda = \dfrac{k}{N} = \dfrac{5}{9} = 0,555$

Estimando $\mathcal{F}(t_i)$ con la fórmula de Benard, podemos calcular D_n para cada distribución:

$$\mathcal{F}(t_i) = \frac{i - 0,3}{n + 0,4}$$

Distribución normal:

Podemos calcular los valores de la función fiabilidad de la distribución normal como:

$$P\{T < t\} = F(t) = \int_{-\infty}^{t} f(t)dt = \Phi\left(\frac{t-\mu}{\sigma}\right)$$

En EXCEL DISTR.NORM(t; media μ; desv_estándar σ; VERDADERO)

i	t(i) horas	F(tᵢ)	$|\mathcal{F}(t_i)|$	$|F(t_i)-\mathcal{F}(t_i)|$	$|F(t_i)-\mathcal{F}(t_{i-1})|$	Max Dⱼ
1	1	0,156	0,130	0,027		0,027
2	1,5	0,193	0,315	0,122	0,064	0,122
3	4	0,443	0,500	0,057	0,128	0,128
4	7	0,765	0,685	0,080	0,265	0,265
5	9	0,903	0,870	0,033	0,218	0,218

donde
$$D_n = \text{máx}(D_{n_i}) = 0,265 < 0,510$$

Como:

$$D_n \leq D_\alpha \Rightarrow \text{Ajuste normal aceptable para significancia } \alpha=0,1$$

Distribución exponencial:

Tomando la tasa de fallos como:

$$\lambda = \frac{1}{\mu} = 0,222$$

(otros ajustes exponenciales que podrían realizarse son los derivados de considerar la desviación estándar como inversa de la tasa de fallos, o el cociente del tiempo total y el número de fallos).

Calculamos los valores de la función de fiabilidad:

$$F(t) = 1 - e^{-\lambda t}$$

i	t(i) horas	F(tᵢ)	$|\mathcal{F}(t_i)|$	$|F(t_i)-\mathcal{F}(t_i)|$	$|F(t_i)-\mathcal{F}(t_{i-1})|$	Max Dⱼ
1	1	0,199	0,130	0,070		0,070
2	1,5	0,283	0,315	0,031	0,154	0,154
3	4	0,589	0,500	0,089	0,274	0,274
4	7	0,789	0,685	0,104	0,289	0,289
5	9	0,865	0,870	0,006	0,179	0,179

Donde
$$D_n = \text{máx}(D_{n_i}) = 0,289 < 0,510$$

Como:

$$D_n \leq D_\alpha \Rightarrow \text{Ajuste exponencial aceptable para significancia } \alpha=0,1$$

7. CONFIABILIDAD Y MÉTODOS DE MODELACIÓN DE SISTEMAS

7.1. DIAGRAMAS DE BLOQUES EN CONFIABILIDAD

Un diagrama de bloques describe un sistema como un conjunto de bloques funcionales, conectados entre sí en función del efecto que el fallo de uno de ellos produce en la confiabilidad del sistema.

- En un diagrama en serie, el fallo de cualquier bloque impide el funcionamiento del sistema.

Fig. 36 – Sistema en serie

- En un sistema en paralelo o redundante, todos los bloques que desempeñan la misma función deben fallar para que el sistema falle.

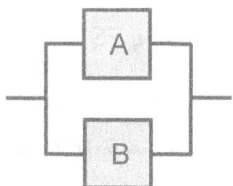

Fig. 37 – Sistema en paralelo

- En los sistemas que combinan bloques en serie y paralelo los fallos del sistema dependen del bloque que falle, según sea redundante o no.

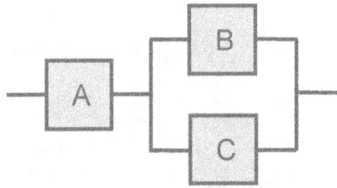

Fig. 38 – Sistema en serie-paralelo

Las **reglas para definir los bloques** de un diagrama son:

1. El diagrama debe ser lo más simple posible: cada bloque debe agrupar el mayor número de componentes, sin perder representatividad.
2. La función de cada bloque debe identificarse fácilmente, por ejemplo a través de las etapas del proceso productivo.
3. No deben mezclarse activos con diferentes tecnologías dentro de un mismo bloque: componentes mecánicos con electrónicos o eléctricos, por ejemplo.
4. La probabilidad de fallo de cada uno de los bloques del diagrama debe ser independiente, sin que el fallo de uno afecte a la probabilidad de otro. En gran medida la distribución de fallos está condicionada por la tecnología que contiene el bloque.

Ejemplos:

Correcto | Incorrecto

| Motor Variador | Bomba | Bombeo |

7.2. SISTEMAS NO REPARABLES

Por ahora, vamos a considerar de redundancia sin reparación. En este caso se asume que un componente que falla permanece así hasta que todo el sistema falla.

7.2.1 CONFIABILIDAD DE SISTEMAS EN SERIE

En un sistema en serie, su confiabilidad es la probabilidad de que ninguno de sus bloques falle.

Fig. 39 – Confiabilidad de un sistema en serie

$$R_{Sistema}(t) = P(C_1 > t, C_2 > t, \ldots \ldots, C_n > t)$$

que se calcula como el producto de las probabilidades:

$$R_{Sistema}(t) = P(C_1 > t) \cdot P(C_2 > t) \cdot \ldots \ldots \cdot P(C_n > t)$$

$$R_{Sistema}(t) = R_1(t) \cdot R_2(t) \cdot \ldots \ldots \cdot R_n(t)$$

$$R_{Sistema} = \prod_{i=1}^{n} R_i$$

Esta expresión se conoce como regla de Lusser, y fue descubierta durante los ensayos de las bombas volantes alemanas en la Segunda Guerra Mundial.

De esta regla resulta algo evidente: cuantos menos componentes tenga un sistema, más confiable resulta, ya que menos elementos susceptibles de fallar tendrá. Matemáticamente esto es así porque la confiabilidad de cada uno R_i <1.

Un caso sencillo de comprobar es para un sistema que presenta una tasa de fallo constante. Efectívamente, con λ(t)=λ, la confiabilidad de un componente i seguirá una distribución exponencial:

$$R_i(t) = e^{-\lambda_i t}$$

En este caso, la confiabilidad del sistema será:

$$R_{Sistema} = \prod_{i=1}^{n} R_i = e^{-(\lambda_A + \lambda_B + \cdots \lambda_n)t} = e^{-\sum_{i=1}^{n}(\lambda_i)t}$$

Se aprecia que en cualquier sistema en serie, la confiabilidad del sistema siempre es menor que la de cualquiera de sus componentes.

Además, la confiabilidad decrecerá más rápidamente cuantos más componentes que puedan fallar tenga el sistema. Por ejemplo, para una misma tasa individual λ=0,1 :

t	N componentes				
	1	5	10	50	100
	R(t)				
0	1,00	5,00	10,00	50,00	100,00
1	0,90	4,52	9,05	45,24	90,48
2	0,82	4,09	8,19	40,94	81,87
3	0,74	3,70	7,41	37,04	74,08
4	0,67	3,35	6,70	33,52	67,03
5	0,61	3,03	6,07	30,33	60,65
6	0,55	2,74	5,49	27,44	54,88
7	0,50	2,48	4,97	24,83	49,66
8	0,45	2,25	4,49	22,47	44,93
9	0,41	2,03	4,07	20,33	40,66
10	0,37	1,84	3,68	18,39	36,79
11	0,33	1,66	3,33	16,64	33,29
12	0,30	1,51	3,01	15,06	30,12
13	0,27	1,36	2,73	13,63	27,25
14	0,25	1,23	2,47	12,33	24,66
15	0,22	1,12	2,23	11,16	22,31
16	0,20	1,01	2,02	10,09	20,19
17	0,18	0,91	1,83	9,13	18,27
18	0,17	0,83	1,65	8,26	16,53
19	0,15	0,75	1,50	7,48	14,96
20	0,14	0,68	1,35	6,77	13,53

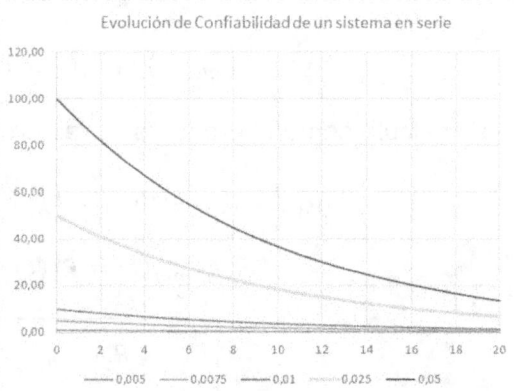

Fig. 40 – Evolución de la confiabilidad de un sistema en serie

Además: un sistema en serie compuesto por elementos con una tasa de fallo constante, también tiene una tasa de fallo constante, resultante de la suma de las tasas de fallo individuales.

$$\lambda_{Sistema}(t) = \sum_{i=1}^{n} \lambda_i t$$

En el caso que los n componentes del sistema sean idénticos, tendrán igual confiabilidad y la misma tasa de fallos λ constante. Entonces:

$$R_{Sistema} = R_i{}^n \qquad \lambda_{Sistema}(t) = n\,\lambda t$$

La gráfica de la función tasa de fallos del sistema en serie es continua y siempre creciente, y el número de fallos que acumula ese sistema en serie solo depende de su número de componentes y de su tasa de fallo individual. Por ejemplo, para un sistema de 100 componentes iguales en serie.

	λ componentes				
	0,005	0,0075	0,01	0,025	0,05
t	λ(t) Sistema (fallos / t)				
0	0	0	0	0	0
1	1	1	1	3	5
2	1	2	2	5	10
3	2	2	3	8	15
4	2	3	4	10	20
5	3	4	5	13	25
6	3	5	6	15	30
7	4	5	7	18	35
8	4	6	8	20	40
9	5	7	9	23	45
10	5	8	10	25	50
11	6	8	11	28	55
12	6	9	12	30	60
13	7	10	13	33	65
14	7	11	14	35	70
15	8	11	15	38	75
16	8	12	16	40	80
17	9	13	17	43	85
18	9	14	18	45	90
19	10	14	19	48	95
20	10	15	20	50	100

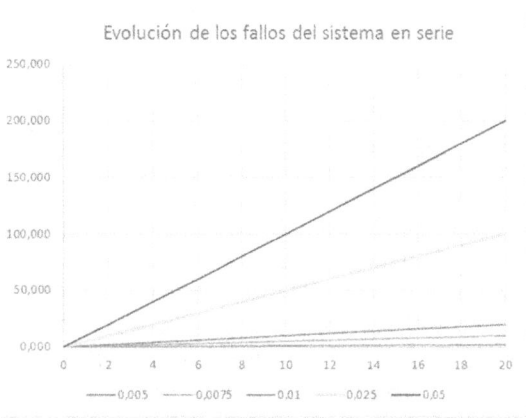

Fig. 41 – Evolución de los fallos en un sistema en serie

Así mismo, podemos calcular el tiempo medio de fallo MTTF de este sistema, ya que sabemos:

$$MTTF = \int_0^\infty t\, f(t)\, dt = \int_0^\infty R(t)\, dt$$

Como

$$R_{Sistema} = e^{-\sum_{i=1}^{n}(\lambda_i)\, t}$$

Sustituyendo, e integrando con la transformada de Laplace para la exponencial:

$$MTTF_{Sistema} = \int_0^\infty e^{-\sum_{i=1}^n (\lambda_i)\, t}\, dt = \frac{1}{\sum_{i=1}^n \lambda_i}$$

ya que se demuestra:

$$\int_0^\infty e^{-\sum_{i=1}^n (\lambda_i)\, t}\, dt = \lim_{k\to\infty} \int_0^k e^{-s\, t}\, dt = \lim_{k\to\infty} \frac{-e^{-st}}{s}\Bigg]_0^k = \lim_{k\to\infty}\left[\frac{1}{s} - \frac{e^{-sk}}{s}\right] = \frac{1}{s} = \frac{1}{\sum_{i=1}^n \lambda_i}$$

Ejemplo 47 – Confiabilidad para un sistema en serie

Sea un sistema en serie de 10 componentes iguales. Cuando se produce un fallo, el tiempo medio de parada MDT es de 12 horas. La confiabilidad de cada componente para un turno de trabajo de 8 horas es de 0,99 y su distribución de fallos es exponencial. El fallo de cada componente es independiente del resto.
  a) Calcule la confiabilidad del sistema
  b) Obtenga la tasa de fallos del sistema.
  c) Halle la tasa de fallos de cada uno de sus componentes.
  d) Calcule el tiempo medio para el fallo MTTF del sistema
  e) Calcule la disponibilidad del sistema
  f) Calcule cual debe ser el tiempo medio de parada MDT si deseamos una disponibilidad mínima del 92%

Solución

A) La confiabilidad del sistema en serie es:

$$R_{Sistema} = \prod_{i=1}^n R_i$$

para un turno de 8h:

$$R_{Sistema}(t=8) = \prod_{i=1}^{10} 0,99 = 0,99^{10} = 0,90$$

B) La tasa de fallos cuando sigue una distribución exponencial es constante, por lo que:

$$R_i(t) = e^{-\lambda_i t}$$

$$R_i(t=8) = e^{-8\lambda} = 0,90$$

$$\lambda = \frac{-\ln 0.90}{8} = 0.0132 \ fallos/hora$$

C) La tasa de fallos de los componentes iguales de este sistema en serie y con tasa de fallos λ constante, puede obtenerse a partir de la confiabilidad mediante:

$$R_{Sistema} = \prod_{i=1}^{n} R_i = e^{-(\lambda_A + \lambda_B + \cdots \lambda_n)t} = e^{-\sum_{i=1}^{n}(\lambda_i)t}$$

Es decir:

$$\lambda_{Sistema}(t) = \sum_{i=1}^{n} \lambda_i(t)$$

Como en este caso además los n componentes iguales del sistema tienen idéntica confiabilidad:

$$\lambda_{Sistema}(t) = n \, \lambda(t)$$

$$\lambda = \frac{\lambda_{Sistema}}{n} = \frac{0.0132}{8} = 0.00165 \ fallos/hora$$

D) El tiempo medio para el fallo ó MTTF cuando la tasa de fallos λ es constante viene dado como:

$$MTTF = \frac{1}{\lambda}$$

Luego:

$$MTTF_{Sistema} = \frac{1}{\lambda_{Sistema}} = \frac{1}{0.0132} = 75.75 \ horas$$

E) La disponibilidad del sistema será el tiempo que está disponible sobre el total:

$$A = \frac{Tiempo \ disponible}{Tiempo \ total} = \frac{Tiempo \ disponible}{Tiempo \ no \ disponible + Tiempo \ disponible}$$

$$A = \frac{MTTF}{MDT + MTTF} = \frac{75.75}{12 + 75.75} = 0.8632$$

F) Para pasar del 86,32% a una disponibilidad mínima del 92%, el nuevo tiempo medio de parada, en este sistema de tasa de fallos λ constante se puede calcular como:

$$A = \frac{MTTF}{MDT + MTTF}$$

$$MDT = \frac{MTTF}{A} - MTTF = \frac{75.75}{0.92} - 75.75 = 6.58 \ horas$$

Ejemplo 48 – Variación de confiabilidad con el mantenimiento en un sistema en serie

Tenemos un sistema de dos componentes en serie y tasa de fallos constante. Cada uno de sus componentes tiene un tiempo medio hasta el fallo MTTF de 100 horas, y en los procedimientos de mantenimiento preventivo se establece su reemplazo cada 50 horas.

Estudiar la confiabilidad del sistema para 60 horas si no se realiza mantenimiento preventivo, si solo se hace sobre uno de los componentes, y si se hace en ambos.

Solución:

Durante la vida normal de un componente, con λ(t)= λ constante, sabemos que el tiempo medio entre fallos es la inversa de la tasa de fallo:

$$\lambda = \frac{1}{MTTF} = \frac{1}{100} = 0{,}01 \ \ horas^{-1}$$

Por otra parte, con tasa de fallos constante, la confiabilidad de un componente es:

$$R(t) = e^{-\lambda t}$$

Si no hacemos mantenimiento preventivo en el sistema, no se efectúan reemplazos y la confiabilidad de cada componente es:

$$R(60) = e^{-0{,}01 \cdot 60} = 54{,}88 \ \%$$

Luego la confiabilidad para el sistema de dos componentes en serie será:

$$R_{Sistema}(60) = R(60)^2 = 30{,}11 \ \%$$

Si realizamos el mantenimiento preventivo a las 60 horas de funcionamiento del sistema solamente sobre uno de sus componentes, el componente que ha sido sustituido con 50 horas tendrá solamente 10 horas de funcionamiento, y su confiabilidad será:

$$R(10) = e^{-0{,}01 \cdot 10} = 90.48 \ \%$$

Luego la confiabilidad para el sistema de dos componentes en serie será:

$$R_{Sistema}(t) = \prod_{i=1}^{2} R(t) = 0{,}5488 \ x \ 0{,}9048 = 49{,}65 \ \%$$

Es decir, la confiabilidad de un sistema con un mantenimiento incorrecto es incluso menor que la individual de los componentes retirados, ya que para el que reemplazamos con 50 horas teníamos:

$$R(50) = e^{-0{,}01 \cdot 50} = 60.65 \ \%$$

Si realizamos el mantenimiento completo y reemplazamos ambos componentes, tendremos que:

$$R_{Sistema}(t) = \prod_{i=1}^{2} R(t) = 0{,}9048 \; x \; 0{,}9048 = 81{,}86\,\%$$

De esto se desprende que para mejorar la confiabilidad de un sistema puede ser una estrategia más interesante simplificar sus componentes en serie, que centrarse únicamente en optimizar las labores de mantenimiento preventivo.

7.2.2 CONFIABILIDAD DE SISTEMAS EN SERIE CON FALLO NO INDEPENDIENTE

Por otra parte, cuando estemos ante un sistema en serie para el que el fallo de algún componente pueda influir en el fallo del resto, tendremos que calcular la fiabilidad de ese sistema como probabilidades condicionadas:

$$R_{Sistema}(t) = P(C_1 > t, C_2 > t, \dots\dots, C_n > t)$$

$$R_{Sistema}(t) = P(C_1 > t) \cdot P(C_2 > t \mid C_1 > t) \cdot \dots\dots \cdot P(C_n > t \mid C_1 > t, \dots \; C_{n-1} > t)$$

7.2.3 TIPOS DE SISTEMAS EN PARALELO O REDUNDANTES

Dependiendo de cómo se opere un sistema redundante, presenta diferente confiabilidad, en función de si sus componentes se encuentran todos operando, (redundancia activa), o bien solo comienzan a funcionar cuando falla el equipo del que son redundantes (pasiva). Así mismo, se debe considerar si el sistema funciona solo con un componente (redundancia completa) o si requiere de varios para hacerlo (redundancia parcial).

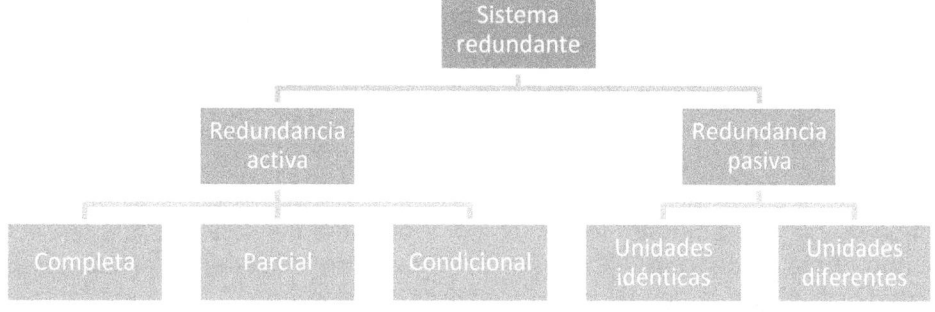

Fig. 42 – Tipos de sistemas en paralelo o redundantes

7.2.4 CONFIABILIDAD DE UN SISTEMA CON REDUNDANCIA ACTIVA COMPLETA

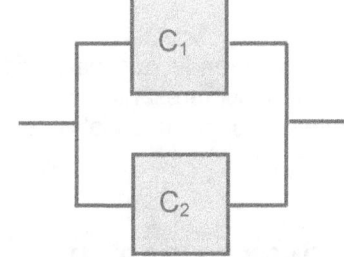

En un sistema de componentes redundantes en paralelo, para que el sistema falle han de fallar todos los componentes redundantes.

Entonces, la confiabilidad se expresa como:

Fig. 43 – Confiabilidad con redundancia completa

$R_{sistema}$ = P(funciona al menos 1) = 1 - P (fallan todos)

$$R_{Sistema}(t) = P(C_1 > t \cup C_2 > t \cup \ldots \ldots \cup C_n > t)$$

$$R_{Sistema}(t) = 1 - P(C_1 < t) \cdot P(C_2 < t) \cdot \ldots \ldots \cdot P(C_n < t)$$

Para el caso de dos componentes esta fórmula quedaría:

$$R_{sistema} = 1 - [(1 - R_A) \cdot (1 - R_B)] = R_A + R_B - R_A R_B$$

Para un sistema de tres componentes la probabilidad sería:

$$R_{sistema} = 1 - [(1 - R_A) \cdot (1 - R_B) \cdot (1 - R_C)] = R_A + R_B + R_C - R_A R_B R_C$$

Por inducción, para un sistema con redundancia activa completa de n componentes, su confiabilidad queda como:

$$\boxed{R_{sistema} = 1 - [(1 - R_A) \cdot (1 - R_B) \cdot \ldots \ldots (1 - R_n)]}$$

En este tipo de configuraciones, todos los componentes del sistema pueden fallar excepto uno. Esto hace que para esta configuración el sistema presente una confiabilidad mayor que la de sus componentes por separado.

Dado que la probabilidad de fallo es:

$$F(t) = 1 - R(t)$$

La confiabilidad de un sistema R_s podemos expresarla como la acumulación de las probabilidades de fallo de sus componentes F_i.

$$R_{Sistema}(t) = 1 - F_1(t) \cdot F_2(t) \cdot \ldots \ldots \cdot F_n(t)$$

Expresión que se conoce como regla del producto de infiabilidades:

$$R_{Sistema} = 1 - \prod_{i=1}^{n} F_i$$

O lo que es lo mismo, para el caso de n componentes redundantes iguales:

$$\boxed{R_{Sistema} = 1 - (1 - R(t))^n}$$

Para el caso particular de una tasa de fallo constante con $\lambda(t) = \lambda$, la confiabilidad de un componente A seguirá una distribución exponencial:

$$R_A(t) = e^{-\lambda_A t}$$

En este caso, la confiabilidad del sistema de dos componentes redundantes sería:

$$R_{Sistema} = 1 - (1 - e^{-\lambda t})^2$$

$$R_{Sistema} = 2 e^{-\lambda t} - e^{-2\lambda t}$$

En el caso de sistemas redundantes o en paralelo, a diferencia de los sistemas en serie, aunque todos los bloques del sistema tengan la misma tasa de fallo constante, la confiabilidad del sistema es variable, ya que no se puede expresar en forma de una exponencial $e^{-K t}$.

Por esta razón, para obtener el tiempo medio entre fallos (MTBF) en sistemas redundantes debemos calcular la integral de la confiabilidad, que como vimos es:

$$MTTF = \int_0^{\infty} R(t) dt$$

Como sabemos, el tiempo medio entre fallos (MTBF) es la suma del tiempo medio para el fallo (MTTF) y del tiempo para reparar (MTTR):

$$MTBF = MTTF + MTTR$$

Asumiendo que en nuestro sistema redundante el tiempo para reparar es despreciable frente al tiempo medio para el fallo, podemos calcular únicamente este último.

Luego, sustituyendo para nuestro sistema de dos componentes:

$$MTBF_{sistema} \approx MTTF_{sistema} = \int_0^\infty R_{sistema}\, dt$$

$$MTBF_{sistema} \approx \int_0^\infty \left(2\, e^{-\lambda t} - e^{-2\lambda t}\right) dt = \frac{2}{\lambda} - \frac{1}{2\lambda} = \frac{3}{2\lambda}$$

Como en nuestro sistema ambos componentes son idénticos y de tasa de fallo constante $\lambda(t)=\lambda$, sabemos que su tiempo medio entre fallos era:

$$MTTF_{componente} = \frac{1}{\lambda}$$

Es decir, que el tiempo medio entre fallos de este sistema de dos componentes es 3/2 del tiempo medio de fallos de uno de sus componentes:

$$MTBF_{sistema} \approx \frac{3}{2\lambda} = \frac{3}{2}\, MTTF_{componente} \approx \frac{3}{2}\, MTBF_{componente}$$

Cuando nuestro sistema no tenga una tasa de fallos constante deberemos resolver la confiabilidad de cada uno de sus componentes por separado.

Respecto de un sistema en serie o un sistema de un solo componente, en un sistema en paralelo con tasa de fallo constante, la confiabilidad se mantiene elevada durante más tiempo, hasta que presenta un punto de inflexión y decrece.

Cuantos más bloques redundantes haya en el sistema, mayor será este efecto.

Por ejemplo, para una tasa de fallos constante λ=0,25, la confiabilidad toma diferentes formas en función del número de componentes del sistema redundante:

t	n componentes				
	1	2	3	4	5
	R(t) Sistemas				
0	1,000	1,000	1,000	1,000	1,000
1	0,779	0,951	0,989	0,998	0,999
2	0,607	0,845	0,939	0,976	0,991
3	0,472	0,722	0,853	0,922	0,959
4	0,368	0,600	0,747	0,840	0,899
5	0,287	0,491	0,637	0,741	0,815
6	0,223	0,396	0,531	0,636	0,717
7	0,174	0,317	0,436	0,534	0,615
8	0,135	0,252	0,354	0,441	0,517
9	0,105	0,200	0,284	0,360	0,427
10	0,082	0,157	0,227	0,290	0,348
11	0,064	0,124	0,180	0,232	0,281
12	0,050	0,097	0,142	0,185	0,225
13	0,039	0,076	0,112	0,146	0,179
14	0,030	0,059	0,088	0,115	0,142
15	0,024	0,046	0,069	0,091	0,112
16	0,018	0,036	0,054	0,071	0,088
17	0,014	0,028	0,042	0,056	0,069
18	0,011	0,022	0,033	0,044	0,054
19	0,009	0,017	0,026	0,034	0,043
20	0,007	0,013	0,020	0,027	0,033

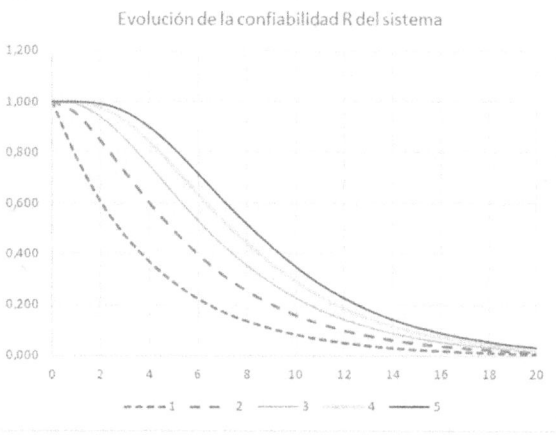

Fig. 44 – Evolución de la confiabilidad con la redundancia

En la figura que representa los valores de la tabla, vemos que para cada uno de estos posibles sistemas presenta confiabilidades decrecientes conforme avanza el tiempo. Aunque sus curvas de descenso tienen pendientes similares, vemos que tienen un periodo de alta confiabilidad inicial más largo cuando mayor sea su número de componentes. Es decir, incrementando el número de componentes redundantes de un sistema, lograremos retrasar la pérdida de confiabilidad. Si se une este efecto a un mantenimiento preventivo correctamente diseñado, se puede lograr diseñar sistemas muy robustos al fallo.

Ejemplo 49 – Confiabilidad de un sistema paralelo con redundancia completa

Un sistema redundante está formado por dos componentes, ambos con la misma tasa de fallos individual constante λ(t)=λ. Deducir la gráfica de la función tasa de fallos del sistema.

Solución:

Hemos visto que, de manera general:

$$\lambda(t) = \frac{f(t)}{R(t)}$$

Deduciremos ambas funciones para obtener cómo varía la tasa de fallos λ(t) del sistema que describe el enunciado. Comenzamos obteniendo la confiabilidad (R).

Como los componentes de nuestro sistema presentan una tasa de fallos constante, sabemos que la confiabilidad de cada componente es:

$$R(t) = e^{-\lambda t}$$

Como también sabemos, la fórmula general para obtener la confiabilidad de un sistema redundante de n componentes iguales, es:

$$R_{Sistema} = 1 - (1 - R(t))^n$$

Sustituyendo con la confiabilidad individual de nuestros componentes, para dos unidades en paralelo queda:

$$R_{Sistema} = 1 - (1 - e^{-\lambda t})^2 = 1 - (1 - 2e^{-\lambda t} + e^{-2\lambda t})$$

$$R_{Sistema} = 2\,e^{-\lambda t} - e^{-2\lambda t} = e^{-\lambda t} \cdot (2 - e^{-\lambda t})$$

Por otra parte, la función de densidad de probabilidad de fallos f(t) es:

$$f(t) = \frac{dF(t)}{dt} = \frac{d(1 - R(t))}{dt} = \frac{-dR(t)}{dt}$$

Sustituyendo y derivando, queda:

$$f(t) = \frac{-dR(t)}{dt} = \frac{-d(2\,e^{-\lambda t} - e^{-2\lambda t})}{dt} = \frac{d(e^{-2\lambda t})}{dt} - 2\frac{d(e^{-\lambda t})}{dt} = -2\lambda e^{-2\lambda t} - 2 \cdot (-\lambda e^{-\lambda t})$$

$$f(t) = 2\,\lambda\,e^{-\lambda t} - 2\,\lambda\,e^{-2\lambda t}$$

Entonces:

$$\lambda(t) = \frac{f(t)}{R(t)} = \frac{2\lambda e^{-\lambda t} - 2\lambda e^{-2\lambda t}}{e^{-\lambda t} \cdot (2 - e^{-\lambda t})} = \frac{2\lambda e^{-\lambda t}(1 - e^{-\lambda t})}{e^{-\lambda t} \cdot (2 - e^{-\lambda t})} = \lambda \frac{(1 - e^{-\lambda t})}{\dfrac{(2 - e^{-\lambda t})}{2}}$$

$$\lambda(t) = \lambda \frac{1 - e^{-\lambda t}}{1 - 0,5 \cdot e^{-\lambda t}}$$

Dando valores para distintas tasas de fallo λ de los componentes del sistema, vemos que está función λ(t) tiende asintóticamente al valor λ, pero no sería constante hasta que t=∞:

	λ componentes				
	0,9	0,8	0,6	0,4	0,2
t	λ(t) Sistemas				
0	0,000	0,000	0,000	0,000	0,000
1	0,670	0,568	0,373	0,198	0,061
2	0,819	0,710	0,494	0,284	0,099
3	0,869	0,762	0,546	0,329	0,124
4	0,888	0,783	0,571	0,355	0,142
5	0,895	0,793	0,585	0,371	0,155
6	0,898	0,797	0,592	0,381	0,165
7	0,899	0,799	0,595	0,387	0,172
8	0,900	0,799	0,598	0,392	0,178
9	0,900	0,800	0,599	0,394	0,182
10	0,900	0,800	0,599	0,396	0,185
11	0,900	0,800	0,600	0,398	0,188
12	0,900	0,800	0,600	0,398	0,190
13	0,900	0,800	0,600	0,399	0,192
14	0,900	0,800	0,600	0,399	0,194
15	0,900	0,800	0,600	0,400	0,195
16	0,900	0,800	0,600	0,400	0,196
17	0,900	0,800	0,600	0,400	0,197
18	0,900	0,800	0,600	0,400	0,197
19	0,900	0,800	0,600	0,400	0,198
20	0,900	0,800	0,600	0,400	0,198

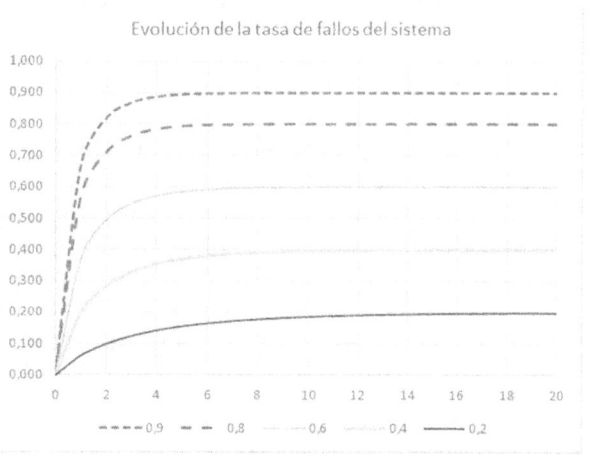

Evolución de la tasa de fallos del sistema

Según esto, respecto de un sistema en serie cuyos componentes presentan una tasa de fallo constante, al disponer esos mismos componentes en paralelo formando un sistema redundante, la tasa de fallo del sistema crece asintóticamente desde el instante inicial de tasa nula hasta igualar la tasa de fallo del último componente en funcionamiento. El crecimiento es más lento cuanto menor sea la tasa de fallo de los componentes, y también cuanto mayor sea el número de componentes redundantes.

7.2.5 CONFIABILIDAD DE UN SISTEMA DE COMBINACIÓN SERIE PARALELO

En el caso de un sistema con dos componentes en paralelo y un tercero en serie con ellos, su confiabilidad sería el resultado de las siguientes probabilidades:

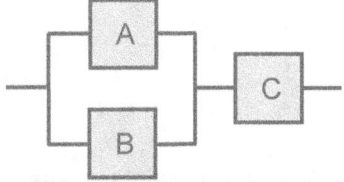

- Que no fallen a la vez los dos componentes en paralelo.
- Que no falle el tercer componente en serie.

Fig. 45 – Confiabilidad en sistemas serie - paralelo

Matemáticamente:

$$R_{Sistema}(t) = P(\,(A > t \cup B > t)\,, C > t)$$

$$R_{Sistema}(t) = P(A > t \cup B > t) \cdot P(C > t)$$

$$R_{Sistema}(t) = 1 - P(A < t) \cdot P(B < t) \cdot P(C > t)$$

$$R_{Sistema}(t) = 1 - [(1 - R_A(t)) \cdot (1 - R_B(t))] \cdot R_C(t)$$

Ejemplo 50 – Confiabilidad de un sistema en serie - paralelo

Sea el sistema de la figura, compuesto por dos subsistemas redundantes en serie. Conociendo la confiabilidad de cada uno de sus cinco componentes (R_1, R_2, ... R_5), calcular la confiabilidad total del conjunto.

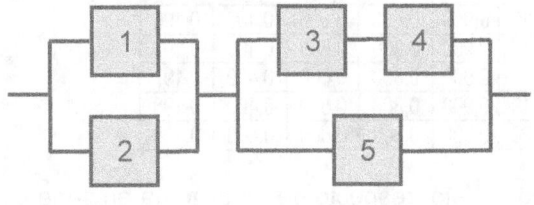

Solución:

$$R_{Sub\ Sistema\ A} = 1 - (1 - R_1) \cdot (1 - R_2)$$

$$R_{Sub\ Sistema\ B} = 1 - (1 - R_5) \cdot (1 - (R_3 \cdot R_4))$$

$$R_{Sistema}(t) = R_{Sub\ Sistema\ A} \cdot R_{Sub\ Sistema\ B}$$

$$R_{Sistema}(t) = [1 - (1 - R_1) \cdot (1 - R_2)] \cdot [1 - (1 - R_5) \cdot (1 - (R_3 \cdot R_4))]$$

7.2.6 CONFIABILIDAD DE UN SISTEMA CON REDUNDANCIA ACTIVA PARCIAL

En muchos casos, un sistema redundante no puede funcionar con uno solo de sus componentes, sino que necesita más. Es decir, el número de ellos que pueden fallar antes que todo el sistema falle es menor que el caso de redundancia activa completa (que serían todos menos uno).

Consideremos un ejemplo de tres componentes redundantes. Una redundancia completa sería aquella que sólo necesita un componente funcionando, mientras que una redundancia parcial si se requieren dos componentes funcionando y solo se permite el fallo de uno de los tres.

Si consideramos 3 componentes idénticos con la misma confiabilidad individual (R), podemos definir su probabilidad de fallo (F) como el complementario de su confiabilidad, ya que R+F = 1.

Hay cuatro situaciones en que el sistema sigue funcionando (2 ó más componentes funcionan):

1. Ninguno de los tres componentes falla, probabilidad:

$$R \cdot R \cdot R = R^3$$

2. El primero componente falla y los otros no, probabilidad:

$$F \cdot R \cdot R = (1 - R) \cdot R^2$$

3. El segundo componente falla y los otros no, probabilidad:

$$R \cdot F \cdot R = (1 - R) \cdot R^2$$

4. El tercer componente falla y los otros no, probabilidad:

$$R \cdot R \cdot F = (1 - R) \cdot R^2$$

La suma de estas probabilidades de que el sistema con redundancia parcial siga funcionando será la confiabilidad total del sistema:

$$R_{Sistema} = R^3 + 3(1 - R) \cdot R^2 = 3R^2 - 2R^3$$

En general, si en un sistema de redundancia parcial con m componentes redundantes iguales, pueden fallar *r* componentes sin que falle el sistema, la confiabilidad será una distribución binomial de probabilidad de funcionamiento (R) o de fallo (F), del tipo $(R+F)^n$:

$$R_{sistema} = P(\text{funcionen todos}) + P(\text{funcionen todos menos uno}) \cdots + P(\text{funcionen todos menos r})$$

$$R_{Sistema\,r/m} = R^m + mR^{m-1}(1-R) + \frac{m(m-1)R^{m-2}(1-R)^2}{2!} + \cdots$$
$$\cdots + \frac{m(m-1)R^{m-2}\cdots m(m-r+1)R^{m-r}(1-R)^r}{r!}$$

$$R_{Sistema\,r/m} = R^m + mR^{m-1}(1-R) + \frac{m(m-1)}{2!}R^{m-2}(1-R)^2 + \cdots$$
$$\cdots + \frac{m(m-1)R^{m-2}\cdots m(m-r+1)}{r!}R^{m-r}(1-R)^r$$

$$R_{Sistema\,r/m} = R^m + \binom{m}{1}R^{m-1}(1-R) + \binom{m}{2}R^{m-2}(1-R)^2 + \cdots + \binom{m}{r}R^{m-r}(1-R)^r$$

Únicamente en términos de confiabilidad, en general, para un sistema con redundancia parcial en el que hay m componentes redundantes iguales, de los que deben funcionar *k* componentes, la confiabilidad será una distribución binomial de probabilidad:

$$R_{Sistema\,k/m} = \sum_{i=k}^{m} \binom{m}{i} R^i (1-R)^{m-i}$$

donde:

$R_{Sistema\,k/m}$: confiabilidad de un sistema de m componentes que permite k fallos

R: confiabilidad de uno de los componentes

$\binom{m}{i}$ coeficiente binomial con valor $\binom{m}{i} = \frac{m!}{(m-i)! \cdot i!}$

Es decir, para sistemas en paralelo de m componentes independientes idénticos de confiabilidades $R_1(t)=R_2(t) = \ldots = R_m(t)$, la confiabilidad del sistema seguirá una distribución binomial (probabilidad de observar al menos k fallos en n experimentos de Bernoulli de probabilidad p=R(t)). En el caso de un sistema de redundancia activa completa, k=1 fallo.

También podemos expresar esta expresión de otra forma equivalente, como:

$$R_{Sistema\ k/m} = \sum_{i=0}^{m-k} \binom{m}{i} R^{m-i}(1-R)^i$$

Comprobamos que, para el caso anterior del sistema con 3 componentes que permite el fallo de uno, la aplicación de esta fórmula sería m=3; k=2:

$$R_{Sistema\ k/m} = \sum_{i=k}^{m} \frac{m!}{(m-i)! \cdot i!} R^i(1-R)^{m-i} = \sum_{i=2}^{3} \frac{3!}{(3-i)! \cdot i!} R^i(1-R)^{3-i}$$

$$R_{Sistema\ 2/3} = \frac{3!}{(3-2)! \cdot 2!} R^2(1-R)^{3-2} + \frac{3!}{(3-3)! \cdot 3!} R^3(1-R)^{3-3}$$

$$R_{Sistema\ 2/3} = 3R^2(1-R) + R^3 = 3R^2 - 2R^3$$

Nota: recordamos que 0!=1, al igual que 1!=1; y que a^0=1, o que a^1=a

Igualmente, en este caso con la formulación alternativa, para el ejemplo de sistema con 3 componentes que requiere al menos dos funcionando, quedaría:

$$R_{Sistema\ k/m} = \sum_{i=0}^{m-k} \frac{m!}{(m-i)! \cdot i!} R^{m-i}(1-R)^i = \sum_{i=0}^{1} \frac{3!}{(3-i)! \cdot i!} R^{3-i}(1-R)^i$$

$$R_{Sistema\ 2/3} = \frac{3!}{3! \cdot 0!} R^3(1-R)^0 + \frac{3!}{2! \cdot 1!} R^2(1-R)^1$$

$$R_{Sistema\ 2/3} = R^3(1-R)^0 + 3R^2(1-R) = R^3 + 3R^2(1-R) = 3R^2 - 2R^3$$

Ejemplo 51 – Confiabilidad de un sistema con redundancia incompleta

Sea un sistema redundante de 5 componentes idénticos, que para funcionar correctamente requiere que al menos 3 de ellos operen correctamente. Si la confiabilidad de cada uno de ellos es del 0,95. Calcular la confiabilidad total del sistema. ¿Y si este sistema tuviese una redundancia completa?

Solución:

Para un sistema con redundancia 3 de 5:

$$R_{Sistema\ k/m} = \sum_{i=0}^{m-k} \frac{m!}{(m-i)! \cdot i!} R^{m-i}(1-R)^i$$

$$R_{Sistema\ 3/5} = \sum_{i=0}^{2} \frac{5!}{(5-i)! \cdot i!} R^{5-i}(1-R)^i$$

$$R_{Sistema\ 3/5} = R^5 + 5\,R^4(1-R) + 10\,R^3(1-R)^2$$

$$R_{Sistema\ 3/5} = 0{,}95^5 + 5 \cdot 0{,}95^4(1-0{,}95) + 10 \cdot 0{,}95^3(1-0{,}95)^2$$

$$R_{Sistema\ 3/5} = 0{,}99884$$

Para la segunda cuestión, tendríamos un sistema que permite el fallo de todos sus componentes menos uno, es decir, con redundancia 1 de 5, y su confiabilidad sería, con esta misma fórmula:

$$R_{Sistema\ 1/5} = 0{,}95^5 + 5 \cdot 0{,}95^4(1-0{,}95) + 10 \cdot 0{,}95^3(1-0{,}95)^2 + 10 \cdot 0{,}95^2(1-0{,}95)^3 + 0{,}95(1-0{,}95)^4$$

$$R_{Sistema\ 1/5} = 0{,}99999968$$

Igual resultado hubiésemos obtenido aplicando la formula general para un sistema con redundancia completa que vimos anteriormente.

$$R_{Sistema} = 1 - (1 - R(t))^n = 1 - (1 - 0{,}95)^5 = 0{,}99999968$$

Por otra parte, para obtener el tiempo medio entre fallos en un sistema redundante, en el que además consideramos una tasa de fallo constante, tendremos:

$$MTTF = \int_0^\infty R_{Sistema}(t)\, dt = \sum_{i=k}^{n} \binom{n}{i} \int_0^\infty e^{-\lambda t i} \left(1 - e^{-\lambda t}\right)^{n-i} dt$$

Sea el cambio de variable:

$$v = e^{-\lambda t}$$

Entonces:

$$MTTF = \sum_{i=k}^{n} \binom{n}{i} \int_0^\infty e^{-\lambda t i} \left(1 - e^{-\lambda t}\right)^{n-i} dt = \sum_{i=k}^{n} \binom{n}{i} \frac{1}{\lambda} \int_0^1 v^{i-1} (1-v)^{n-i} dv$$

Esta integral se puede expresar en términos de la función Gamma, por medio de la función Beta:

$$B(a,b) = \int_0^1 x^{a-1} \cdot (1-x)^{b-1} \, dx = \frac{\Gamma(a)\Gamma(b)}{\Gamma(a+b)}$$

Resultando:

$$MTTF = \sum_{i=k}^{n} \binom{n}{i} \frac{1}{\lambda} \int_0^1 v^{i-1} (1-v)^{n-i} dv = \sum_{i=k}^{n} \binom{n}{i} \frac{1}{\lambda} \frac{\Gamma(i) \cdot \Gamma(n-i+1)}{\Gamma(n+1)}$$

Sabemos que

$$\Gamma(x) = (x-1)!$$

Luego:

$$MTTF = \frac{1}{\lambda} \sum_{i=k}^{n} \binom{n}{i} \frac{\Gamma(i) \cdot \Gamma(n-i+1)}{\Gamma(n+1)} = \frac{1}{\lambda} \sum_{i=k}^{n} \binom{n}{i} \frac{(i-1)!\,(n-i)!}{n!}$$

Además, como

$$\binom{n}{i} = \frac{n!}{i!\,(n-i)!}$$

Simplificando quedará:

$$MTTF = \frac{1}{\lambda} \sum_{i=k}^{n} \frac{n!}{i!\,(n-i)!} \frac{(i-1)!\,(n-i)!}{n!} = \frac{1}{\lambda} \cdot \sum_{i=k}^{n} \frac{(i-1)!}{i!}$$

$$\boxed{MTTF = \frac{1}{\lambda} \cdot \sum_{i=k}^{n} \frac{1}{i}}$$

Esta fórmula también es válida tanto para el caso de redundancia incompleta, para valores k>1 cuando se requiere más de un equipo funcionando, como completa (k=1). Así mismo, para k=n (todos los equipos funcionando), estaríamos ante el caso de un sistema en serie.

7.2.7 CONFIABILIDAD DE UN SISTEMA CON REDUNDANCIA PASIVA

Hasta ahora hemos calculado la confiabilidad para los sistemas con redundancia activa, donde cada componente está operando y el sistema puede funcionar a pesar de la pérdida de uno o más de ellos.

La redundancia pasiva considera componentes adicionales que son activados solo cuando uno de los que está en operación falla.

La figura muestra un sistema de *n* componentes idénticos, en el que solamente uno de ellos está activo y el resto son pasivos. Si ese componente activo falla, es sustituido por el siguiente de los pasivos, que toma su lugar y pasa a ser el componente activo.

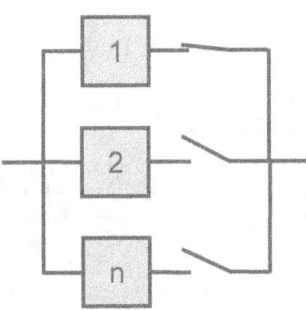

Fig. 46 – Confiabilidad en sistema de redundancia pasiva

En los sistemas de redundancia pasiva sin reparación se asume que:
1. El mecanismo utilizado para detectar un fallo y cambiar el componente activo está libre de fallos.
2. Los componentes pasivos tienen la misma tasa de fallo que el componente inicialmente activo.
3. Los componentes pasivos no fallan mientras están inactivos
4. Las unidades no se reparan hasta que el sistema completo falla.

La confiabilidad de un sistema de n componentes con redundancia pasiva, es la probabilidad de que su número de fallos sea menor que su número de componentes *n*. Es decir, es la probabilidad de que al menos uno funcione, sea cual sea.

El proceso de fallos en este sistema con redundancia pasiva corresponde a una serie de eventos de fallo independientes, que se producen a lo largo del tiempo para el intervalo considerado, que pueden darse en cualquier orden. Es decir el número de fallos que tiene el sistema sigue una distribución de Poisson del tipo:

$$P\ (X = \text{fallos}) = e^{-m} \cdot \frac{m^{x}}{x!}$$

Donde:
   m: parámetro de Poisson, que corresponde a la media del número de fallos de un elemento.

Entonces, la **confiabilidad de un sistema redundante pasivo de n componentes**, en el que no debe producirse el fallo de sus componentes hasta el momento t, es decir P(X≤ n componentes) = P(X ≤ r fallos), puede expresarse como el acumulado de las probabilidades de fallo para los r elementos imprescindibles:

$$P\ (X \leq r\ fallos) = P\ (X = 0) + P\ (X = 1) + \cdots + P\ (X = r\ fallos)$$

Es decir:

$$R_{Sistema} = P[X \leq n] = P\ (X \leq r\ fallos) = R_{Sistema} = e^{-m} \sum_{r=0}^{n} \frac{m^r}{r!}$$

donde:

n   número de componentes redundantes.
m   media de fallos.
r   número de fallos

La media de fallos que tiene el sistema será la integral de la función tasa de fallos, que es el parámetro de esta distribución

$$m = \int_0^t \lambda(t)\ dt$$

Quedando la distribución de Poisson:

$$P\ (X \leq r\ fallos) = R_{Sistema} = e^{-\int_0^t \lambda(t)dt} \cdot \sum_{r=0}^{n} \frac{\left(\int_0^t \lambda(t)dt\right)^r}{r!}$$

Para una tasa de fallos constante tendremos que la función es λ(t)=λ. La confiabilidad de este sistema sigue una distribución que expresa la probabilidad que un determinado número de eventos ocurran en un determinado periodo de tiempo, dada una frecuencia media conocida λ y de manera independiente del tiempo transcurrido desde el último evento. Entonces, la probabilidad que ocurran menos de *n* eventos es,

$$R_{Sistema} = e^{-\lambda t} \cdot \sum_{r=0}^{n} \frac{(\lambda t)^r}{r!}$$

Utilizando Excel o similar, en este caso de tasa constante, la confiabilidad P[X≤r] puede calcularse mediante la instrucción POISSON.DIST(r; λt;VERDADERO).

Para el caso particular de un sistema con dos unidades en redundancia pasiva, la confiabilidad es:

$$R_{Sistema} = e^{-\lambda t} \cdot (1 + \lambda t)$$

Así mismo el tiempo medio hasta el fallo MTTF en un sistema con redundancia pasiva con n componentes redundantes iguales, de los que solo uno está activo, y que presenta una tasa de fallo constante $\lambda(t) = \lambda$; será:

$$R_{Sistema} = e^{-\lambda t} \cdot \sum_{r=0}^{n} \frac{(\lambda t)^r}{r!}$$

$$MTTF = \int_{0}^{\infty} R(t)\, dt = \int_{0}^{\infty} e^{-\lambda t} \cdot \sum_{r=0}^{n} \frac{(\lambda t)^r}{r!}\, dt$$

$$MTTF = \frac{1+n}{\lambda}$$

7.3. SISTEMAS REPARABLES

Hemos visto las reglas básicas para sistemas en serie y redundantes cuando sus componentes no son reparados. Es decir, hemos calculado su confiabilidad como la probabilidad de fallo del sistema, dado que los componentes fallidos se mantienen así.

En este apartado veremos el cálculo de la confiabilidad en sistemas de componentes que son reparados sin esperar a su fracaso total.

7.3.1 SISTEMAS REPARABLES EN SERIE

Sea un sistema reparable en serie con dos componentes A y B, cuyas tasas de fallo son λ_A y λ_B, y cuyos tiempos medios de detención son MDT_A y MDT_B respectivamente.

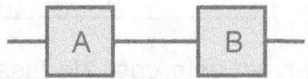

Fig. 47 – Sistema reparable en serie

Para que este sistema en serie falle, bastará con que uno de los dos equipos falle. Por tanto, la tasa de fallos del sistema será la suma de las tasas de fallo individuales:

$$\lambda_{Sistema} = \lambda_A + \lambda_B$$

El tiempo medio de detención del sistema se puede calcular como el promedio de los tiempos de detención de ambos equipos, ponderados por su tasa de fallos:

$$MDT_{Sistema} = \frac{MDT_A \cdot \lambda_A + MDT_B \cdot \lambda_B}{\lambda_A + \lambda_B}$$

Recordamos que la no disponibilidad del sistema se podía expresar como:

$$\overline{A} = 1 - A = \lambda\, MDT$$

En este caso, podemos aproximarla como $\lambda_S\, MDT_S$, luego:

$$\overline{A_{Sistema}} = \lambda_{Sistema}\, MDT_{Sistema}$$

$$\overline{A_{Sistema}} = MDT_A \cdot \lambda_A + MDT_B \cdot \lambda_B$$

De igual manera se pueden obtener las ecuaciones para calcular la disponibilidad de sistemas reparables con n>2 equipos en serie.

7.3.2 SISTEMA REPARABLE CON REDUNDANCIA ACTIVA

Consideremos un sistema paralelo con redundancia simple (funciona cuando está en servicio uno de sus dos componentes).

El fallo de este sistema requiere que sus dos unidades fallen. Esto se produce cuando la que está en servicio falla y la otra ya ha fallado antes, es decir, que no esté disponible.

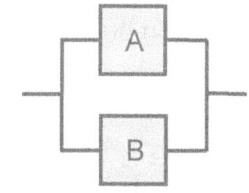

Fig. 48 – Sistema reparable con redundancia activa

La tasa de fallo del sistema se puede calcular como la suma de la probabilidad de que se produzcan dos situaciones:

1. Probabilidad temporal (por unidad de tiempo) de que el componente A falle cuando el B ya ha fallado:

$$\lambda_A \cdot (\lambda_B \, MDT_B)$$

2. Probabilidad temporal de que el componente B falle cuando el A ya ha fallado:

$$\lambda_B \cdot (\lambda_A \, MDT_A)$$

Es decir:

$$\lambda_{Sistema} = \lambda_A \cdot (\lambda_B \, MDT_B) + \lambda_B \cdot (\lambda_A \, MDT_A) = \lambda_A \cdot \lambda_B \cdot (MDT_A + MDT_B)$$

Si ambos componentes son iguales, tendremos:

$$\lambda_{Sistema} = \lambda^2 \cdot 2 \, MDT$$

La expresión general para la tasa de fallo de un sistema redundante de n unidades idénticas, que necesita para funcionar m de ellas operativas, es:

$$\boxed{\lambda_{Sistema} = \frac{n!}{(n-m)! \cdot (m-1)!} \, \lambda^{n-m+1} \, MDT^{n-m}}$$

Las expresiones que se obtienen de esta fórmula para las configuraciones más habituales son:

Nº de unidades idénticas del sistema redundante (n)				
1	λ			
2	$2\lambda^2 \, MDT$	2λ		
3	$3\lambda^3 \, MDT^2$	$6\lambda^2 \, MDT$	3λ	
4	$4\lambda^4 \, MDT^3$	$12\lambda^3 \, MDT^2$	$12\lambda^2 \, MDT$	4λ
	1	**2**	**3**	**4**

Nº de unidades para que el sistema funcione (m)

Obtendremos ahora el tiempo medio de parada MDT (Mean Down Time) en este sistema de dos componentes. Relacionando la definición de la tasa de fallos con la expresión que hemos deducido antes:

$$\lambda = \frac{fallos}{T} = \lambda_{Sistema} = \lambda_A \cdot \lambda_B \cdot (MDT_A + MDT_B)$$

Sabemos que el fallo en un elemento i se da cuando la probabilidad de fallo por unidad de tiempo es segura para él: cuando, falla y no ha dado tiempo a reparar:

$$\lambda_i \, MDT_i$$

Luego la tasa de fallo global también la podemos expresar como

$$\lambda_{Sistema} = \lambda_A \cdot \lambda_B \cdot (MDT_A + MDT_B) = \frac{fallos}{T} = \frac{\lambda_A \, MDT_A \cdot \lambda_B \, MDT_B}{MDT_{Sistema}}$$

Despejando para obtener el tiempo MDT del sistema:

$$MDT_{Sistema} = \frac{\lambda_A \, MDT_A \cdot \lambda_B \, MDT_B}{\lambda_A \cdot \lambda_B \cdot (MDT_A + MDT_B)}$$

Luego el tiempo medio de parada del sistema de dos componentes será:

$$MDT_{Sistema} = \frac{MDT_A \cdot MDT_B}{MDT_A + MDT_B}$$

Si en este sistema de dos componentes, ambos son idénticos y se requiere solo uno para que el sistema funcione, entonces:

$$MDT_A = MDT_B$$

Y en este caso:

$$MDT_{Sistema} = \frac{MDT^2}{2\,MDT} = \frac{MDT}{2}$$

Es decir, el tiempo medio de caída de un sistema redundante con dos componentes iguales, es la mitad que el de cualquiera de sus integrantes.

De igual forma, la fórmula general para calcular el tiempo de parada para un sistema redundante con n unidades idénticas, que requiere al menos m de ellas operativas para continuar funcionando es:

$$MDT_{Sistema} = \frac{MDT}{n - m + 1}$$

Y la no disponibilidad será:

$$\overline{A}_{Sistema} = 1 - A_{Sistema} = \lambda \, MDT_{Sistema}$$

$$\overline{A}_{Sistema} = \frac{n!}{(n - m + 1)! \cdot (m - 1)!} \, \lambda^{n-m+1} \, MDT^{n-m+1}$$

Entonces, usando la tabla anterior y multiplicando cada celda por MDT, obtenemos las expresiones de la no disponibilidad para las configuraciones más habituales, que son:

Nº de unidades idénticas del sistema redundante (n)	1	$\lambda\,MDT$			
	2	$\lambda^2\,MDT^2$	$2\lambda\,MDT$		
	3	$\lambda^3\,MDT^3$	$3\lambda^2\,MDT^2$	$3\lambda\,MDT$	
	4	$\lambda^4\,MDT^4$	$4\lambda^3\,MDT^3$	$6\lambda^2\,MDT^2$	$4\,\lambda\,MDT$
		1	**2**	**3**	**4**

Nº de unidades para que el sistema funcione (m)

7.3.3 SISTEMA REPARABLE CON REDUNDANCIA PASIVA

Consideremos un sistema redundante pasivo cuyos equipos tienen una tasa de fallo λ y un tiempo medio de detención MDT (Mean Down Time).

Como hemos visto, la probabilidad de que un equipo falle es:

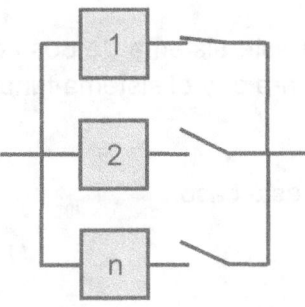

$$F(t) = 1 - e^{-\int_0^t \lambda(t)}$$

Para una tasa de fallo constante $\lambda(t) = \lambda$, la probabilidad de fallo del equipo que se encuentra funcionando es:

Fig. 49 – Sistema reparable con redundancia pasiva

$$F_1(t) = 1 - e^{-\lambda t}$$

Para que este sistema redundante pasivo falle, debe fallar el equipo activo y además haberse producido n−1 fallas en un tiempo menor al de parada, MDT; de manera que ningún equipo haya podido ser reparado.

Como en el caso del sistema no reparable, el proceso de fallo sigue una distribución de Poisson que determina su número de fallos en cada momento, del tipo:

$$P\,(X = x\ fallos) = e^{-m} \cdot \frac{m^x}{x!}$$

Donde:
   m: parámetro de Poisson, que corresponde a la media del número de fallos de un elemento.

Así, la probabilidad de que no se produzca el fallo de r de componentes hasta el momento t, es decir $P(X \leq r)$, se puede expresar como el acumulado de las probabilidades de fallo para los r elementos imprescindibles dadas por el proceso de Poisson:

$$P(X \leq r) = P(X = 0) + P(X = 1) + \cdots + P(X = r)$$

Es decir:

$$P(X \leq r) = e^{-m} \sum_{i=0}^{r} \frac{m^i}{i!}$$

donde:
- n   número de componentes redundantes.
- *m*   media de fallos.
- r   número de fallos tolerables.

Como en este caso el sistema es reparable, podemos calcular la probabilidad de que ocurran menos de $n - 1$ fallos (es decir, r = n-2) antes de que al menos un equipo esté reparado en el tiempo MDT. Esta probabilidad se puede poner en función del tiempo medio de detención, como:

$$m = \lambda \, MDT$$

Y por tanto la probabilidad para este caso, sustituyendo en la fórmula anterior queda:

$$P[X \leq (r = n - 2)] = e^{-\lambda \, MDT} \sum_{i=0}^{n-2} \frac{(\lambda \, MDT)^i}{r!}$$

Por lo tanto, la probabilidad de que el sistema falle es la probabilidad de que falle el primer equipo y que no se haya podido reparar ninguno antes de ese momento:

$$F_{Sistema}(t) = F_1(t) \cdot P[X \leq (r = n - 2)]$$

$$F_{Sistema}(t) = (1 - e^{-\lambda t})\left(1 - e^{-\lambda \, MDT} \sum_{i=0}^{n-2} \frac{(\lambda \, MDT)^i}{r!}\right)$$

Como la confiabilidad es complementaria de la probabilidad de fallo

$$R(t) = 1 - F(t)$$

la confiabilidad de este sistema de n componentes con redundancia pasiva, en función del tiempo, será:

$$R_{Sistema}(t) = 1 - (1 - e^{-\lambda t})\left(1 - e^{-\lambda\,MDT}\sum_{i=0}^{n-2}\frac{(\lambda\,MDT)^i}{r!}\right)$$

$$R_{Sistema}(t) = e^{-\lambda t} + (1 - e^{-\lambda t})\cdot e^{-\lambda\,MDT}\sum_{i=0}^{n-2}\frac{(\lambda\,MDT)^i}{i!}$$

7.4. ESTUDIO DE SISTEMAS REDUNDANTES CON CADENAS DE MARKOV

Las cadenas de Markov pueden aplicarse al estudio del tiempo medio de fallo MTTF sistemas redundantes reparables, especialmente cuando las tasas de fallo y reparación son constantes (distribución exponencial), por su capacidad para predecir el tiempo que permanece un activo en cada estado, y como va evolucionando entre ellos.

Si estas tasas no son constantes, es decir, su número de fallos varía por factores añadidos a los que podrían incorporarse únicamente al estado precedente, con tasas ajustadas a distribuciones de Weibull o Log normal por ejemplo, sería más adecuado simular su evolución por el método de Monte Carlo, que se verá más adelante.

El caso más sencillo de aplicación de Markov a sistemas redundantes reparables es el tiempo de fallo MTTF en un sistema de dos componentes activos en paralelo, con tasas de fallos λ y de reparabilidad μ constantes.

Fig. 50 – Sistema redundante de Markov

Este sistema puede estar en tres estados, según su número de fallos:

- Estado 0: Ambos componentes funcionan.
- Estado 1: Uno de los componentes ha fallado pero el otro funciona.
- Estado 2: Los dos componentes han fallado y falla el sistema, deteniéndose.

Las probabilidades básicas de que se produzcan cambios entre estos estados del sistema, hasta alcanzar el fallo total no recuperable, serán:

Suceso	Probabilidad
Falle solo uno de los componentes	P(fallo) = λt
No falle uno de los componentes	P(no fallo) = 1 – P (fallo) = (1 - λt)
No fallen los dos componentes	P(no fallo ∩ no fallo)= (1-λt) (1-λt) = 1 - 2 λt + λ²t²
Probabilidad de reparación tras fallo	P(reparación) = μt
Probabilidad de no reparación	P (no reparación) = (1 – μt)

Si admitimos solo un cambio de estado por paso, y $P_i(t)$ es la probabilidad de que un sistema en el estado i al tiempo t cambie a otro estado, tras un diferencial de tiempo Δt entre dos estados, la probabilidad de estar en el estado 0, incluirá las probabilidades de que no fallen ambos componentes, y la probabilidad de que si hubo un fallo haya podido ser reparado:

$$P_0(t+\Delta t)= P_0(t) (1 - 2 \lambda\Delta t+ \lambda^2\Delta t\Delta t) + P_1(t) (1-\lambda\Delta t) (\mu\Delta t)$$

De forma similar, para los estados 1 y 2, y estudiando solo las probabilidades de fallo del sistema (sin retorno de una reparación del estado 2), porque estudiamos el MTTF:

$$P_1(t+\Delta t)= P_0(t) (2 \lambda\Delta t) + P_1(t) (1-\lambda\Delta t) (1-\mu\Delta t)$$

$$P_2(t+\Delta t)= P_1(t) (\lambda\Delta t) + P_2(t)$$

Cuando el incremento de tiempo Δt tiende a 0:

$$\lim_{\Delta t\to 0} \frac{P_i(t + \Delta t) - P_i(t)}{\Delta t} = P_i(t)$$

estas probabilidades quedan:

$$\begin{cases} P_0(t) = -2\lambda P_0(t) + \mu P_1(t) \\ P_1(t) = 2\lambda P_0(t) - (\lambda + \mu)P_1(t) \\ P_2(t) = \lambda P_1(t) \end{cases}$$

Que en forma de matriz de cambio de estado y diagrama de Markov, se expresan como:

$$P = \begin{pmatrix} -2\lambda & \mu & 0 \\ 2\lambda & -(\lambda + \mu) & 0 \\ 0 & \lambda & 0 \end{pmatrix}$$

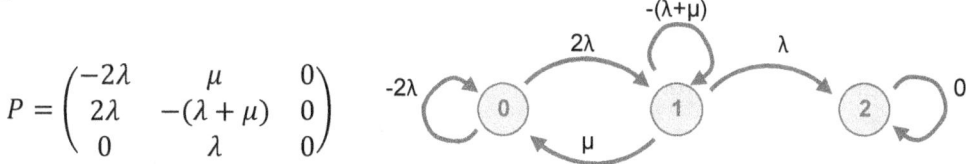

Podemos definir el tiempo medio de fallo del sistema como el que tarda en que todos sus componentes fallen, matemáticamente como:

$$MTTF = \int_0^\infty R(t)dt = \int_0^\infty P_0(t) + P_1(t)dt = \int_0^\infty P_0(t)dt + \int_0^\infty P_1(t)dt = T_0 + T_1$$

Aplicando la matriz de cambio a dos estados consecutivos k'=k-1 y k, que denotaremos como w_{k-1} y w_k:

$$w_k = P\, w_{k-1}$$

$$\int_0^\infty w_k dt = P \int_0^\infty w_{k'} dt$$

$$\int_0^\infty \begin{pmatrix} w_0 \\ w_1 \\ w_2 \end{pmatrix} dt = \begin{pmatrix} -2\lambda & \mu & 0 \\ 2\lambda & -(\lambda+\mu) & 0 \\ 0 & \lambda & 0 \end{pmatrix} \cdot \int_0^\infty \begin{pmatrix} w_{0'} \\ w_{1'} \\ w_{2'} \end{pmatrix} dt$$

$$\begin{pmatrix} \int_0^\infty w_0\, dt \\ \int_0^\infty w_1\, dt \\ \int_0^\infty w_2\, dt \end{pmatrix} = \begin{pmatrix} -2\lambda & \mu & 0 \\ 2\lambda & -(\lambda+\mu) & 0 \\ 0 & \lambda & 0 \end{pmatrix} \cdot \begin{pmatrix} \int_0^\infty w_{0'}\, dt \\ \int_0^\infty w_{1'}\, dt \\ \int_0^\infty w_{2'}\, dt \end{pmatrix}$$

$$\begin{pmatrix} w_0(\infty) - w_0(0) \\ w_1(\infty) - w_1(0) \\ w_2(\infty) - w_2(0) \end{pmatrix} = \begin{pmatrix} -2\lambda & \mu & 0 \\ 2\lambda & -(\lambda+\mu) & 0 \\ 0 & \lambda & 0 \end{pmatrix} \cdot \begin{pmatrix} T_0 \\ T_1 \\ T_2 \end{pmatrix}$$

Por otra parte, sabemos que al inicio el sistema funciona, luego:

$$w_0(0)=1 \text{ y } w_1(0)=w_2(0)=0$$

También sabemos que para cualquier momento se debe cumplir:

$$w_0(t)+w_1(t)+w_2(t)=1.$$

Y por último, sabemos que al final, en nuestro experimento el sistema falla (porque calculamos el tiempo de fallo)

$$w_0(\infty)=w_1(\infty)=0 \text{ y } w_2(t)=1.$$

Por tanto, la ecuación matricial se reduce a:

$$\begin{pmatrix} w_0(\infty) - w_0(0) \\ w_1(\infty) - w_1(0) \\ w_2(\infty) - w_2(0) \end{pmatrix} = \begin{pmatrix} 0 - 1 \\ 0 - 0 \\ 1 - 0 \end{pmatrix} = \begin{pmatrix} -1 \\ 0 \\ 1 \end{pmatrix} = \begin{pmatrix} -2\lambda & \mu & 0 \\ 2\lambda & -(\lambda + \mu) & 0 \\ 0 & \lambda & 0 \end{pmatrix} \cdot \begin{pmatrix} T_0 \\ T_1 \\ T_2 \end{pmatrix}$$

resolviendo:

$$\begin{cases} -1 = -2\lambda T_0 + \mu T_1 \\ 0 = 2\lambda T_0 - (\lambda + \mu)T_1 \\ 1 = \lambda T_1 \end{cases}$$

$$T_0 = \frac{\lambda + \mu}{2\lambda^2} \qquad\qquad T_1 = \frac{1}{\lambda}$$

$$MTTF = T_0 + T_1 = \frac{\lambda + \mu}{2\lambda^2} + \frac{1}{\lambda} = \frac{3\lambda + \mu}{2\lambda^2}$$

De igual manera, Markov se puede aplicar al estudio de disponibilidad de sistemas, a través del vector estacionario. En este caso se contemplarían todas las posibilidades de la cadena, no solo las que conducen hasta el fallo. Esto significa que se podría reparar desde el segundo estado. En este caso, el sistema y la matriz de cambio serían:

$$P = \begin{pmatrix} -2\lambda & \mu & 0 \\ 2\lambda & -(\lambda + \mu) & \mu \\ 0 & \lambda & -\mu \end{pmatrix}$$

Obtenemos el **vector estacionario** w_∞ igualando a cero en la ecuación de cambios de estado:

$$P \cdot w_k = 0$$

$$\begin{pmatrix} -2\lambda & \mu & 0 \\ 2\lambda & -(\lambda + \mu) & \mu \\ 0 & \lambda & -\mu \end{pmatrix} \cdot \begin{pmatrix} P_0 \\ P_1 \\ P_2 \end{pmatrix} = \begin{pmatrix} 0 \\ 0 \\ 0 \end{pmatrix}$$

resolviendo:

$$\begin{cases} -2\lambda P_0 + \mu P_1 = 0 \\ 2\lambda P_0 - (\lambda + \mu)P_1 + \mu P_2 = 0 \\ \lambda P_1 - \mu P_2 = 0 \end{cases}$$

Como sabemos, para cualquier momento se debe cumplir:

$$P_0(t)+P_1(t)+P_2(t)=1.$$

La no disponibilidad del sistema requiere el fallo, es decir, la probabilidad del estado 2, que será:

$$\bar{A} = P_2 = \frac{2\lambda^2}{2\lambda^2 + \mu^2 + 2\lambda\mu}$$

7.5.   INTRODUCCIÓN A LOS PROCESOS DE SEMI MARKOV

Cuando la permanencia de un proceso de Markov en un estado no sigue una distribución exponencial, sino que es arbitraria, se denomina de semi Markov, siempre que cumpla que cada estado futuro está condicionado por su inmediato anterior.

Al no seguir una distribución exponencial, un proceso de semimarkoviano no puede definirse únicamente por su estado actual, ya que el estado futuro dependerá también del tiempo que haya permanecido en el estado actual. Para definir ese tiempo, podemos describir la transición entre estados mediante **tasas de permanencia y transición**, de forma matemática como:

$$q_{ii} = \lim_{\Delta t \to 0} \frac{P_{ii}(\Delta t) - 1}{\Delta t} = -\sum_{i \neq j} q_{ij}$$

$$q_{ij} = \lim_{\Delta t \to 0} \frac{P_{ij}(\Delta t)}{\Delta t} \, , \forall (i \neq j)$$

donde
  q_{ii} tasa de permanencia en el estado i
  q_{ij} tasa de transición del estado i al estado j

Como estas tasas están expresadas en función del tiempo de permanencia t, vemos que la tasa de permanencia q_{ii} es negativa, ya que decrece conforme se incrementa el tiempo, mientras que la tasa de transición q_{ij} es positiva porque crece al aumentar el tiempo.

De esta manera podemos definir la matriz de transición Q, denominada **generador infinitesimal de la cadena de Markov**, como:

$$Q = \begin{pmatrix} q_{00} & q_{01} & q_{02} & q_{03} & \\ q_{10} & q_{11} & q_{12} & q_{13} & \cdots \\ q_{20} & q_{21} & q_{22} & q_{23} & \cdots \\ q_{30} & q_{31} & q_{32} & q_{33} & \cdots \\ \vdots & \vdots & \vdots & \vdots & \end{pmatrix} = \lim_{\Delta t \to 0} \frac{P(\Delta t) - I}{\Delta t}$$

Cumpliéndose que la suma de componentes de cada fila suma cero:

$$\sum_i q_{ij} = 0$$

Los procesos de semi Markov se pueden aplicar a la optimización de las frecuencias de mantenimiento, considerando los diferentes estados que atravesará un activo hasta el final de su vida útil en función de la estrategia adoptada. También para definir actuaciones basadas en la condición del activo, o para el análisis de costes en diferentes políticas de gestión de activos. Por ejemplo, la matriz de transición para un sistema reparable de n activos será:

$$Q = \begin{pmatrix} -\lambda & \lambda & 0 & 0 & \cdots \\ \mu & -(\lambda+\mu) & \lambda & 0 & \cdots \\ 0 & \mu & -(\lambda+\mu) & \lambda & \cdots \\ 0 & 0 & \mu & -(\lambda+\mu) & \cdots \\ 0 & 0 & 0 & \mu & \cdots \\ \cdots & \cdots & \cdots & \cdots & \cdots \end{pmatrix}$$

Fig. 51 – Proceso de semi Markov

7.6. TRANSFORMADA DE LAPLACE

Habitualmente en los modelos matemáticos de gestión de activos, especialmente los simulados mediante cadenas de Markov, se basan en ecuaciones diferenciales lineales para calcular procesos de degradación o simular la evolución de fallos en el tiempo, que será necesario resolver. Ente los diversos métodos para ello, destaca el de la transformada de Lapace, que convierte las ecuaciones diferenciales en algebraicas. Por ello vamos a verlas brevemente.

La transformada de Laplace se define como una función del tipo:

$$\mathcal{L}\{f(x)\} = \int_a^b K(x,t)\, f(x)\, dx = F(t)$$

donde:

K(x,t)   núcleo de la transformación, habitualmente K(x,t) = e^{-xt}.
L{f(x)}   transformada de la función f(x), función F(t)
a,b   valores positivos en [0,∞)

Las transformadas más habituales que se utilizan en gestión de activos son las que utilizan la función potencial o exponencial:

f(x)	L{f(x)}=F(t)
c	$\dfrac{c}{t}$
x	$\dfrac{1}{t^2}$
x^2	$\dfrac{2}{t^3}$
x^n	$\dfrac{n!}{t^{n+1}} = \dfrac{\Gamma(n+1)}{t^{n+1}}$
$\dfrac{x^{n-1}}{(n-1)!}$	$\dfrac{1}{t^n}$
$x^{-1/2}$	$\sqrt{\dfrac{\pi}{t}}$, $t > 0$
e^{ax}	$\dfrac{1}{t-a}$, $t > a$
$x^n e^{-ax}$	$\dfrac{n!}{(t+a)^{n+1}}$
$\dfrac{x^{n-1}e^{\mp ax}}{(n-1)!}$	$\dfrac{1}{(t \pm a)^n}$
$\dfrac{1}{a}\left(1 - e^{-ax}\right)$	$\dfrac{1}{t(t+a)}$
$\dfrac{1}{a^2}\left(ax - 1 + e^{-ax}\right)$	$\dfrac{1}{t^2(t+a)}$
$\dfrac{1}{b-a}\left(e^{-ax} - e^{-bx}\right)$	$\dfrac{1}{(t+a)(t+b)}$
$\dfrac{1}{b-a}\left(be^{-bx} - ae^{-ax}\right)$	$\dfrac{t}{(t+a)(t+b)}$
$\dfrac{1}{ab}\left[1 + \dfrac{1}{a-b}\left(be^{-ax} - ae^{-bx}\right)\right]$	$\dfrac{1}{t(t+a)(t+b)}$

El proceso inverso, consistente en obtener la función f(x), a partir de la transformada de Laplace F(t), se denomina transformada inversa de Laplace, y se denota como:

$$\mathcal{L}^{-1}\{F(t)\} = f(x)$$

De igual manera, las anti transformadas serán:

F(t)	$L^{-1}\{F(t)\}=f(x)$
$\dfrac{1}{t}$	1
$\dfrac{1}{t^2}$	x
$\dfrac{1}{t^3}$	$\dfrac{1}{2}x^2$
$\dfrac{1}{t^{n+1}}$	$\dfrac{1}{n!}x^n = \dfrac{1}{\Gamma(n+1)}x^n$
$\dfrac{1}{t-a}$, $con\ t > a$	e^{ax}
$\dfrac{1}{t+a}$	e^{-ax}
$\dfrac{1}{(t+a)^2}$	$x\,e^{-ax}$
$\dfrac{1}{(t+a)^n}$	$\dfrac{x^{n-1}}{(n-1)!}\,e^{-ax}$
$\dfrac{\Gamma(n)}{(t+a)^n}$, $n > 0$	$x^{n-1}\,e^{-ax}$

Si habitualmente la transformada se define como:

$$\mathcal{L}\{f(x)\} = F(t) = \int_0^\infty e^{-xt}\,f(x)\,dx$$

las **propiedades** de la transformada de Laplace son:

Producto:

$$\mathcal{L}\{a\,f(x)\} = a\,F(t)$$

Linealidad

$$\mathcal{L}\{f_1(x) + f_2(x)\} = \mathcal{L}\{f_1(x)\} + \mathcal{L}\{f_2(x)\} = F_1(t) + F_2(t)$$

$$\mathcal{L}\{a\,f_1(x) + b\,f_2(x)\} = a\,\mathcal{L}\{f_1(x)\} + b\,\mathcal{L}\{f_2(x)\} = a\,F_1(t) + b\,F_2(t)$$

Y para la inversa:

$$\mathcal{L}^{-1}\{a\,F_1(t) + b\,F_2(t)\} = a\,\mathcal{L}^{-1}\{F_1(t)\} + b\,\mathcal{L}^{-1}\{F_2(t)\} = a\,f_1(x) + b\,f_2(x)$$

Desplazamiento de frecuencia o primer teorema de traslación (convierte un factor exponencial en una traslación de la variable)

$$\mathcal{L}\{e^{-ax}\,f(x)\} = F(t+a)$$

$$\mathcal{L}\{e^{ax}\,f(x)\} = F(t-a)$$

Y para la inversa:

$$\mathcal{L}^{-1}\{F(t-a)\} = e^{ax}\cdot\mathcal{L}^{-1}\{F(t)\}$$

Desplazamiento en el tiempo o segundo teorema de traslación:

$$\mathcal{L}\{f(x)\cdot U_a(x)\} = e^{-at}\cdot\mathcal{L}\{f(x+a)\}$$

Transformada de la derivada (cancela la derivada multiplicando por la variable):

$$\mathcal{L}\left\{\frac{df(x)}{dx}\right\} = t\,F(t) - f(0)$$

$$\mathcal{L}\left\{\frac{d^n f(x)}{dx^n}\right\} = t^n\,F(t) - \sum_{k=0}^{n-1} t^k\,f^{n-k-1}(0)$$

$$\mathcal{L}\left\{\frac{d^n f(x)}{dx^n}\right\} = t^n\,F(t) - t^{n-1}f(0) - t^{n-2}f'(0)\,...\,- f^{n-1}(0)$$

Derivada de la transformada:

$$\mathcal{L}\{x\,f(x)\} = \frac{-dF(t)}{dt}$$

$$\mathcal{L}\{x^n f(x)\} = (-1)^n\,\frac{d^n F(t)}{dt^n}$$

Teorema del valor inicial

$$\lim_{x\to 0} f(x) = \lim_{t\to\infty} t\,F(t)$$

Teorema del valor final

$$\lim_{x\to\infty} f(x) = \lim_{t\to 0} t\,F(t)$$

Transformada de la integral

$$\mathcal{L}\left\{\int_0^x f(x)dx\right\} = \frac{1}{t}\mathcal{L}\{f(x)\} = \frac{F(t)}{t}$$

$$\mathcal{L}\left\{\int_a^x f(x)dx\right\} = \frac{F(t)}{t} + \frac{\int_a^x f(x)dx]_{x=0}}{t}$$

Integral de la transformada:

$$\int_t^\infty F(t)dt = \int_t^x \mathcal{L}\{f(x)\}\, dt = \mathcal{L}\left\{\frac{f(x)}{x}\right\}$$

Transformadas de productos

$$\mathcal{L}\{f(ax)\} = \frac{1}{a}\, F\left(\frac{t}{a}\right)$$

$$\mathcal{L}\left\{f\left(\frac{x}{a}\right)\right\} = a\, F(a\, t)$$

Transformada de la convolución:

$$\mathcal{L}\{f_1(x) * f_2(x)\} = \mathcal{L}\{f_1(x)\} \cdot \mathcal{L}\{f_2(x)\} = F_1(t) \cdot F_2(t)$$

Ejemplo 52 – Evolución diferencial de la confiabilidad de un sistema reparable

Sea un sistema reparable que puede estar en dos estados, cuyas probabilidades vienen dadas por dos ecuaciones diferenciales:

$$\begin{cases} \dfrac{dP_0(t)}{dt} = -\lambda P_0(t) + \mu P_1(t) \\ \dfrac{dP_1(t)}{dt} = -\mu P_1(t) + \lambda P_0(t) \end{cases}$$

donde

$P_0(t)$ *probabilidad para el estado 0, con el sistema funcionando*
$P_1(t)$ *probabilidad para el estado 0, con el sistema en fallo*
λ *tasa de fallo*
μ *tasa de reparación*

Si inicialmente este sistema se encuentra funcionando $P_0(0)=1$, ¿cual es la probabilidad de que el sistema opere normalmente?

Solución:

Para resolver el sistema aplicamos Laplace, cuya transformada de la derivada es:

$$\mathcal{L}\left\{\frac{df(x)}{dx}\right\} = t\, F(t) - f(0)$$

Por tanto

$$\begin{cases} \dfrac{dP_0(t)}{dt} = tP_0(t) - P_0(0) = -\lambda P_0(t) + \mu P_1(t) \\ \dfrac{dP_1(t)}{dt} = tP_1(t) - P_1(0) = -\mu P_1(t) + \lambda P_0(t) \end{cases}$$

Sustituyendo los valores para las condiciones iniciales $P_0(0)=1$, y $P_1(0)=1-P_0(0)=0$

$$\begin{cases} tP_0(t) - 1 = -\lambda P_0(t) + \mu P_1(t) \\ tP_1(t) = -\mu P_1(t) + \lambda P_0(t) \end{cases}$$

Despejando en la segunda ecuación:

$$P_1(t) = \frac{\lambda P_0(t)}{t + \mu}$$

Sustituyendo en la primera:

$$P_0(t) = \frac{t + \mu}{t(t + \lambda + \mu)}$$

Tomando la inversa de la transformada de Laplace de esta ecuación:

$$P_0(t) = \frac{\mu}{\lambda + \mu} + \frac{\lambda}{\lambda + \mu} e^{-(\lambda+\mu)t}$$

Que es la probabilidad de que el sistema funcione normalmente (estado 0) en el tiempo, conocidas sus tasas de reparación y fallo.

7.7. CONFIGURACIÓN ÓPTIMA

La configuración óptima para un sistema redundante varía en función de los objetivos de la estrategia de gestión de activos, que pueden ser de dos tipos:

1. **Minimizar el coste**, con restricción de la confiabilidad mínima a alcanzar (R).

Min	$n_i\, c_i$
Siempre que	$R_{Sistema} \geq R_{\text{mínima objetivo}}$

donde
  c_i : coste del i-esimo equipo
  n_i : números de equipos i

2. **Maximizar la confiabilidad**, con una restricción de presupuesto máximo (P).

Máx	$R_{Sistema}$
Siempre que	$n_i\, c_i \leq P$

7.8. INTRODUCCIÓN AL MÉTODO DE MONTE CARLO

El método de Monte Carlo es una técnica de resolución aproximada de ecuaciones complejas, cuyo resultado se extrapola a partir de un número suficiente de configuraciones aleatorias, hasta que se aprecia convergencia hacia un valor que puede considerarse una buena aproximación a la solución exacta. Esto es debido a que la frecuencia con que ocurre un suceso se acerca a su probabilidad conforme se incrementa el número de experimentos. Para su aplicación efectiva requiere realizar un elevado número de cálculos y por tanto de herramientas informáticas.

Una aplicación clásica de este método es el cálculo del número pi. A partir de un círculo de radio unitario, inscrito en un cuadrado de lado dos, se generan puntos aleatorios dentro del cuadrado y se comprueba si caen o no dentro del círculo. La probabilidad de que un punto esté dentro del círculo es la razón entre las áreas, es decir, pi/4. Realizando este experimento, se obtendrá una aplicación de pi que será mejor cuanto mayor sea el número de veces que se repita.

Por sus propiedades, el método de Monte Carlo también se aplica a la resolución de problemas estadísticos de gestión de activos, siendo frecuente su uso en análisis de confiabilidad, disponibilidad y mantenibilidad de sistemas. Para su aplicación se parte de un estudio de bloques en el que se representan los modos de fallo de cada componente

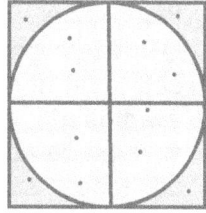

La clave para obtener el resultado deseado con el método de Monte Carlo está en la creación del modelo matemático de simulación, identificando correctamente las variables (inputs) que determinan el comportamiento general del sistema. A partir de ese modelo, generando valores aleatorios para esas variables, se obtendrán una serie de resultados cuya convergencia nos lleve a la aproximación deseada.

Las aplicaciones más habituales son el cálculo de parámetros para ajustar tiempos de paro mediante distribuciones log normal o Weibull, tasas de fallo no constantes en distribuciones de Weibull, y simulaciones de sucesos poco frecuentes, como los fallos al inicio de la vida útil.

7.9. ARBOLES DE FALLO

Un árbol de fallo es la representación gráfica de las posibles cadenas de eventos que llevan al fallo de un sistema. Generalmente los eventos se estructuran en varios niveles ordenados verticalmente, hasta desembocar en el fallo general de todo el sistema (evento superior).

La construcción del árbol de fallos es un proceso lógico, que caracteriza los eventos que intervienen en el fallo a partir del análisis de sus causas con reiteraciones de la pregunta "*¿Por qué sucede?*" hasta seleccionar las causas principales de cada nivel.

Para la representación se utilizan las operaciones o puertas lógicas, básicamente AND y OR, situando las entradas o causas en la parte inferior, y las salidas en la zona superior. La combinación de eventos se propaga hasta alcanzar la cumbre con el fallo del sistema.

- **AND:** la propagación o evento de salida ocurre si y solo si todos los eventos de entrada situados bajo el operador ocurren. Permite simular un diagrama de bloques paralelos, es decir, un sistema redundante, que solo falla cuando fallan todos los elementos.

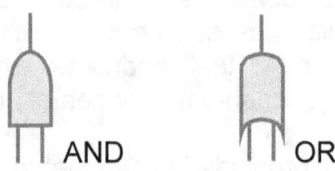

Fig. 52 – Operaciones o puertas lógicas

- **OR:** la propagación o evento de salida ocurre si uno cualquiera o más de los eventos de entrada ocurre. Simula un sistema de activos en serie, que requiere de todos sus elementos funcionando (falla cuando falla el primero).

A pesar de guardar cierto paralelismo, las puertas lógicas y los sistemas de bloques no son equivalentes, ya que el árbol de fallos representa el camino para el fallo, mientras que el diagrama de bloques dibuja el proceso de funcionamiento.

OR – Serie:

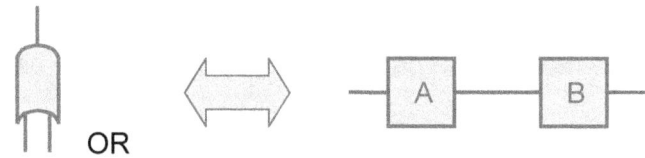

Fig. 53 – OR representando fallos de operaciones de bloques en serie

La probabilidad de que falle el sistema es que se produzca el fallo de uno cualquiera de sus elementos. Para una puerta con dos entradas, la probabilidad de que falle será:

$$F_{Sistema} = P(F_A \cup F_B) = P(F_A) + P(F_B) - P(F_A \cap F_B)$$

$$F_{Sistema} = P(F_A) + P(F_B) - P(F_A)P(F_B)$$

Si hubiese alguna dependencia entre el fallo de los componentes, tendríamos:

$$F_{Sistema} = P(F_A \cup F_B) = P(F_A) + P(F_B) - P(F_A)\, P(F_B/F_A)$$

También puede calcularse en función de la probabilidad de que siga funcionando:

$$R_{Sistema} = P(A \cap B) = P(A) \cdot P(B) = R_A \cdot R_B$$

Para que se propague el fallo, utilizamos la probabilidad de fallo del sistema, como complementaria de su confiabilidad. En un sistema con n elementos o una puerta de n entradas, la probabilidad de fallo o fiabilidad será:

$$F_{Sistema} = 1 - \prod_{i=1}^{n} R_i$$

AND - Paralelo:

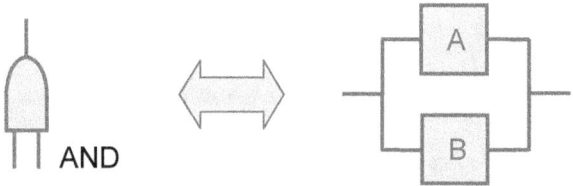

Fig. 54 – AND representando fallos de operaciones de bloques en paralelo

La probabilidad de que falle el sistema es la probabilidad de que fallen todos sus elementos. Para una puerta con dos entradas, la probabilidad de que se propague el fallo será:

$$F_{Sistema} = P(F_A \cap F_B) = P(F_A F_B) = P(F_A) \cdot P(F_B) = F_A \cdot F_B$$

Y la probabilidad de fallo de una puerta con n entradas, o que simula n elementos del sistema:

$$P(fallo) = \prod_{i=1}^{n} F_i = \prod_{i=1}^{n} (1 - R_i)$$

Resolver secuencialmente todas las probabilidades de un árbol de fallo puede ser laborioso. Se complica cuando hay puertas con más de dos entradas en las que debe tenerse en cuenta la exclusión de eventos repetidos y su propagación a lo largo del árbol. También cuando aparecen eventos dependientes entre sí.

Para facilitar el cálculo se puede usar el método de **Monte Carlo**. Para ello:

- Se calcula la distribución de probabilidades de fallo para cada elemento por separado.
- En puertas OR tomamos como salida el menor tiempo de fallo obtenido entre todos sus eventos de entrada
- En puertas AND tomamos como salida el mayor tiempo de fallo obtenido entre todos sus eventos de entrada.
- Obtenemos el tiempo de fallo del evento superior, que es el tiempo del sistema para una iteración.
- Realizamos n iteraciones para obtener n tiempos de fallo del sistema.

Para calcular el tiempo de fallo del sistema obtenemos la media de los tiempos de todas las iteraciones realizadas.

8. MODELOS MATEMÁTICOS EN MANTENIMIENTO PREVENTIVO

8.1. REEMPLAZO ÓPTIMO DE COMPONENTE REPARABLE CON FALLOS

Sea un componente de un sistema que no puede funcionar sin él, que presenta fallos aleatorios imprevistos. Este componente es reparable tras un fallo.

Para reducir el número de fallos se puede recurrir a su reemplazo preventivo por uno nuevo. Pero puede darse el caso que este componente falle antes de su reemplazo preventivo, en cuyo caso debe ser reparado. Consideramos que esta reparación no altera su esperanza de vida, por lo que su tasa de fallos es la misma antes y después de la reparación.

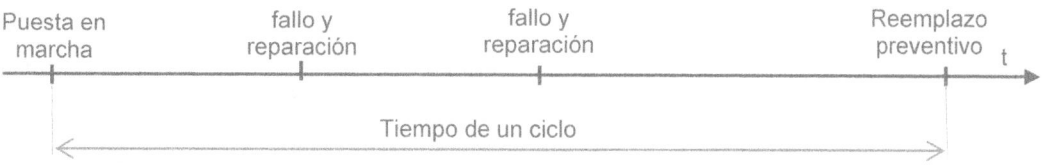

Fig. 55 – Ciclo de vida de un activo

Se busca un intervalo de tiempo fijo t_p para programar un reemplazo preventivo que minimice los costes por unidad de tiempo, equilibrando la frecuencia de las sustituciones con los beneficios obtenidos con esta táctica de gestión de activos.

El coste total esperado es la suma de todos los costes de mantenimientos correctivos o preventivos:

$$C(t_p) = \sum_{i=1}^{n(t_p)} C_{c_i} + C_p$$

donde $n(t_p)$ es la variable aleatoria que mide el número de fallos en el intervalo $(0, t_p)$.

Por tanto, el coste total esperado por unidad de tiempo es:

$$C(t_p) = \frac{\text{Coste total esperado en el intervalo } (0, t_p)}{\text{Longitud del intervalo } (0, t_p)}$$

Como en el intervalo hasta el mantenimiento preventivo $(0, t_p)$ pueden producirse un número de fallas aleatorias por cada operación preventiva, el coste será:

$$C(t_p) = \frac{C_p + C_c \cdot H(t_p)}{t_p}$$

donde:

C_p coste de una operación de mantenimiento preventivo

C_c coste de una operación de mantenimiento correctivo (incluyendo el de la reparación por fallo y todos los costes asociados a un fallo imprevisto)

$H(t_p)$ número de fallos esperados hasta el tiempo t_p.

t_p tiempo entre reemplazos preventivos.

Definimos el número de fallos esperados hasta un momento t_p como el **riesgo de fallo** en ese intervalo, en función de la tasa de fallos, como:

$$H(t_p) = \int_0^{t_p} \lambda(t)\, dt$$

donde:

$\lambda(t)$ tasa de fallos del elemento

El intervalo óptimo t_p se obtiene minimizando la función de costes. Calculamos sus puntos singulares derivando e igualando a cero para valores $t_p > 0$:

$$\frac{dC(t_p)}{dt} = \frac{t_p\, C_c\, H'(t_p) - C_p - C_c\, H(t_p)}{t_p{}^2} = 0$$

$$t_p\, C_c\, H'(t_p) = C_p + C_c\, H(t_p)$$

$$t_p\, H'(t_p) = \frac{C_p}{C_c} + H(t_p)$$

$$t_p\, \lambda(t_p) = \frac{C_p}{C_c} + H(t_p)$$

$$t_p\, \lambda(t_p) - H(t_p) = \frac{C_p}{C_c}$$

Es decir, en última instancia, el intervalo óptimo para el reemplazo preventivo dependerá de la relación de costes entre operaciones preventivas y correctivas.

Ejemplo 53 – Reemplazo óptimo de un elemento reparable sujeto a fallos

¿Cuál es el tiempo óptimo para realizar reemplazo preventivo en un elemento que presenta un patrón de fallos según una distribución exponencial?

Solución:

En una distribución exponencial, la tasa de fallos es constante $\lambda(t)=\lambda$, y tenemos que:

$$H(t_p) = \int_0^{t_p} \lambda(t)\, dt = \lambda \cdot t_p$$

Entonces, el coste total esperado será:

$$C(t_p) = \frac{C_p + C_c \cdot H(t_p)}{t_p} = \frac{C_p + C_c \cdot \lambda \cdot t_p}{t_p} = \frac{C_p}{t_p} + C_c \lambda$$

Derivando e igualando a cero:

$$\frac{dC(t_p)}{dt} = \frac{-C_p}{t_p{}^2} = 0$$

Esta igualdad solamente se cumple cuando el intervalo de tiempo es infinito. Es decir, que el reemplazo preventivo no debe realizarse en este sistema, sino que debe ser únicamente correctivo, tras una avería. Algo lógico, ya que en la distribución exponencial la tasa de fallos es constante e independiente del tiempo.

Ejemplo 54 – Intervalo óptimo de mantenimiento en componente reparable

Sea un componente cuyo patrón de fallos que sigue una distribución de Weibull con dos parámetros, η=5.500 y β=4,5.

Analizar el intervalo entre reemplazos preventivos que minimiza los costes, en función de la relación entre los costes de operaciones de remplazo preventivos y mantenimiento correctivo.

Solución:

Calculamos la función del costo total esperado por unidad de tiempo para un intervalo de reemplazo t_p, para el caso de la distribución de Weibull. Sabemos que la función tasa de fallas para una distribución de Weibull es:

$$\lambda(t) = \frac{\beta}{\eta} \cdot \left(\frac{t - \gamma}{\eta}\right)^{\beta-1}$$

Y el riesgo de fallo se obtiene, integrando:

$$H(t_p) = \int_0^{t_p} \lambda(t)\, dt$$

$$H(t_p) = \int_0^{t_p} \left[\frac{\beta}{\eta} \cdot \left(\frac{t - \gamma}{\eta} \right)^{\beta-1} \right] dt$$

Sea

$$a = \frac{1}{\eta} \qquad\qquad \gamma = 0$$

Luego:

$$H(t_p) = \int_0^{t_p} \left[a\,\beta \cdot (a\,t)^{\beta-1} \right] dt = a\,\beta \int_0^{t_p} (a\,t)^{\beta-1}\, dt = a\,\beta \frac{1}{\beta} a^{\beta-1} t^{\beta} = a^{\beta} t^{\beta}$$

Deshaciendo el cambio de a:

$$H(t_p) = \left(\frac{t_p}{\eta} \right)^{\beta}$$

Por tanto, para un componente cuyo patrón de fallos sigue una distribución de Weibull de dos parámetros, la función del coste total esperado queda:

$$C(t_p) = \frac{C_p + C_c \cdot H(t_p)}{t_p} = \frac{C_p + C_c \cdot \left(\frac{t_p}{\eta} \right)^{\beta}}{t_p}$$

Para el análisis, consideramos como unitarios los costes de una operación de mantenimiento preventivo, y en función de ellos mediante una constante k, los debidos a una de mantenimiento correctivo tras avería.

$$C_p = 1 \qquad\qquad C_c = k\, C_p$$

Dando valores a k vemos la función de coste total esperado toma los valores de la tabla:

t	H(t)	Ct(k=0.5)	Ct (k=1)	Ct(k=1.5)	Ct (k=2)	Ct (k=4)	Ct (k=6)	Ct (k=10)
500	0,0000	0,0020	0,0020	0,0020	0,0020	0,0020	0,0020	0,0020
1000	0,0005	0,0010	0,0010	0,0010	0,0010	0,0010	0,0010	0,0010
1500	0,0029	0,0007	0,0007	0,0007	0,0007	0,0007	0,0007	0,0007
2000	0,0105	0,0005	0,0005	0,0005	0,0005	0,0005	0,0005	0,0006
2500	0,0288	0,0004	0,0004	0,0004	0,0004	0,0004	0,0005	*0,0005*
3000	0,0654	0,0003	0,0004	0,0004	0,0004	*0,0004*	*0,0005*	0,0006
3500	0,1308	0,0003	0,0003	0,0003	*0,0004*	0,0004	0,0005	0,0007
4000	0,2386	0,0003	*0,0003*	*0,0003*	0,0004	0,0005	0,0006	0,0008
4500	0,4053	0,0003	0,0003	0,0004	0,0004	0,0006	0,0008	0,0011
5000	0,6512	*0,0003*	0,0003	0,0004	0,0005	0,0007	0,0010	0,0015
5500	1,0000	0,0003	0,0004	0,0005	0,0005	0,0009	0,0013	0,0020
6000	1,4793	0,0003	0,0004	0,0005	0,0007	0,0012	0,0016	0,0026
6500	2,1207	0,0003	0,0005	0,0006	0,0008	0,0015	0,0021	0,0034
7000	2,9601	0,0004	0,0006	0,0008	0,0010	0,0018	0,0027	0,0044
7500	4,0378	0,0004	0,0007	0,0009	0,0012	0,0023	0,0034	0,0055
8000	5,3985	0,0005	0,0008	0,0011	0,0015	0,0028	0,0042	0,0069

Gráficamente:

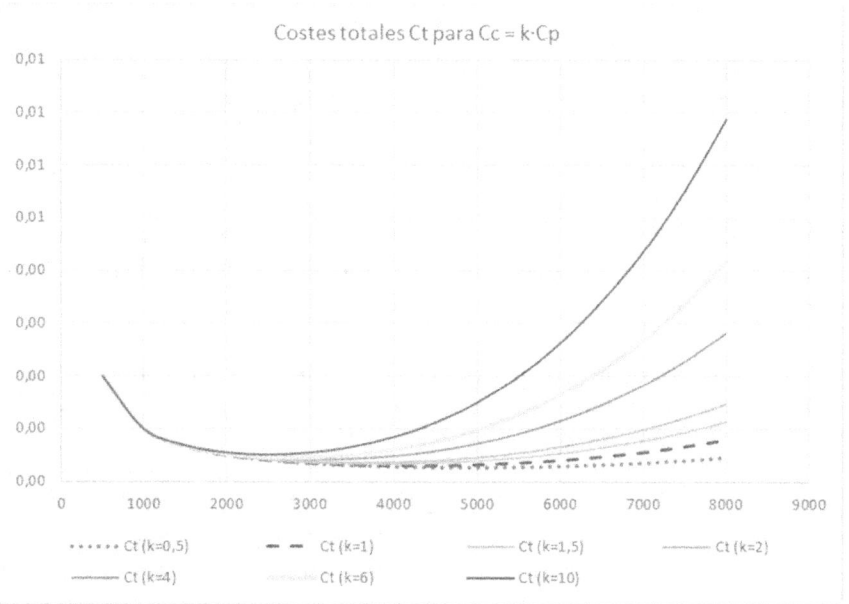

Si representamos el valor de k frente al intervalo óptimo tp podemos obtener la curva de variación entre ambas variables: el tiempo óptimo t_p es menor conforme se incrementa la relación entre los costes k.

k (C_c/C_p)	0,5	1	1,5	2	4	6	10
T_p óptimo	5.000	4.000	4.000	3.500	3.000	3.000	2.500

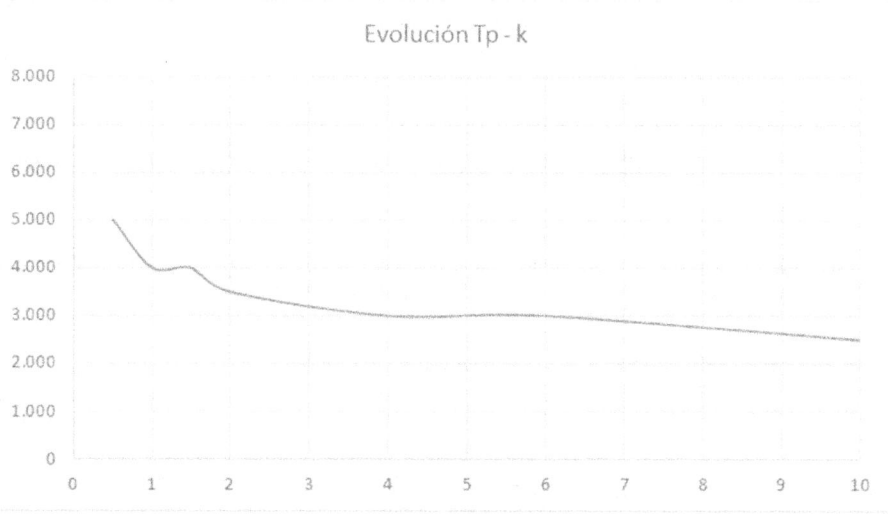

8.2.   MANTENIMIENTO ÓPTIMO DE UN COMPONENTE SUJETO A FALLOS

Sea un sistema con un componente que falla aleatoriamente. Cuando se produce un fallo, este componente debe ser reparado o reemplazado.

Para reducir el número de fallos, se adopta la táctica de programar mantenimientos preventivos a intervalos específicos. A pesar de ello, el componente también puede fallar antes de un mantenimiento preventivo, debiendo ser reparado. Cualquier intervención (preventiva o reparación) es perfecta y deja el elemento con la tasa de fallos de nuevo.

Por tanto, el componente se repara (o se reemplaza ya que tras la reparación queda como nuevo) bien cuando llega al tiempo prefijado, o bien cuando falla, si esto sucede antes de ese tiempo.

Es decir, sobre el componente existen dos ciclos posibles: en el primero se realiza la operación de mantenimiento preventivo tras un tiempo t_p, en el segundo el fallo se produce antes y el elemento debe ser reparado. Las dos posibilidades se representan en la figura.

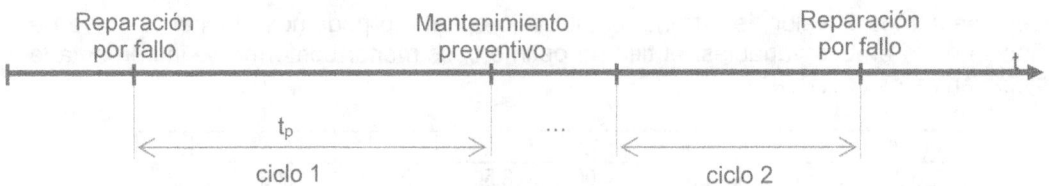

Fig. 56 – Mantenimiento óptimo y ciclos operativos de un activo

El instante en el que se realiza el reemplazo preventivo depende de la edad del componente.

Se busca optimizar la frecuencia del mantenimiento preventivo para que, con un coste mínimo, se evite el mayor número de fallos y reparaciones.

Como antes, el costo total esperado por unidad de tiempo es:

$$C(t_p) = \frac{Coste\ total\ esperado\ por\ ciclo}{Duración\ del\ ciclo} = \frac{C(t_p)_{ciclo}}{(t_p)_{ciclo}}$$

En este caso, el coste total esperado por ciclo será:

$$C(t_p)_{ciclo} = Coste\ ciclo\ 1 \cdot Prob.\ ciclo\ 1 + Coste\ ciclo\ 2 \cdot Prob.\ ciclo\ 2$$

La probabilidad del ciclo 1 es la de que alcance la edad de mantenimiento preventivo, y la del ciclo 2, la de que falle antes. Es decir:

$$C(t_p)_{ciclo} = C_p \cdot P(T > t_p) + C_c \cdot P(T \le t_p)$$

$$C(t_p)_{ciclo} = C_p \cdot R(t_p) + C_c \cdot \left(1 - R(t_p)\right)$$

donde:

    C_p coste de una operación de mantenimiento preventivo

    C_c coste de una operación de mantenimiento correctivo (incluyendo el de la reparación por fallo y todos los costes asociados a un fallo imprevisto)

    $R(t_p)$ probabilidad de que no falle hasta el mantenimiento preventivo

    t_p tiempo entre reemplazos preventivos.

De igual forma, la duración del ciclo será:

$$(t_p)_{ciclo} = Tiempo\ ciclo\ 1 \cdot Prob.\ ciclo\ 1 + Tiempo\ ciclo\ 2 \cdot Prob.\ ciclo\ 2$$

Si se realiza una operación de mantenimiento preventivo en t_p, la duración del ciclo esperado será t_p. Sin embargo, si se realiza dicho mantenimiento preventivo antes de llegar a t_p, la duración del ciclo será el tiempo medio entre fallos correspondiente al intervalo $(0,t_p)$.

Para la distribución completa, sabemos que el tiempo entre fallos es:

$$\text{MTTF} = \int_0^\infty t\,f(t)\,dt$$

Sin embargo, como en el caso de ciclo 2 la distribución queda truncada en t_p, ese tiempo será:

$$M(t_p) = \int_0^{t_p} \frac{t\,f(t)}{1 - R(t_p)}\,dt$$

donde:

    t_p tiempo entre reemplazos preventivos.

    $f(t)$ función densidad de probabilidad de fallos del elemento

    $R(t_p)$ probabilidad de que no falle hasta el mantenimiento preventivo

    $M(t_p)$ vida media hasta un fallo, que se puede expresar en función de la densidad de la probabilidad de fallos.

Y entonces la duración del ciclo será:

$$\left(t_p\right)_{ciclo} = t_p \cdot R\left(t_p\right) + M\left(t_p\right) \cdot \left(1 - R\left(t_p\right)\right)$$

Con todo, el coste total por unidad de tiempo es:

$$C\left(t_p\right) = \frac{C\left(t_p\right)_{ciclo}}{\left(t_p\right)_{ciclo}} = \frac{C_p \cdot R\left(t_p\right) + C_c \cdot \left(1 - R\left(t_p\right)\right)}{t_p \cdot R\left(t_p\right) + M\left(t_p\right) \cdot \left(1 - R\left(t_p\right)\right)}$$

$$C\left(t_p\right) = \frac{C_p \cdot R\left(t_p\right) + C_c \cdot \left(1 - R\left(t_p\right)\right)}{t_p \cdot R\left(t_p\right) + \int_0^{t_p} \frac{t\, f(t)}{1 - R\left(t_p\right)}\, dt \cdot \left(1 - R\left(t_p\right)\right)}$$

Como t_p es el momento del fallo (constante), $R(t_p)$ también es una constante:

$$C\left(t_p\right) = \frac{C_p \cdot R\left(t_p\right) + C_c \cdot \left(1 - R\left(t_p\right)\right)}{t_p \cdot R\left(t_p\right) + \int_0^{t_p} t\, f(t)\, dt}$$

Integrando por partes en el denominador:

$$\int u\, dv = uv - \int v\, du$$

Haciendo:

$$u = t \qquad\qquad du = dt$$
$$dv = f(t) \qquad\qquad v = F(t) = 1 - R(t)$$

Tenemos que:

$$\int u\, dv = uv - \int v\, du$$

$$\int_0^{t_p} t\, f(t)\, dt = t\left(1 - R(t)\right)\Big|_0^{t_p} - \int_0^{t_p} \left(1 - R(t)\right) dt =$$

$$= t_p - t_p R\left(t_p\right) - t_p + \int_0^{t_p} R(t)\, dt =$$

$$= -t_p R\left(t_p\right) + \int_0^{t_p} R(t)\, dt$$

Reemplazando, queda:

$$C(t_p) = \frac{C_p \cdot R(t_p) + C_c \cdot \left(1 - R(t_p)\right)}{t_p \cdot R(t_p) + \int_0^{t_p} t\, f(t)\, dt}$$

$$C(t_p) = \frac{C_p \cdot R(t_p) + C_c \cdot \left(1 - R(t_p)\right)}{\int_0^{t_p} R(t)\, dt}$$

Para calcular el tiempo óptimo entre mantenimientos preventivos buscamos los puntos singulares de esta función, derivando:

$$\frac{dC(t_p)}{dt_p} = \frac{\left(\int_0^{t_p} R(t)\, dt\right) \cdot \left[C_p \cdot R'(t_p) - C_c \cdot R'(t_p) \right] - R(t_p) \cdot \left[C_p \cdot R(t_p) + C_c \left(1 - R(t_p)\right) \right]}{\left(\int_0^{t_p} R(t)\, dt\right)^2}$$

Como la densidad es:

$$f(t) = \frac{dF(t)}{dt} = \frac{-dR(t)}{dt}$$

$$\frac{dC(t_p)}{dt_p} = \frac{\left(\int_0^{t_p} R(t)\, dt\right)\left[C_c \cdot f(t_p) - C_p \cdot f(t_p)\right] - \left[C_p \cdot R(t_p)^2 + C_c R(t_p) - C_c R(t_p)^2 \right]}{\left(\int_0^{t_p} R(t)\, dt\right)^2}$$

Como $R(t_p) < 0$, los términos $R(t_p)^2$ pueden despreciarse. Igualando a cero y despejando:

$$\left(\int_0^{t_p} R(t)\, dt\right)\left[C_c \cdot f(t_p) - C_p \cdot f(t_p)\right] = C_c \cdot R(t_p)$$

Operando:

$$C_c \cdot f(t_p) \cdot \left(\int_0^{t_p} R(t)\, dt\right) - C_p \cdot f(t_p) \cdot \left(\int_0^{t_p} R(t)\, dt\right) = C_c \cdot \left(1 - F(t_p)\right)$$

Como la tasa de fallos es,

$$\lambda(t) = \frac{f(t)}{1 - F(t)}$$

sustituyendo:

$$C_c \cdot \lambda(t_p) \cdot \left(\int_0^{t_p} R(t)\, dt \right) - C_p \cdot \lambda(t_p) \cdot \left(\int_0^{t_p} R(t)\, dt \right) = C_c$$

Despejando:

$$\lambda(t_p) \cdot \int_0^{t_p} R(t)\, dt = \frac{C_c}{C_c - C_p}$$

Y nuevamente, el intervalo de tiempo dependerá de la relación entre los costes de una operación de mantenimiento correctivo y otra de preventivo.

Ejemplo 55 – Intervalo óptimo de mantenimiento en un activo

Sea un componente cuyo patrón de fallos que sigue una distribución de Weibull con dos parámetros, η=5.500 y β=4,5.

Analizar el intervalo entre mantenimientos preventivos que minimiza los costes, en función de la relación entre los costes de operaciones preventivas y correctivas.

Solución:

En una función de Weibull, la confiabilidad es:

$$R(t) = e^{-\int_0^t \lambda(t)} = e^{-\left(\frac{t-\gamma}{\eta}\right)^\beta}$$

Entonces, la función del costo total esperado por unidad de tiempo para un intervalo de reemplazo t_p, en el caso de la distribución de Weibull será:

$$C(t_p) = \frac{C(t_p)_{ciclo}}{(t_p)_{ciclo}} = \frac{C_p \cdot R(t_p) + C_c \cdot \left(1 - R(t_p)\right)}{\int_0^{t_p} R(t)\, dt}$$

$$C(t_p) = \frac{C_p \cdot e^{-\left(\frac{t_p}{\eta}\right)^\beta} + C_c \cdot \left(1 - e^{-\left(\frac{t_p}{\eta}\right)^\beta}\right)}{\int_0^{t_p} e^{-\left(\frac{t}{\eta}\right)^\beta} dt}$$

La integral del denominador es de tipo exponencial, y se calcula con ayuda de la función Gamma (Γ):

$$\Gamma(a) = \int_0^\infty t^{a-1} \cdot e^{-t} dt$$

En excel podemos calcular la función Gamma como $\Gamma(x)$ = EXP(GAMMA.LN(X))

Si consideramos también la función Gamma incompleta (Γx,a), como:

$$\Gamma(x, a) = \frac{1}{\Gamma(a)} \int_0^x t^{a-1} \cdot e^{-t} dt$$

que en Excel se calcula como DISTR.GAMMA(x;a;1;VERDADERO)

Nuestra integral quedará:

$$\int_0^{t_p} e^{-\left(\frac{t}{\eta}\right)^\beta} dt = \Gamma\left(1 + \frac{1}{\beta}\right) \cdot \Gamma\left(\left(\frac{t_p}{\eta}\right)^\beta, \frac{1}{\beta}\right)$$

Que en Excel se calcula como el producto de las funciones auxiliares Gamma: EXP(GAMMA.LN(1+(1/β))) x DISTR.GAMMA($(t_p/\eta)^\beta$; 1/β ; 1 ; VERDADERO)

Para el análisis, consideramos como unitarios los costes de una operación de mantenimiento preventivo, y en función de ellos mediante una constante k, los debidos a una de mantenimiento correctivo tras avería.

$$C_p = 1 \qquad C_c = k\, C_p$$

Dando valores a k vemos la función de coste total esperado toma los valores de la tabla:

t	Ct (k=1)	Ct (k=1,1)	Ct (k=1,2)	Ct (k=1,3)	Ct (k=1,4)	Ct (k=1,5)	Ct (k=1,6)
500	11,00004	11,00006	11,00009	11,00011	11,00013	11,00015	11,00018
1000	5,50047	5,50072	5,50098	5,50123	5,50149	5,50175	5,50200
1500	3,66859	3,66965	3,67071	3,67177	3,67283	3,67388	3,67494
2000	2,75527	2,75816	2,76105	2,76394	2,76683	2,76972	2,77261
2500	2,21148	2,21776	2,22403	2,23030	2,23658	2,24285	2,24913
3000	1,85499	1,86673	1,87847	1,89021	1,90195	1,91369	1,92543
3500	1,60835	1,62807	1,64779	1,66751	1,68724	1,70696	1,72668
4000	1,43331	1,46373	1,49416	1,52458	1,55500	1,58542	1,61585
4500	1,30886	1,35248	1,39610	1,43972	1,48333	1,52695	1,57057
5000	1,22225	1,28074	1,33924	1,39774	1,45623	1,51473	1,57322
5500	1,16473	1,23835	1,31198	1,38560	1,45923	1,53285	1,60648
6000	1,12935	1,21656	1,30377	1,39098	1,47819	1,56539	1,65260
6500	1,10991	1,20758	1,30526	1,40294	1,50062	1,59829	1,69597
7000	1,10073	1,20510	1,30947	1,41384	1,51821	1,62258	1,72695
7500	1,09717	1,20495	1,31274	1,42052	1,52830	1,63608	1,74386
8000	1,09609	1,20520	1,31432	1,42343	1,53254	1,64166	1,75077

Estas series presentan diferentes mínimos a partir de k= 1,1. Por otra parte, si k es menor, la función no tendrá mínimo y el intervalo óptimo sería infinito; es decir, no compensaría realizar mantenimiento preventivo.

Esto se aprecia mejor en la familia de gráficas.

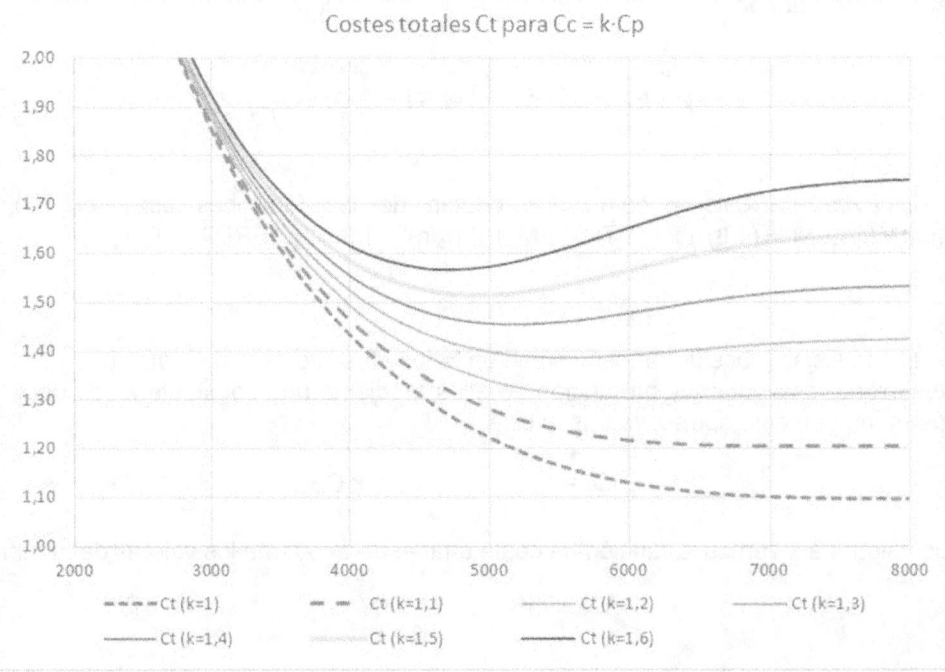

Por otra parte, si representamos el valor de k frente al intervalo óptimo tp podemos obtener la curva de variación entre ambas variables: el tiempo óptimo t_p es menor conforme se incrementa la relación entre los costes k.

k (C_c/C_p)	1	1,1	1,2	1,3	1,4	1,5	1,6
T_p óptimo	8.000	7.500	6.000	5.500	5.000	5.000	4.500

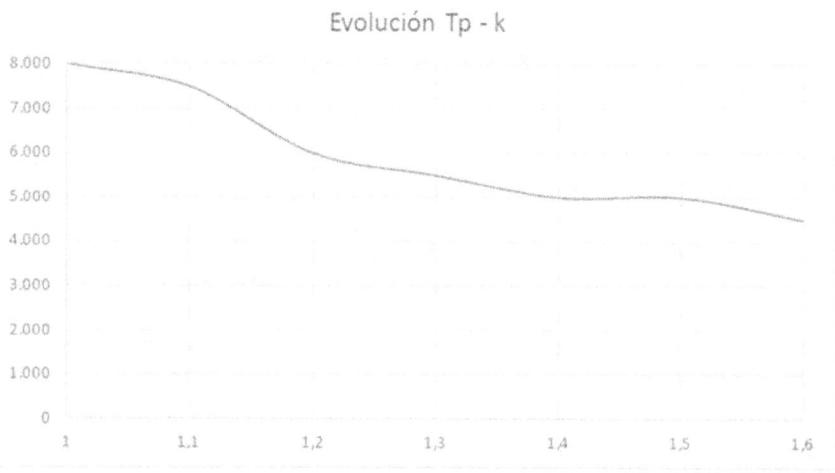

En conclusión, la relación de costes condiciona la táctica y la forma de gestionar estos componentes, y en general todos los activos.

8.3.   SELECCIÓN DE LA ESTRATEGIA DE MANTENIMIENTO

Sea un sistema con un componente que falla aleatoriamente. Cuando se produce un fallo, este componente debe ser reparado.

Para reducir el número de fallos, se adopta la táctica de programar mantenimientos preventivos a intervalos específicos, aunque el componente puede fallar entre ellos, debiendo ser reparado. Cualquier intervención (preventiva o reparación) es perfecta y deja el elemento con la tasa de fallos de un equipo en estado nuevo.

Una vez determinado el periodo óptimo entre mantenimientos preventivos como en el caso anterior, queremos comparar entre diferentes estrategias y determinar cuál es la óptima para su mantenimiento: preventivo, correctivo o predictivo.

8.3.1 MANTENIMIENTO CORRECTIVO VS PREVENTIVO

Hemos visto que para una estrategia de mantenimiento preventivo, el costo total esperado por unidad de tiempo es:

$$C_{TOTAL \, preventivo} = \frac{C_p \cdot R(t_p) + C_c \cdot \left(1 - R(t_p)\right)}{\int_0^{t_p} R(t)\,dt}$$

Si se decidiese realizar solamente el mantenimiento correctivo, se eliminaría el ciclo de preventivo, y la probabilidad de correctivo sería total (1). Además, la duración del ciclo estaría definida por el tiempo medio entre fallos MTBF, con lo que el coste sería:

$$C_{TOTAL \, correctivo} = \frac{C_c}{MTBF} = \frac{C_c}{\int_0^{\infty} R(t)\,dt}$$

Otra forma de llegar a esta conclusión es hacer tender a infinito el tiempo de mantenimiento preventivo (t_p), de manera que se fuerza el fallo antes.

Comparamos los costes cada una de estas dos estrategias, mediante la relación:

$$\frac{C_{TOTAL \, preventivo}}{C_{TOTAL \, correctivo}} = \frac{\dfrac{C_p \cdot R(t_p) + C_c \cdot \left(1 - R(t_p)\right)}{\int_0^{t_p} R(t)\,dt}}{\dfrac{C_c}{\int_0^{\infty} R(t)\,dt}}$$

$$\frac{C_{TOTAL \, preventivo}}{C_{TOTAL \, correctivo}} = \frac{C_p \cdot R(t_p) + C_c \cdot \left(1 - R(t_p)\right)}{C_c} \cdot \frac{\int_0^{\infty} R(t)\,dt}{\int_0^{t_p} R(t)\,dt}$$

Llamando α a la relación entre los costes unitarios de una operación preventiva y una correctiva, inversa de la k utilizada anteriormente:

$$\propto = \frac{C_p}{C_c} = \frac{1}{k}$$

Tenemos:

$$\frac{C_{TOTAL \, preventivo}}{C_{TOTAL \, correctivo}} = \left[(\propto -1) \cdot R(t_p) + 1\right] \cdot \frac{\int_0^{\infty} R(t)\,dt}{\int_0^{t_p} R(t)\,dt}$$

Solo si esta relación es mayor de la unidad será preferible adoptar una estrategia de mantenimiento correctivo. En caso contrario, conlleva menor coste la estrategia de mantenimiento preventivo.

Ejemplo 56 – Estrategia óptima de mantenimiento preventivo y correctivo

Sea un componente cuyo histórico de fallos sigue una distribución de Weibull de tres parámetros. Determinar la relación de costes entre las estrategias de mantenimiento preventivo y correctivo en función de los parámetros de dicha distribución.

Solución:

Sabemos que la tasa de fallos para una distribución de Weibull de tres parámetros es:

$$\lambda(t) = \frac{\beta}{\eta} \cdot \left(\frac{t - \gamma}{\eta}\right)^{\beta - 1}$$

Donde,

γ: factor de inicio o localización para el instante t_0, con $t - \gamma \geq 0$
β: factor de forma, siempre $\beta > 0$
η: factor de escala, con $\eta > 0$

Sustituyendo la función tasa de fallos $\lambda(t)$, las funciones de fiabilidad para este caso quedan como:

$$R(t) = e^{-\int_0^t \lambda(t)} = e^{-\left(\frac{t - \gamma}{\eta}\right)^{\beta}}$$

Haciendo el cambio de variables

$$x = \frac{t - \gamma}{\eta}$$

Tenemos que:

$$R(t) = e^{-x^{\beta}}$$

Sustituyendo en la integral del denominador:

$$\int_0^{x_p} R(x)\, dx = \int_0^{x_p} e^{-x^{\beta}}\, dx$$

Esta integral de nuevo se puede expresar a través de la función auxiliar Gamma (Γ), que como sabemos es:

$$\Gamma(a) = \int_0^{\infty} t^{a-1} \cdot e^{-t} dt$$

Y con la función Gamma incompleta ($\Gamma x, a$), que se define como:

$$\Gamma(x, a) = \frac{1}{\Gamma(a)} \int_0^x t^{a-1} \cdot e^{-t} dt$$

Que en Excel se calcula como DISTR.GAMMA(x;*a*;1;VERDADERO)

Luego nuestra integral quedará:

$$\int_0^{x_p} R(x)\,dx = \int_0^{x_p} e^{-x^{\beta}}\,dx = \Gamma\left(1 + \frac{1}{\beta}\right) \cdot \Gamma\left(x_p^{\beta}, \frac{1}{\beta}\right)$$

Por otra parte,

$$\int_0^{\infty} R(x)\,dx = \Gamma\left(1 + \frac{1}{\beta}\right)$$

Entonces, la relación:

$$\frac{C_{TOTAL\ preventivo}}{C_{TOTAL\ correctivo}} = \left[(\alpha - 1) \cdot R(t_p) + 1\right] \cdot \frac{\int_0^{\infty} R(t)\,dt}{\int_0^{t_p} R(t)\,dt}$$

Queda, reemplazando:

$$\frac{C_{TOTAL\ preventivo}}{C_{TOTAL\ correctivo}} = \left[(\alpha - 1) \cdot e^{-x^{\beta}} + 1\right] \cdot \frac{\Gamma\left(1 + \frac{1}{\beta}\right)}{\int_0^{x_p} e^{-x^{\beta}}\,dx}$$

$$\frac{C_{TOTAL\ preventivo}}{C_{TOTAL\ correctivo}} = \frac{(\alpha - 1) \cdot e^{-x^{\beta}} + 1}{\Gamma\left(x_p^{\beta}, \frac{1}{\beta}\right)}$$

Esta relación, para distintos coeficientes α y β presenta un mínimo diferente en función de los valores x_p.

El tiempo óptimo entre intervenciones preventivas t_p se puede obtener para x_p al deshacer el cambio de variables:

$$x = \frac{t - \gamma}{\eta}$$

$$t_p = \eta x_p + \gamma$$

Ejemplo 57 – Combinación de mantenimientos preventivo y correctivo con Weibull

Sea un componente cuyo histórico de fallos sigue una distribución de Weibull de dos parámetros; η=750 y ß=3,5 (con Y=0). Determinar la relación de costes entre las estrategias de mantenimiento preventivo y correctivo en función de los parámetros de dicha distribución.

Solución:

Siguiendo el desarrollo anterior, llamamos a la relación entre los costes unitarios:

$$\alpha = \frac{C_p}{C_c}$$

Dando valores a esta relación, al tratarse de una distribución de Weibull, podemos calcular la relación de costes totales entre las estrategias de mantenimiento preventivo y correctivo con la fórmula:

$$\frac{C_{TOTAL\ preventivo}}{C_{TOTAL\ correctivo}} = \frac{(\alpha - 1) \cdot e^{-x^\beta} + 1}{\Gamma\left(x_p^\beta, \frac{1}{\beta}\right)}$$

donde

$$x = \frac{t - \gamma}{\eta}$$

Resultando:

tp	xp	Cp/Cc (α=0,1)	Cp/Cc (α=0,2)	Cp/Cc (α=0,4)	Cp/Cc (α=0,6)	Cp/Cc (α=0,8)	Cp/Cc (α=1)
5	0,0066667	19,3046	38,6091	77,2182	115,8273	154,4364	193,0455
100	0,1333333	0,9728	1,9372	3,8661	5,7950	7,7239	9,6528
200	0,2666667	0,5253	1,0035	1,9599	2,9163	3,8727	4,8291
300	0,4	0,4377	0,7475	1,3671	1,9866	2,6061	3,2257
400	0,5333333	0,4724	0,6899	1,1249	1,5599	1,9950	2,4300
500	0,6666667	0,5751	0,7289	1,0367	1,3445	1,6522	1,9600
600	0,8	0,7128	0,8175	1,0269	1,2363	1,4457	1,6551
700	0,9333333	0,8531	0,9191	1,0510	1,1829	1,3148	1,4467
800	1,0666667	0,9662	1,0034	1,0776	1,1519	1,2262	1,3004
900	1,2	1,0347	1,0527	1,0888	1,1248	1,1609	1,1969
1.000	1,3333333	1,0589	1,0662	1,0807	1,0953	1,1098	1,1244
	MINIMO	0,4377	0,6899	1,0269	1,0953	1,1098	1,1244

Gráficamente:

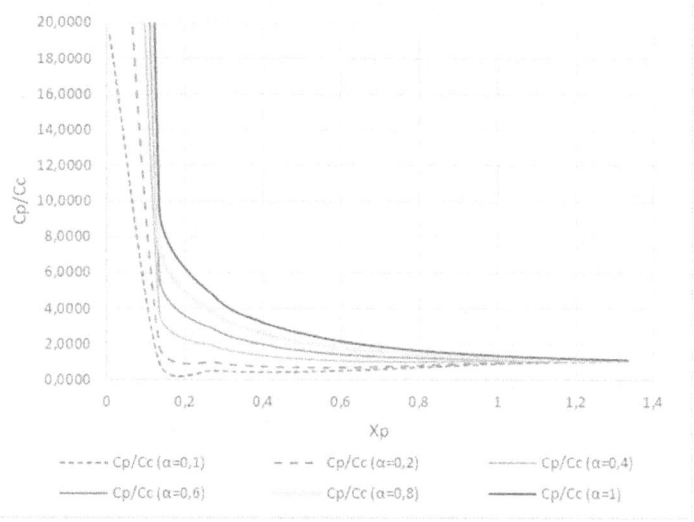

Luego los tiempos óptimos que corresponden a estas relaciones mínimas entre los costes totales serán:

	α=0,1	α=0,2	α=0,4	α=0,6	α=0,8	α=1
tp óptimo	300	400	600	1.000	1.000	1.000

A partir de los datos de la distribución también podemos comparar estos resultados con la esperanza media de vida, que para la distribución de Weibull se calcula como:

$$MTTF = \gamma + \eta \cdot \Gamma \left(1 + \frac{1}{\beta}\right)$$

$$MTTF = 674,8$$

Es decir, la función presenta mínimos hasta relaciones **α=0,8,** para las que compensaría realizar una estrategia de mantenimiento preventivo. A partir de ese valor, y dada la proximidad al límite de esperanza de vida, ya no sería rentable la estrategia.

8.3.2 MANTENIMIENTO PREDICTIVO VS CORRECTIVO

Consideremos ahora una estrategia de mantenimiento predictivo o sintomático. Con ella, se trata de evitar los fallos repentinos observando los síntomas del componente antes de que falle, para anticiparnos, interviniendo antes de que esto suceda.

Como con esta estrategia de mantenimiento predictivo las operaciones preventivas se alargan hasta justo antes de un fallo, el tiempo entre intervenciones es aproximadamente el tiempo medio entre fallas MTBF. Es decir, se actúa antes del fallo para evitarle y sus consecuencias, pero no para alargar el tiempo entre intervenciones (mantenimiento preventivo).

Definiendo el coste del mantenimiento sintomático como C_s durante un ciclo de duración MTBF, el coste por unidad de tiempo del mantenimiento predictivo es:

$$C_{TOTAL\ predictivo} = \frac{C_s}{MTBF} = \frac{C_s}{\int_0^\infty R(t)\ dt}$$

Como antes, podemos comparar los costes cada esta estrategia frente a otra de mantenimiento correctivo, a través de la relación:

$$\frac{C_{TOTAL\ predictivo}}{C_{TOTAL\ correctivo}} = \frac{\dfrac{C_s}{\int_0^\infty R(t)\ dt}}{\dfrac{C_c}{\int_0^\infty R(t)\ dt}} = \frac{C_s}{C_c}$$

El mantenimiento predictivo será aconsejable cuando su coste sea inferior al correctivo, y además la relación entre este y el correctivo sea inferior a la que tiene el preventivo con él.

Por tanto, la estrategia de mantenimiento óptima será:

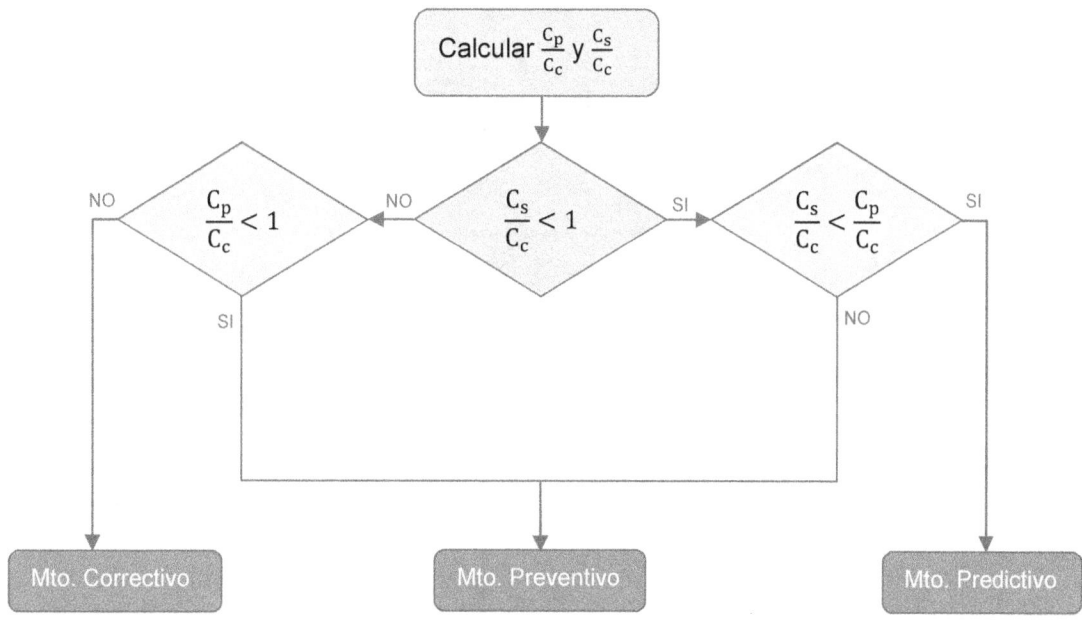

Fig. 57 – Estrategia óptima de mantenimiento de activos

8.4. MANTENIMIENTO PREVENTIVO IMPERFECTO Y REEMPLAZO

Hasta ahora hemos asumido que las operaciones de mantenimiento preventivo son perfectas, es decir, devuelven el activo a su esperanza de vida inicial, y tras ellas presenta una tasa de fallos como nuevo. O dicho de otra forma, equivale a un reemplazo, lógicamente con otros costes.

Esto simplifica los cálculos matemáticos pero no es realista, porque aunque lógicamente un activo mejora tras una intervención de mantenimiento, no queda como nuevo.

En la realidad, un componente de un sistema puede recibir tres tipos de atenciones: una reparación mínima para que continúe funcionando, un mantenimiento imperfecto, o un reemplazo. Cada una de estas operaciones conlleva un coste diferente, además de un reemplazo preventivo.

En general, cada elemento recibe un cierto número de mantenimientos preventivos a intervalos fijos; cuando falla es reparado; y tras cierto periodo de tiempo es reemplazado. Además, en comparación con su tiempo de operación, el tiempo de actuaciones correctivas o preventivas es despreciable.

Sea un componente que recibe n-1 mantenimientos preventivos durante su vida útil a intervalos t_s constantes. Con cada una de estas operaciones se mejora algo su tasa de fallos.

En cambio, cuando se repara tras un fallo (mantenimiento correctivo mínimo para que continúe funcionando), no se mejora su condición, y su tasa de fallos es igual a la que tenía justo antes de ese fallo $\lambda(t)$.

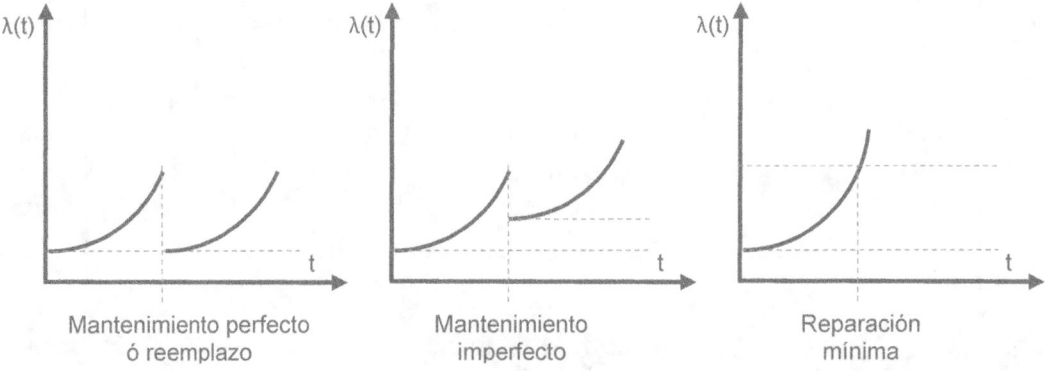

Fig. 58 – Evolución de la tasa de fallos con la estrategia de mantenimiento

Si los costes de las operaciones son C_c para el mantenimiento correctivo, C_p para el preventivo, y C_r para el reemplazo, podemos determinar el número óptimo de mantenimientos n y su intervalo T_s, de manera que los costes totales sean mínimos. Asumiremos que el coste de un mantenimiento perfecto y un reemplazo es el mismo por simplicidad.

La evolución de la tasa de fallos $\lambda(t)$, si se realizan operaciones de mantenimiento preventivo de forma periódica, se puede definir como la evolución de la tasa de fallos entre cada intervalo de mantenimiento, por un factor de mejora p asociado a la intervención preventiva.

La tasa de fallos tras una intervención de mantenimiento k-1 será proporcional a la que tenía antes de la operación λ_{k-1}, y su evolución en el intervalo entre mantenimientos se puede definir como

$$\lambda_k(t) = p \cdot \lambda_{k-1}(t - T_s) + (1 - p)\lambda_{k-1}(t)$$

donde:

p   factor de mejora asociado a la operación de mantenimiento preventivo

λ_{k-1} tasa de fallos antes de la intervención de mantenimiento.

T_s intervalo de tiempo entre mantenimientos preventivos

La figura ilustra esta evolución de la tasa de fallas con una estrategia de mantenimiento preventivo periódico a intervalos (T_s).

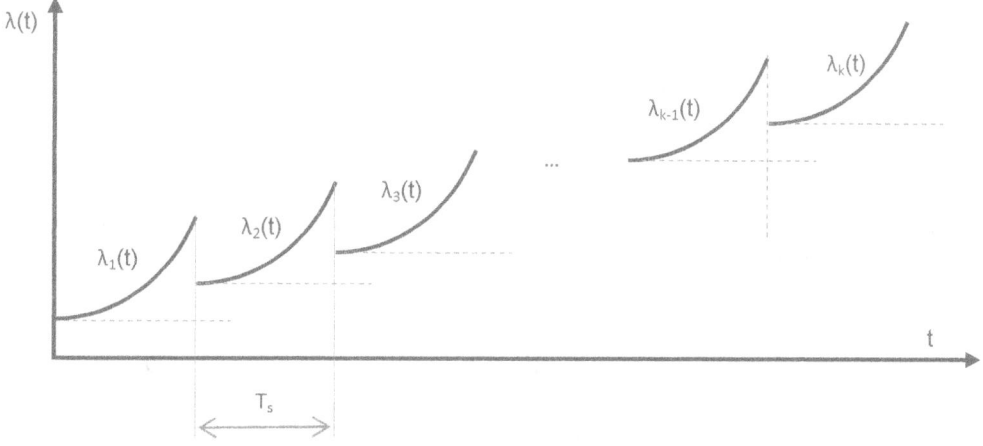

Fig. 59 – Representación de la tasa de fallos con el intervalo entre mantenimientos

Bajo esta definición de la tasa de fallos, las reparaciones o mantenimientos correctivos mínimos se pueden incluir como intervenciones k con factor de mejora p=0, en cuyo caso la evolución de la tasa de fallas se mantiene:

$$\lambda_k(t) = \lambda_{k-1}(t)$$

Así mismo, si considerásemos un mantenimiento perfecto, o un reemplazo, el factor de mejora sería p=1, y la fórmula quedaría tras una intervención k de este tipo, como:

$$\lambda_k(t) = \lambda_{k-1}(t - T_s)$$

Vamos a aplicarlo. Durante el ciclo de vida de un equipo se realizarán una serie de operaciones de mantenimiento preventivo a intervalos programados (T_s), pero también se producirán algunos fallos que requerirán de una reparación o mantenimiento correctivo.

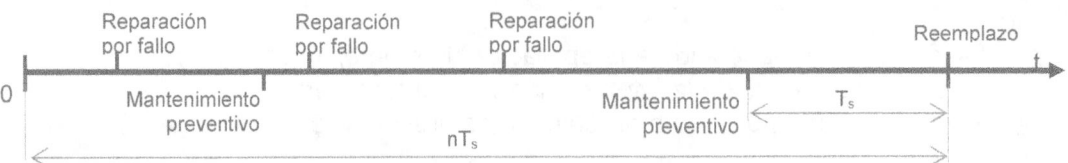

Fig. 60 – Evolución del tiempo entre mantenimientos

Sabemos que el número de fallos o riesgo que podemos esperar durante un tiempo se calcula en función de la tasa de fallos esperada. En este caso, para todo el ciclo de vida, será:

$$\widehat{H}(nT_s) = \int_0^{nT_s} \hat{\lambda}(t)\, dt$$

donde:

$\widehat{H}(nT_s)$ riesgo de fallo o número de fallos esperado (a futuro, ^)

n   número total de operaciones de mantenimiento preventivo en la vida útil.

$\hat{\lambda}(t)$ tasa de fallos esperada.

T_s intervalo de tiempo entre mantenimientos preventivos.

De manera similar, el coste total esperado por unidad de tiempo estará compuesto por el coste de los mantenimientos preventivos hasta ese momento, más el coste de las reparaciones realizadas, más el coste de los reemplazos que se hayan realizado. Para todo el ciclo de vida "s" será:

$$C(n, T_s) = \frac{C_p(n-1) + C_c\,\widehat{H}(nT_s) + C_r}{nT_s}$$

donde:

C_p coste unitario por operación de mantenimiento preventivo.

n   número de operaciones de mantenimiento preventivo realizadas.

C_c coste unitario total por operación de reparación tras un fallo (correctivo).

$\widehat{H}(nT_s)$ riesgo de fallo esperado, o número de fallos hasta el momento de completar el ciclo de vida nT_s.

C_r coste de remplazo.

T_s intervalo de tiempo entre mantenimientos preventivos.

Para concretar este coste necesitamos calcular el número esperado de fallos. Para ello debemos analizar individualmente cada uno de los periodos de mantenimiento k, mediante:

$$H_k = \int_{(k-1)T_s}^{kT_s} \lambda_k(kT_s + t)\, dt$$

Entonces, el número de fallos para un ciclo de vida completo (nT$_s$) será:

$$\widehat{H}(nT_s) = \sum_{k=1}^{n} \int_{(k-1)T_s}^{kT_s} \lambda_k(kT_s + t)\, dt$$

Esta expresión representa la sucesión de fallos, acumulada hasta cada hito de mantenimiento preventivo.

La tasa de fallos evolucionará en cada periodo, en función del factor de mejora p de cada mantenimiento preventivo, acumulado hasta la fecha. Hacemos q=(1 - p), factor de mejora restante en cada intervención. Entonces la expresión a integrar, que es la función tasa de fallos para el instante (kT$_s$+t), puede expresarse como la mejora (p) a partir del periodo anterior (k-1) a la actuación, y la restante (q) antes de esta actuación (k). Matemáticamente queda como:

$$\lambda_k(kT_s + t) = p\,\lambda_{k-1}[(k-1)T_s + t] + q\,\lambda_{k-1}[kT_s + t]$$

Aplicando esta fórmula en cada periodo consecutivo, la tasa de fallos se desarrolla como:

$$\lambda_1(T_s + t) = p\,\lambda(t) + q\,\lambda(t + T_s)$$

$$\lambda_2(2T_s + t) = p\,\lambda_1(T_s + t) + q\,\lambda_1(2T_s + t) = p^2\,\lambda(t) + 2pq\,\lambda(t + T_s) + q^2\,\lambda(t + 2T_s)$$

$$\lambda_3(3T_s + t) = p^3\,\lambda(t) + 3p^2q\,\lambda(t + T_s) + 3pq^2\,\lambda(t + 2T_s) + q^3\,\lambda(t + 3T_s)$$

Este desarrollo se puede expresar de forma más sencilla como:

$$\lambda_k(kT_s + t) = \sum_{i=0}^{k} \binom{k}{i} p^{k-i}\, q^i\, \lambda[iT_s + t]$$

donde:

$$\binom{k}{i} = \frac{k(k-1)(k-2)\cdots(k-i+1)}{k!}$$

Por tanto, el número esperado de fallos para el ciclo de vida será:

$$\widehat{H}(nT_s) = \sum_{k=1}^{n} \int_{(k-1)T_s}^{kT_s} \lambda_k(kT_s + t)\, dt$$

$$\hat{H}(nT_s) = \sum_{i=0}^{n} \binom{n}{i} p^{n-i} \, q^{i-1} \, H(iT_s)$$

donde:

$$H(iT_s) = \int_{0}^{iT_s} \lambda(t) \, dt$$

Por tanto, el coste global por unidad de tiempo a lo largo de todo el ciclo de vida queda:

$$C(n, T_s) = \frac{C_p(n-1) + C_c \, \hat{H}(nT_s) + C_r}{nT_s}$$

$$\boxed{C(n, T_s) = \frac{C_r + C_p(n-1) + C_c \sum_{i=0}^{n} \binom{n}{i} p^{n-i} \, q^{i-1} \, H(iT_s)}{nT_s}}$$

Ejemplo 58 – Minimización de costes totales del ciclo de vida

Calcular los costes globales a lo largo de todo el ciclo de vida de un elemento cuya tasa de fallas sigue una distribución de Weibull con parámetro de inicio Y=0. Minimizar esos costes definiendo el número n de operaciones de mantenimiento preventivo óptimo y el intervalo entre ellas T_s.

Solución:

Si hay un mantenimiento preventivo óptimo, se cumplirá que:

$$\frac{C_p}{C_c} < 1$$

Además, cuando la tasa de fallos sigue una distribución de Weibull sabemos que:

$$\lambda(t) = \frac{\beta}{\eta} \cdot \left(\frac{t - \gamma}{\eta}\right)^{\beta-1}$$

donde,
Y: factor de inicio o localización para el instante t_0, con $t - \gamma \geq 0$
β: factor de forma, define la etapa del ciclo de vida que atraviesa, siempre $\beta > 0$
η: factor de escala, marca la vida característica en t=η , F(t)=63,21%, con $\eta > 0$

Si Y=0, tenemos:

$$H(iT_s) = \int_{0}^{iT_s} \lambda(t) \, dt = \int_{0}^{iT_s} \frac{\beta}{\eta} \cdot \left(\frac{t}{\eta}\right)^{\beta-1} dt = \frac{1}{\eta^{\beta}} \int_{0}^{iT_s} \beta \cdot t^{\beta-1} \, dt$$

$$H(iT_s) = \left(\frac{t}{\eta}\right)^{\beta}\Bigg|_0^{iT_s} = i^{\beta}\left(\frac{T_s}{\eta}\right)^{\beta}$$

Sustituyendo en los costes totales:

$$C(n, T_s) = \frac{C_p(n-1) + C_c \sum_{i=0}^{n}\binom{n}{i}\mathrm{p}^{n-i}\mathrm{q}^{i-1} i^{\beta}\left(\frac{T_s}{\eta}\right)^{\beta} + C_r}{nT_s}$$

El coste total esperado para este caso de Weibull con dos parámetros queda:

$$C(n, T_s) = \frac{C_r + C_p(n-1) + C_c \left(\frac{T_s}{\eta}\right)^{\beta} \sum_{i=0}^{n}\binom{n}{i}\mathrm{p}^{n-i}\mathrm{q}^{i-1} i^{\beta}}{nT_s}$$

El tiempo T_s entre las operaciones se puede obtener derivando el coste global $C(n,T_s)$ respecto de T_s:

$$\frac{\delta C(n, T_s)}{\delta T_s} = \frac{\beta C_c \frac{T_s^{\beta-1}}{\eta^{\beta}} \sum_{i=0}^{n}\left[\binom{n}{i}\mathrm{p}^{n-i}\mathrm{q}^{i-1} i^{\beta}\right] nT_s - \left[C_r + C_p(n-1) + C_c \left(\frac{T_s}{\eta}\right)^{\beta} \sum_{i=0}^{n}\binom{n}{i}\mathrm{p}^{n-i}\mathrm{q}^{i-1} i^{\beta}\right]n}{(nT_s)^2} =$$

$$= \frac{-C_r - C_p(n-1) + (\beta-1)C_c \left(\frac{T_s}{\eta}\right)^{\beta} \sum_{i=0}^{n}\left[\binom{n}{i}\mathrm{p}^{n-i}\mathrm{q}^{i-1} i^{\beta}\right]}{(nT_s)^2}$$

Igualando a cero y despejando T_s, queda:

$$-C_r - C_p(n-1) + (\beta-1)C_c \left(\frac{T_s}{\eta}\right)^{\beta} \sum_{i=0}^{n}\left[\binom{n}{i}\mathrm{p}^{n-i}\mathrm{q}^{i-1} i^{\beta}\right] = 0$$

$$(\beta-1)C_c \left(\frac{T_s}{\eta}\right)^{\beta} \sum_{i=0}^{n}\left[\binom{n}{i}\mathrm{p}^{n-i}\mathrm{q}^{i-1} i^{\beta}\right] = C_r + C_p(n-1)$$

$$T_s^{\beta} = \frac{[C_r + C_p(n-1)]\eta^{\beta}}{(\beta-1)C_c \sum_{i=0}^{n}\binom{n}{i}\mathrm{p}^{n-i}\mathrm{q}^{i-1} i^{\beta}}$$

$$T_s = \eta \sqrt[\beta]{\frac{C_r + C_p(n-1)}{(\beta-1)C_c \sum_{i=0}^{n}\binom{n}{i}\mathrm{p}^{n-i}\mathrm{q}^{i-1} i^{\beta}}}$$

Estas funciones para una Weibull biparamétrica se pueden simplificar para algunos casos especiales:

- Si la mejora tras el mantenimiento preventivo es tal que devuelve el elemento a su situación de nuevo:

p=1

$$\sum_{i=0}^{n} \binom{n}{i} p^{n-i} q^{i-1} i^{\beta} = n$$

Se demuestra porque las expresiones del sumatorio son nulas salvo para i=1, porque

$$0^{i-1} = 0$$

Entonces, tenemos que ese sumatorio queda:

$$\sum_{i=0}^{n} \left[\binom{n}{i} 1^{n-i} 0^{i-1} i^{\beta} \right] = \binom{n}{1} 0^{n-n} 1^{n-1} n^{\beta} = n \cdot 1^{n-1} 0^{1-1} 1^{\beta} = n$$

Tras esta simplificación, para p= 1, el coste global del ciclo de vida queda:

$$C(n, T_s) = \frac{C_r + C_p(n-1) + C_c\, n \left(\frac{T_s}{\eta}\right)^{\beta}}{n T_s}$$

- Si la operación de mantenimiento preventivo no tiene ningún efecto sobre la tasa de fallos, la mejora será nula. Entonces:

p=0

$$\sum_{i=0}^{n} \binom{n}{i} p^{n-i} q^{i-1} i^{\beta} = n^{\beta}$$

La demostración es, como

$$\binom{n}{i} = \frac{n(n-1)(n-2) \cdots (n-i+1)}{n!}$$

Sustituyendo:

$$\sum_{i=0}^{n} \left[\frac{n(n-1)(n-2) \cdots (n-i+1)}{n!} 0^{n-i} 1^{i-1} i^{\beta} \right]$$

Como las expresiones del sumatorio son nulas salvo para i=n, porque

$$0^{n-i} = 0$$

tenemos que ese sumatorio queda:

$$\sum_{i=0}^{n}\left[\frac{n(n-1)(n-2)\cdots(n-i+1)}{n!}0^{n-i}\,1^{i-1}\,i^{\beta}\right]=$$

$$=\frac{n(n-1)(n-2)\cdots(n-n+1)}{n!}0^{n-n}\,1^{n-1}\,n^{\beta}=\frac{n!}{n!}0^{0}\,1^{n-1}\,n^{\beta}=n^{\beta}$$

Tras esta simplificación, para p= 0, el coste global del ciclo de vida queda:

$$C(n,T_s)=\frac{C_r+C_p(n-1)+C_c\,n^{\beta}\left(\frac{T_s}{\eta}\right)^{\beta}}{nT_s}$$

9.   MODELOS MATEMÁTICOS PARA INSPECCIONES

Este apartado expone como determinar los tiempos en los que debemos realizar la inspección de un componente para determinar su estado, y si es necesario realizar las operaciones de mantenimiento preventivo para evitar su fallo.

Este momento depende de los costes de la inspección, que pueden incluir mediciones de esfuerzo, desgaste, calidad, consumo energético, etc... y sus beneficios, derivados del ahorro de realizar una operación sencilla y evitar una avería grave.

Pero el momento óptimo también se puede calcular para asegurar la máxima disponibilidad del sistema, bien para asegurar la continuidad del servicio, o para evitar costes de una parada no programada, si por su entidad o consecuencias no pudieran imputarse dentro de la propia avería. Veamos diversos casos para cada estrategia.

9.1.   FRECUENCIA DE INSPECCIÓN ÓPTIMA: MINIMIZACIÓN DE COSTES

Consideremos un componente que presenta una <u>tasa de fallos constante en el tiempo</u>, y que puede repararse aunque durante el tiempo de reparación se detiene la producción.

Se adopta la táctica de realizar inspecciones a intervalos determinados (n por unidad de tiempo) para <u>minimizar el coste de las intervenciones</u>. Durante estas operaciones de mantenimiento preventivo también se detiene la producción.

El número de fallos se reduce cuando aumenta el número de inspecciones (n), reduciendo la tasa de fallas $\lambda(n)$. La duración de una inspección sigue una distribución exponencial con media 1/i, mientras que cuando falla, el tiempo de reparación de la avería sigue otra distribución exponencial con media 1/μ.

El tiempo óptimo entre inspecciones para esta estrategia se puede determinar como aquel que minimiza el coste total esperado. Para ello, al calcular haremos depender el índice de fallos $\lambda(n)$ del número de inspecciones (n), y no del tiempo.

El **coste total** está compuesto por:

C(n) = *Pérdida de producción por reparación de averías por unidad de tiempo*
      + Pérdidas de producción por inspecciones por unidad de tiempo
      + Costo de reparaciones por unidad de tiempo
      + Costo de inspecciones por unidad de tiempo

Podemos calcular las **pérdidas de producción por reparación** de averías como:

Pérdidas de producción debido a reparaciones por unidad de tiempo =
      = Ganancia de producción ininterrumpida por unidad de tiempo
      × Numero de reparaciones por unidad de tiempo
      × Tiempo medio para reparar
      = V λ(n)/μ

donde:
  V   Ganancia del producto generado ininterrumpidamente por unidad de tiempo (ganancia = previo de venta-coste de producción)
  $\lambda(n)/\mu$ Proporción de tiempo que el componente está siendo reparado.

Por otra parte, las **pérdidas debidas a las inspecciones** se calculan como:

Pérdidas de producción debido a inspecciones por unidad de tiempo=
      = Ganancia de producción ininterrumpida por unidad de tiempo
      × Número de inspecciones por unidad de tiempo
      × Tiempo medio para inspeccionar
       = V n/i

De manera similar, el **coste de las reparaciones** será:

Costo de reparaciones por unidad de tiempo=
　　　　　= Costo de reparar por unidad de tiempo
　　　　　× Número de reparaciones por unidad de tiempo λ(n).
　　　　　× Tiempo medio para reparar MTTR (1/ µ)
　　　　　= R λ(n)/µ

donde:
　R　costo promedio de una reparación por unidad de tiempo

Por último, el **coste de las inspecciones** se compone de:

Costo de inspecciones por unidad de tiempo
　　　　　= Costo de inspeccionar por unidad de tiempo
　　　　　× Número de inspecciones por unidad de tiempo (n)
　　　　　× Tiempo medio para inspeccionar (1/i)
　　　　　= I n/i

donde:
　I　costo promedio de una inspección por unidad de tiempo

Por lo tanto, el **coste total esperado por unidad de tiempo**, queda:

C(n)　= Pérdida de producción por reparación de averías por unidad de tiempo
　　　　+ Pérdidas de producción por inspecciones por unidad de tiempo
　　　　+ Costo de reparaciones por unidad de tiempo
　　　　+ Costo de inspecciones por unidad de tiempo

Con todo, analíticamente:

$$C(n) = V\frac{\lambda(n)}{\mu} + V\frac{n}{i} + R\frac{\lambda(n)}{\mu} + I\frac{n}{i}$$

$$C(n) = \frac{\lambda(n)}{\mu}(V + R) + \frac{n}{i}(V + I)$$

Para minimizar el coste total esperado por unidad de tiempo, derivamos e igualamos a cero:

$$\frac{dC(n)}{dn} = \frac{d\lambda(n)}{dn}\frac{1}{\mu}(V + R) + \frac{1}{i}(V + I) = 0$$

Luego el mínimo se podrá calcular bien a partir de los datos de costes y reparaciones, como a partir de la función tasa de fallos en función del número de inspecciones n por unidad de tiempo, como:

$$\frac{d\lambda(n)}{dn} = -\frac{\mu}{i}\frac{(V + I)}{(V + R)}$$

Para estimar la tasa de fallos en función del número de inspecciones podemos considerar que es una función del tipo:

$$\lambda(n) = \frac{k_1}{n + k_2}$$

donde

k₁ → k_1 número de fallos registrados en n inspecciones.
k₂ → k_2 número de otros fallos que se evitaron con esas mismas inspecciones.

Con k_1 y k_2 constantes, derivando:

$$\frac{d\lambda(n)}{dn} = \frac{-k_1}{(n + k_2)^2}$$

Y sustituyendo, la frecuencia de inspecciones n por unidad de tiempo será:

$$\frac{-k_1}{(n + k_2)^2} = -\frac{\mu}{i}\frac{(V + I)}{(V + R)}$$

$$n = \sqrt{\frac{ik_1}{\mu}\left(\frac{V + R}{V + I}\right)} - k_2$$

9.2. FRECUENCIA DE INSPECCIONES ÓPTIMA CON TASA DE FALLOS VARIABLE EN EL TIEMPO: MINIMIZACIÓN DE LOS COSTES

Consideremos un componente similar al del caso anterior, pero que presenta una tasa de fallos que evoluciona con su edad, es decir, es variable en el tiempo, además de con el número de inspecciones λ(n,t).

Sea un horizonte temporal de estudio T, que puede ser el intervalo entre reemplazos o entre operaciones de mantenimiento preventivo. La tasa de fallos esperados no cambia en este intervalo aunque se realicen operaciones sobre el componente.

Como la tasa de fallos varía en el tiempo, el número de fallos esperados en el periodo T se puede expresar en función del riesgo en ese intervalo:

$$H(T) = \int_0^T \lambda(n, t)\, dt$$

El número de fallos por unidad de tiempo en el periodo T será:

$$\bar{\lambda}(n, T) = \frac{H(T)}{T}$$

De manera similar al caso anterior, el **coste total por unidad de tiempo** queda:

$C(n)$ = *Pérdida de producción por reparación de averías por unidad de tiempo*
+ Pérdidas de producción por inspecciones por unidad de tiempo
+ Costo de reparaciones por unidad de tiempo
+ Costo de inspecciones por unidad de tiempo

$$C(n) = V\frac{\bar{\lambda}(n, T)}{\mu} + V\frac{n}{i} + R\frac{\bar{\lambda}(n, t)}{\mu} + I\frac{n}{i}$$

$$C(n) = \frac{\bar{\lambda}(n, T)}{\mu}(V + R) + \frac{n}{i}(V + I)$$

Minimizamos el coste total esperado por unidad de tiempo, derivando e igualando a cero:

$$\frac{dC(n)}{dn} = \frac{d\bar{\lambda}(n, T)}{dn}\frac{1}{\mu}(V + R) + \frac{1}{i}(V + I) = 0$$

Luego este mínimo se podrá calcular, bien a partir de los datos de costes y reparaciones, bien a partir de la función tasa de fallos en función del número de inspecciones n por unidad de tiempo, como:

$$\frac{d\bar{\lambda}(n, T)}{dn} = -\frac{\mu}{i}\frac{(V + I)}{(V + R)}$$

Ejemplo 59 – Frecuencia óptima de inspecciones preventivas

Con una estrategia de mantenimiento basado en condición, calcular la frecuencia óptima de inspecciones que minimiza los costes totales de mantenimiento e inspección de un elemento cuya tasa de fallas sigue una distribución de Weibull con parámetro de inicio Y=0.

Solución:

Cuando la tasa de fallos sigue una distribución de Weibull sabemos que:

$$\lambda(t) = \frac{\beta}{\eta} \cdot \left(\frac{t - \gamma}{\eta}\right)^{\beta - 1}$$

donde,

Y: factor de inicio o localización para el instante t_0. En este caso Y=0.

β: factor de forma, define la etapa del ciclo de vida que atraviesa. En este caso será independiente del número de inspecciones n.

η: factor de escala, marca la vida característica en t=η. En este caso, se puede expresar en función del número de inspecciones n:

$$\eta(n) = \alpha\, n$$

Entonces, la tasa de fallos será:

$$\lambda(n, t) = \frac{\beta}{\alpha\, n} \cdot \left(\frac{t}{\alpha\, n}\right)^{\beta - 1}$$

De donde:

$$\bar{\lambda}(n, T) = \frac{H(T)}{T} = \frac{\int_0^T \lambda(n, t)\, dt}{T} = \frac{1}{T} \int_0^T \frac{\beta}{\alpha\, n} \cdot \left(\frac{t}{\alpha\, n}\right)^{\beta - 1}\, dt = \frac{1}{T}\left(\frac{T}{\alpha\, n}\right)^{\beta}$$

Derivando, la frecuencia óptima de inspecciones será:

$$\frac{d\bar{\lambda}(n, T)}{dn} = -\frac{\beta}{Tn}\left(\frac{T}{\alpha\, n}\right)^{\beta}$$

Sustituyendo:

$$\frac{d\bar{\lambda}(n, T)}{dn} = -\frac{\mu}{i}\frac{(V + I)}{(V + R)} = -\frac{\beta}{Tn}\left(\frac{T}{\alpha\, n}\right)^{\beta}$$

Despejando:

$$n = \left[\frac{\beta}{T}\left(\frac{T}{\alpha}\right)^{\beta}\frac{i}{\mu}\left(\frac{V + R}{V + I}\right)\right]^{\frac{1}{\beta + 1}}$$

Que es la frecuencia óptima de inspecciones por unidad de tiempo que minimiza los costes para esta distribución.

9.3. Nº ÓPTIMO DE INSPECCIONES PARA LA MÁXIMA DISPONIBILIDAD

Sea un componente que presenta una tasa de fallos constante en el tiempo, y que puede repararse aunque durante el tiempo de reparación se detiene la producción.

Se adopta la estrategia de realizar inspecciones a intervalos determinados (n por unidad de tiempo) para, en vez de minimizar el coste de las intervenciones como en los casos anteriores, maximizar la disponibilidad del sistema, es decir, el tiempo que se encuentra detenido, teniendo en cuenta que durante las operaciones de mantenimiento preventivo también se detiene la producción.

El número de fallos se reduce cuando aumenta el número de inspecciones (n), reduciendo la tasa de fallos λ(n). La duración de una inspección sigue una distribución exponencial con media 1/i, mientras que cuando falla, el tiempo de reparación de la avería sigue otra distribución exponencial con media 1/μ.

Fig. 61 – Optimización del tiempo entre inspecciones y la duración de una inspección

El tiempo óptimo entre inspecciones para esta estrategia se puede determinar como aquel que maximiza la disponibilidad. Para ello se hace depender el índice de fallos λ(n) del número de inspecciones (n), en vez del tiempo.

El **tiempo de paro** viene determinado por:

Tiempo de paro por unidad de tiempo=
Tiempo detenido debido a reparaciones por unidad de tiempo
+Tiempo detenido debido a inspecciones por unidad de tiempo

Analíticamente:

$$D(n) = \frac{\lambda(n)}{\mu} + \frac{n}{i}$$

donde:

$D(n)$ Tiempo de paro, función del nº de inspecciones por unidad de tiempo.

Por lo tanto la disponibilidad del componente será el complementario:

$$A = \frac{Tiempo\ disponible}{Tiempo\ total} = 1 - Tiempo\ detenido$$

$$A(n) = 1 - D(n) = 1 - \left[\frac{\lambda(n)}{\mu} + \frac{n}{i}\right]$$

Si consideramos que la tasa de fallos varía inversamente con el número de inspecciones al adelantarnos a las averías que prevemos, pero que además con estas operaciones de mantenimiento preventivo también se evitan otros fallos, tendremos que será un función del tipo:

$$\lambda(n) = \frac{k_1}{n + k_2}$$

donde

n   número de inspecciones por unidad de tiempo.
k_1 número de fallos registrados en n inspecciones.
k_2 número de otros fallos que se evitaron con esas mismas inspecciones.

Al ser k_1 y k_2 constantes, derivando:

$$\frac{d\lambda(n)}{dn} = \frac{-k_1}{(n + k_2)^2}$$

Por otra parte, derivando la expresión que hemos obtenido de la disponibilidad, e igualando a cero para obtener sus puntos singulares, tendemos que:

$$A(n) = 1 - D(n) = 1 - \left[\frac{\lambda(n)}{\mu} + \frac{n}{i}\right] = 1 - \frac{\lambda(n)}{\mu} - \frac{n}{i}$$

$$\frac{dA(n)}{dn} = \frac{-1}{\mu}\frac{d\lambda(n)}{dn} - \frac{1}{i} = \frac{k_1}{\mu(n + k_2)^2} - \frac{1}{i} = 0$$

Despejando, el número óptimo de inspecciones por unidad de tiempo para maximizar la disponibilidad será:

$$n = \sqrt{\frac{ik_1}{\mu}} - k_2$$

9.4. OPTIMIZACIÓN PARA LA DISPONIBILIDAD DE EQUIPOS DE EMERGENCIA

Hay determinados equipos, de emergencia, que se mantienen almacenados sin uso, en espera de que se produzca una emergencia y deban ser empleados. Por ejemplo los extintores de incendios.

Estos equipos se pueden deteriorar durante su almacenamiento y existe un riesgo de que no estén operativos cuando se necesiten. Para reducir esa posibilidad deben someterse a inspecciones periódicas, y si se detecta algún fallo proceder a su reparación o sustitución. Es decir, debemos adecuar las inspecciones sobre ellos de manera que optimicemos su frecuencia a la vez que obtengamos la máxima disponibilidad.

Es decir, estos equipos pueden presentar dos ciclos de operación.

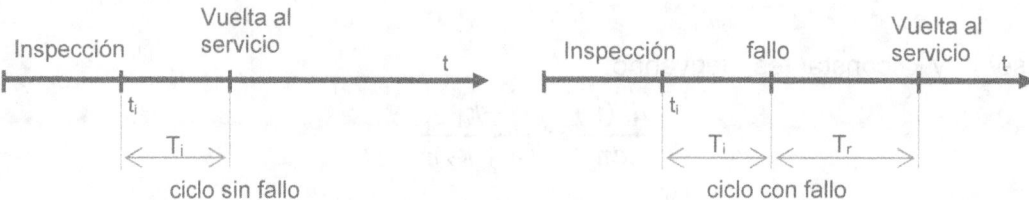

Fig. 62 – Tipos de ciclos de operación en activos sometidos a inspecciones

donde:
  t_i tiempo de un ciclo
  T_i tiempo requerido para realizar una inspección
  T_r es el tiempo requerido para realizar una reparación o reemplazo. Luego de la reparación se asume que el equipo queda como "nuevo".

En este apartado determinaremos el intervalo óptimo entre esas inspecciones para maximizar la disponibilidad de este tipo de equipos.

La disponibilidad por unidad de tiempo de un equipo dentro de un ciclo es:

$$A(t_i) = \frac{Disponibilidad\ esperada\ por\ ciclo}{Largo\ esperado\ del\ ciclo} = \frac{(A)_{ciclo}}{(t)_{ciclo}}$$

En este tipo de equipos, el numerador o la disponibilidad esperada por ciclo se debe ponderar con la probabilidad de que ese ciclo tenga o no fallo:

$$(A)_{ciclo} = Disponibilidad\ ciclo\ 1\sin fallo \cdot Probabilidad\ ciclo\ 1\sin fallo$$
$$+Disponibilidad\ ciclo\ 2\ con\ fallo \cdot Probabilidad\ ciclo\ 2\ con\ fallo$$

La disponibilidad de un ciclo sin fallo equivale a t_i, el tiempo requerido para realizar una inspección. Después de la inspección, si no se encuentran defectos, se asume que el equipo queda como "nuevo".

Sin embargo, si en la inspección se detecta un fallo, la disponibilidad se define como el tiempo medio de fallo del equipo en el periodo $(0, t_i)$. Si se realiza una operación de mantenimiento preventivo en t_i, el largo del ciclo esperado incluirá la reparación.

Como hemos visto, para la distribución completa, el tiempo entre fallos es:

$$MTTF = \int_0^\infty t\, f(t)\, dt$$

Sin embargo, como en este caso la distribución queda truncada en t_p, ese tiempo será:

$$M(t_i) = \int_0^{t_i} \frac{t\, f(t)}{1 - R(t_i)}\, dt$$

donde:

t_i tiempo de un ciclo.
$f(t)$ función densidad de probabilidad de fallos del elemento
$R(t_i)$ probabilidad de que no falle hasta la inspección
$M(t_i)$ vida media hasta un fallo, que se puede expresar en función de la densidad de la probabilidad de fallos.

Y entonces la disponibilidad esperada por ciclo será:

$$(A)_{ciclo} = t_i \cdot R(t_i) + M(t_i) \cdot \big(1 - R(t_i)\big)$$

$$(A)_{ciclo} = t_i \cdot R(t_i) + \int_0^{t_i} \frac{t\, f(t)}{1 - R(t_i)}\, dt \cdot \big(1 - R(t_i)\big)$$

Como t_i es un valor determinado, $R(t_i)$ también es una constante, y queda:

$$(A)_{ciclo} = t_i \cdot R(t_i) + \int_0^{t_i} t\, f(t)\, dt = \int_0^{t_i} R(t)\, dt$$

De igual forma, el largo del ciclo será, de forma similar:

$$(t)_{ciclo} = Tiempo\ ciclo\ 1 \cdot Prob.\ ciclo\ 1 + Tiempo\ ciclo\ 2 \cdot Prob.\ ciclo\ 2$$

$$(t)_{ciclo} = (t_i + T_i) \cdot R(t_i) + (t_i + T_i + T_r) \cdot [1 - R(t_i)]$$

$$(t)_{ciclo} = t_i + T_i + T_r[1 - R(t_i)]$$

Quedando la disponibilidad por unidad de tiempo dentro de un ciclo:

$$A(t_i) = \frac{(A)_{ciclo}}{(t)_{ciclo}} = \frac{\int_0^{t_i} R(t)\, dt}{t_i + T_i + T_r[1 - R(t_i)]}$$

10. CONCEPTOS DE MATEMÁTICA FINANCIERA

10.1. TASA DE DESCUENTO DEL CAPITAL

El valor del capital evoluciona a lo largo del tiempo debido a la rentabilidad que se exige por su disponibilidad (interés), y debido a la inflación. Es decir, una unidad de moneda actual vale más que esa unidad en el futuro. Esta variación del valor del capital se expresa mediante una tasa, que incluye los dos términos, el del interés real y el de la inflación, cumpliendo la igualdad de Fischer:

$$1 + \tau = (1 + i) \cdot (1 + \zeta)$$

donde:

- τ tasa de variación del capital
- i tasa de interés real o rendimiento del capital (retribución mínima de una inversión que proporcionan los mercados financieros)
- ζ tasa de inflación (incremento para mantener el poder adquisitivo)

Esta tasa a menudo se suele expresar en términos porcentuales para designar la evolución del valor en el tiempo.

Ejemplo 60 – Interés real de una inversión

Una inversión tiene un rendimiento económico que incrementa su capital el 5%, pero la tasa de inflación en el país es del 7%. ¿Cuál es el interés real o rendimiento del capital invertido?

Solución:

$$1 + \tau = (1 + i) \cdot (1 + \zeta) = (1 + 0.05) \cdot (1 + 0.07)$$

$$1 + 0.05 = (1 + i) \cdot (1 + 0.07)$$

despejando:

$$(1 + i) = \frac{1.05}{1.07} = 0.9813$$

$$i = 0.9813 - 1 = -0.0187$$

Es decir, la inversión de ese capital realmente tiene unas pérdidas del 1,87%.

10.2. VALORACIÓN DE CAPITALES

Se denomina **capitalización** al cálculo del valor futuro de un importe actual, es decir, a lo que valdrá una inversión de hoy más adelante.

Se llama **actualización** al cálculo del valor actual de capitales futuros, es decir, lo que nos costará en importe presente una inversión diferida.

En el primer caso la tasa de variación del capital se denomina tasa de capitalización o interés que se pagará una vez trascurrido el plazo de imposición; mientras que en el segundo se designa como tasa de descuento, que se detrae del capital invertido al inicio de la imposición.

La relación entre las tasas de capitalización o interés y de descuento se obtiene comparando los valores de una inversión unitaria al inicio y al final de la operación, como:

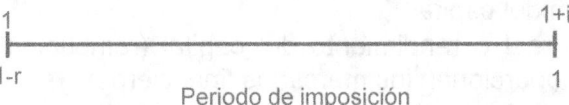

Fig. 63 – Relación entre tasas de interés y descuento

$$\frac{1}{(1 - r)} = \frac{(1 + i)}{1}$$

donde:
i   tasa de interés
r   tasa de descuento

Que despejando proporciona las expresiones más habituales:

$$r = \frac{i}{1 + i} \qquad\qquad i = \frac{r}{1 - r}$$

Dicho todo esto, la tasa de variación por sí sola no determina la alteración de un capital en el tiempo, ya que su valor puede oscilar en función de la fórmula financiera que se utilice, si considera o no la reinversión de los rendimientos.

Las leyes financieras para determinar esta variación son la capitalización y la actualización de capitales:

10.2.1 CAPITALIZACIÓN (VALOR FUTURO DE IMPORTE ACTUAL)

a) **Capitalización simple**: la variación se considera solamente sobre el capital inicial invertido. Por ello, el interés generado en cada periodo siempre es el mismo, y no se reinvierten. Así, el capital inicial invertido se va transformando:

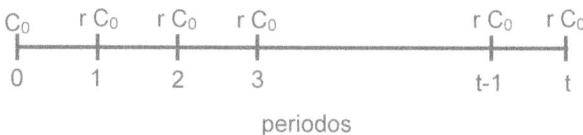

Fig. 64 – Capitalización simple

$$C_t = C_0 + t \cdot r \cdot C_0$$

donde:
- C_t capital final obtenido en el futuro
- C_0 capital inicialmente invertido
- r   tasa de variación del capital
- t   tiempo entre el momento actual y el momento futuro

Esto mismo se puede expresar como:

$$C_t = C_0(1 + rt)$$

donde al paréntesis (1+ rt) se le denomina factor de capitalización simple.

Esta fórmula de capitalización únicamente se utiliza a corto plazo, generalmente con periodos inferiores a un año.

Ejemplo 61 – Valor futuro de una inversión con capitalización simple

Una inversión de 100.000 € en activos se financia con un interés anual del 5% durante año y medio. ¿Cuál será el importe que deberá reintegrarse tras ese plazo al financiador?

Solución:

$$C_t = C_0(1 + rt) = 100.000\ (1 + 0,05 * 1,5) = 107.500\ €$$

b) **Capitalización compuesta**: la variación se considera tanto sobre el capital inicial invertido como sobre los intereses generados hasta la fecha, que se reinvierten, acumulándose. Por tanto, la rentabilidad debe aplicarse tanto al capital inicial como a los intereses de periodos anteriores.

Si tomamos intervalos anuales de cálculo, en periodos sucesivos los intereses y el capital generado serán:

Año	Intereses	Capital
0	0	C_0
1	$C_0 \cdot r$	$C_0\,(1+r)$
2	$C_0\,(1+r) \cdot r$	$C_0\,(1+r)^2$
3	$C_0\,(1+r)^2 \cdot r$	$C_0\,(1+r)^3$
4	$C_0\,(1+r)^3 \cdot r$	$C_0\,(1+r)^4$

El término general para el capital de esta sucesión será:

$$C_t = C_0(1 + r)^t$$

donde al paréntesis $(1+ r)^t$ se le denomina factor de capitalización compuesta.

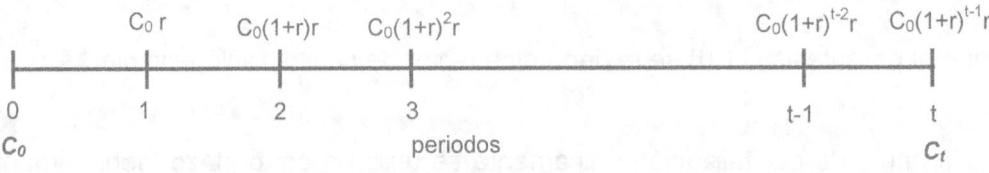

Fig. 65 – Capitalización compuesta

Ejemplo 62 – Valor futuro de una inversión con capitalización compuesta

Un fondo de inversión a cinco años garantiza un 2,35% de rentabilidad anual. Si se contrata un capital de 10.000 €, ¿Cuál será el capital disponible tras los cinco años de vigencia?

Solución:

$$C_t = C_0(1 + r)^t = 10.000 \ (1 + 0,0235)^5 = 11.231,54 \ €$$

Si deseamos ver en detalle el crecimiento del capital año a año:

Año	Intereses	Capital
0	0,00	10.000,00
1	235,00	10.235,00
2	240,52	10.475,52
3	246,17	10.721,70
4	251,96	10.973,66
5	257,88	11.231,54

10.2.2 ACTUALIZACIÓN (VALOR PRESENTE DE UN IMPORTE FUTURO)

Puede calcularse de dos formas:

a) **Descuento racional o matemático**: actualiza al momento presente un valor futuro despejando la función utilizada.

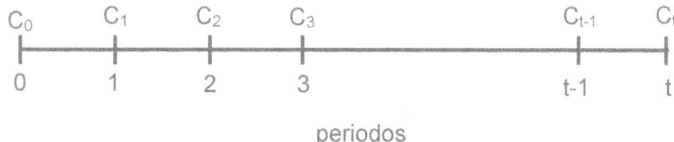

Fig. 66 – Descuento racional

Para la **actualización simple**, se obtiene despejando en la capitalización simple:

$$C_t = C_0(1 + rt)$$

$$C_0 = \frac{C_t}{(1 + rt)}$$

donde al cociente $\frac{1}{(1+rt)}$ se le llama factor de descuento simple.

Para la **actualización compuesta**, también despejando, en este caso de la capitalización compuesta; tendremos:

$$C_t = C_0(1 + r)^t$$

$$C_0 = \frac{C_t}{(1 + r)^t}$$

Ejemplo 63 – Valor actual de una inversión con descuento racional

Si dentro de 25 años prevemos necesitar una fuerte inversión, de 20 millones de euros para renovar nuestro negocio; y actualmente podemos invertir en ese mismo negocio con una rentabilidad anual asegurada del 19%, ¿Cuánto será el capital que debemos invertir hoy para poder disponer de la cantidad requerida cuando necesitemos renovarlo?

Solución:

Sabemos que:

$$C_t = C_0(1 + r)^t$$

Despejamos C_0 tomando logaritmos:

$$C_0 = \frac{C_t}{(1 + r)^t} = \frac{20.000.000}{(1 + 0,19)^{25}} = 258.437,76 \text{ €}$$

b) **Descuento comercial**: se utiliza cuando se solicita el descuento de un efecto o letra de cambio pagadero, es decir, cuando negociamos un derecho de cobro futuro para hacerlo efectivo inmediatamente. Se calcula aplicando un descuento simple, ya que los plazos suelen ser reducidos:

$$C_l = \frac{C_n}{(1 - dt)}$$

donde:

C_n capital nominal de la letra, o importe del derecho de cobro futuro.
C_l capital líquido resultante de la actualización
d tasa de descuento del capital
t tiempo expresado en días, sobre 360 hábiles.

Ejemplo 64 – Valor actual de una inversión con descuento comercial

Un cliente nos paga un importe de 8.500 € con una letra de cambio a 60 días por ese valor nominal. Deseamos ejecutar esta letra inmediatamente. Si nuestro banco nos aplica una tasa del -5%, ¿de qué importe efectivo dispondremos?

Solución:

$$C_l = \frac{C_n}{(1 - dt)} = \frac{8.500}{\left(1 + 0,05 \cdot \dfrac{60}{360}\right)} = \frac{8.500}{1,0083} = 8.430,03 \text{ €}$$

10.3. VALORACIÓN DE RENTAS FINITAS CONSTANTES

Una renta constante es una serie de pagos periódicos de igual valor. Pueden ser postpagables, si se ejecutan al final de cada periodo, o prepagables a su inicio.

Su valor actual se calcula actualizando al momento presente cada uno de sus pagos mediante un factor de descuento compuesto. Igualmente, el valor final se calcula mediante una capitalización compuesta.

10.3.1 RENTA POSTPAGABLE

En una renta pospagable, el **valor actual** se obtiene actualizando cada uno de los pagos futuros que se producen al término de cada periodo:

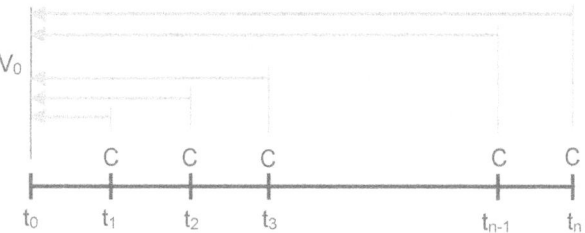

Fig. 67 – Valor actual de una renta postpagable

$$V_0 = \frac{C}{1 + r} + \frac{C}{(1 + r)^2} + \frac{C}{(1 + r)^3} + \cdots + \frac{C}{(1 + r)^n}$$

$$V_0 = \frac{C}{1 + r}\left[1 + \frac{1}{1 + r} + \frac{1}{(1 + r)^2} + \frac{1}{(1 + r)^3} + \cdots + \frac{1}{(1 + r)^{n-1}}\right]$$

donde:
- V_0 valor actual de la renta
- C importe de los pagos
- r tasa de descuento
- n número de periodos

Esta es una suma de términos en una progresión geométrica decreciente de razón $\frac{1}{1+r}$:

$$V_0 = \frac{C}{1+r}\left[\frac{\frac{1}{(1+r)^n} - 1}{\frac{1}{1+r} - 1}\right]$$

$$V_0 = \frac{C}{1+r}\left[\frac{\frac{1}{(1+r)^n} - 1}{\frac{1-1-r}{1+r}}\right] = C\left[\frac{\frac{1}{(1+r)^n} - 1}{1-1-r}\right] = \frac{C}{r}\left[1 - \frac{1}{(1+r)^n}\right]$$

Si designamos como:

$$a_{n\leftarrow r} = \frac{1}{r}\left[1 - \frac{1}{(1+r)^n}\right]$$

Al coeficiente que mueve n capitales equidistantes hasta su origen a un tipo de interés r, la fórmula queda:

$$V_0 = C \, a_{n\leftarrow r}$$

De la misma forma podemos hacer el cálculo del **valor final** de esta renta postpagable, llevando sus términos uno a uno al fin del último periodo:

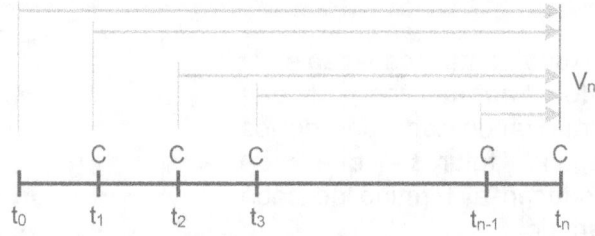

Fig. 68 – Valor final de una renta postpagable

$$V_n = C(1+r)^{n-1} + C(1+r)^{n-2} + C(1+r)^{n-3} + \cdots + C(1+r)^1 + C$$

$$V_n = C\left[(1+r)^{n-1} + (1+r)^{n-2} + (1+r)^{n-3} + \cdots + (1+r)^1 + 1\right]$$

donde:
- V_n valor final de la renta
- C importe de los pagos
- r tasa de descuento
- n número de periodos

Esta es una suma de términos en una progresión geométrica creciente de razón (1+r), por tanto:

$$V_n = C\left[\frac{(1+r)^n - 1}{(1+r) - 1}\right]$$

$$V_n = C\left[\frac{(1+r)^n - 1}{r}\right]$$

Si designamos como:

$$s_{n\leftarrow r} = \frac{(1+r)^n - 1}{r}$$

al coeficiente que mueve n capitales equidistantes hasta su origen a un tipo de interés r, la fórmula queda:

$$V_n = Cs_{n\leftarrow r}$$

La **relación** en una **renta prepagable** entre el valor final y el actual será:

$$V_n = V_0(1+r)^n = C\,a_{n\leftarrow r}(1+r)^n$$

De igual manera:

$$s_{n\leftarrow r} = a_{n\leftarrow r}(1+r)^n$$

10.3.2 RENTAS PREPAGABLES

En una renta prepagable, el **valor actual** se obtiene actualizando cada uno de los pagos futuros que se producen al inicio de cada periodo:

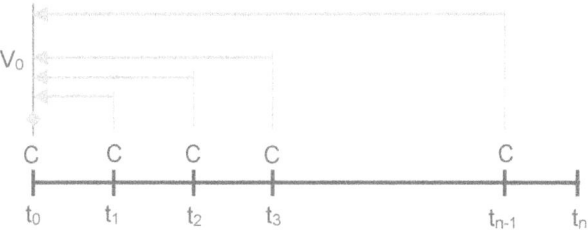

Fig. 69 – Valor actual de una renta prepagable

De manera similar al caso postpagable, el valor actual se obtiene actualizando cada uno de los pagos, salvo el primero, ya que se adelanta precisamente al momento presente:

$$V_0 = C + \frac{C}{1+r} + \frac{C}{(1+r)^2} + \frac{C}{(1+r)^3} + \cdots + \frac{C}{(1+r)^{n-1}}$$

donde:
  V_0 valor actual de la renta
  C   importe de los pagos
  r   tasa de descuento
  n   número de periodos

Esta es una suma de términos en una progresión geométrica decreciente de razón $\frac{1}{1+r}$:

$$V_0 = C \left[\frac{\frac{1}{(1+r)^n} - 1}{\frac{1}{r+1} - 1} \right]$$

Multiplicando y dividiendo por (1+r), tenemos:

$$V_0 = C\,(1+r) \left[\frac{\frac{1}{(1+r)^n} - 1}{1 - 1 - r} \right] = C(1+r)\frac{1}{r}\left[1 - \frac{1}{(1+r)^n} \right]$$

Como el coeficiente que mueve n capitales equidistantes hasta su origen al tipo de interés r, es

$$a_{n \leftarrow r} = \frac{1}{r}\left[1 - \frac{1}{(1+r)^n} \right]$$

La fórmula resulta:

$$V_0 = C\,(1+r)\,a_{n \leftarrow r}$$

Si llamamos:

$$a^{..}_{n \leftarrow r} = (1+r)\,a_{n \leftarrow r}$$

El valor actual se puede expresar como:

$$V_0 = C\,a^{..}_{n \leftarrow r}$$

De la misma forma podemos hacer el cálculo del **valor final** de esta renta prepagable, llevando sus términos uno a uno al fin del último periodo:

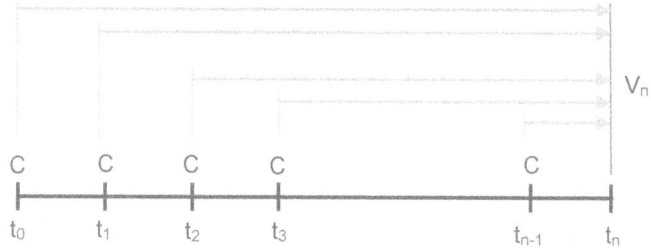

Fig. 70 – Valor final de una renta prepagable

$$V_n = C(1+r)^n + C(1+r)^{n-1} + C(1+r)^{n-3} + \cdots + C(1+r)^1$$

$$V_n = C(1+r) \cdot [(1+r)^{n-1} + (1+r)^{n-2} + (1+r)^{n-3} + \cdots + (1+r)^1 + 1]$$

donde:

V_n valor final de la renta
C   importe de los pagos
r   tasa de descuento
n   número de periodos

Esta es la suma de términos en una progresión geométrica creciente de razón (1+r), por tanto:

$$V_n = C(1+r)\left[\frac{(1+r)^n - 1}{(1+r) - 1}\right]$$

Simplificando:

$$V_n = C(1+r)\frac{1}{r}[(1+r)^n - 1]$$

Si como en el caso de las postpagables denominamos:

$$s_{n \leftarrow r} = \frac{(1+r)^n - 1}{r}$$

al coeficiente que mueve n capitales equidistantes hasta su valor final con un tipo de interés r, la fórmula de ese valor final queda:

$$V_n = C\,(1+r)\,s_{n \leftarrow r}$$

Si como en el caso del valor actual de la prepagable llamamos:

$$\ddot{s}_{n \leftarrow r} = (1+r)\,s_{n \leftarrow r}$$

El valor final se puede expresar como:

$$V_n = C \, s_{\ddot{n} \leftarrow r}$$

En definitiva, observamos que las rentas prepagables resultan de capitalizar por un periodo las rentas postpagables, es decir, sus valores actuales y finales se pueden obtener multiplicando por (1+r) los valores de las rentas postpagables.

10.4. RENTAS CONSTANTES PERPETUAS

Se denominan rentas perpetuas aquellas rentas cuyo número de periodos de pago es infinito. Por ello solo es posible calcular su valor actual, nunca el final. Se calculan como el límite de una suma de infinitos términos que representan los capitales actualizados de cada pago:

Fig. 71 – Valor actual de una renta perpetua

Así, para una renta **perpetua postpagable** el valor actual será:

$$V_0 = \lim_{n \to \infty} C \frac{1}{r}\left(1 - \frac{1}{(1+r)^n}\right) = \frac{C}{r}(1 - 0) = \frac{C}{r}$$

El cálculo de una renta **perpetua prepagable**, como sabemos será, capitalizando la anterior durante un periodo más:

$$V_0 = \frac{C}{r}(1 + r)$$

10.5. VALORACIÓN DE INVERSIONES

10.5.1 TASA DE VARIACIÓN

Si observamos un método de capitalización / actualización compuesto, en general tenemos que:

$$Valor\ Actual = \frac{Valor\ futuro}{(1+\tau)^n}$$

donde:

τ   tasa de variación del capital

igualmente

$$Valor\ Futuro = Valor\ actual \cdot (1+\tau)^n$$

10.5.2 VALOR ACTUAL NETO (VAN)

El Valor Actual Neto o VAN de una inversión es la actualización al presente de todos los desembolsos que requiere e ingresos que genera durante su ciclo de vida, utilizando una tasa de variación que incluye el coste del capital, en el que se incluirá la compensación del riesgo que conlleve esa inversión.

Cuando el VAN es positivo, la inversión genera beneficios, pero si es negativo, esta no se recupera y por tanto resultará ruinosa.

Matemáticamente se calcula como la actualización de todos los flujos de caja generados año a año (de manera similar a una renta actual postpagable pero con monto variable), menos la inversión inicial:

$$VAN = \frac{Q_1}{1+r} + \frac{Q_2}{(1+r)^2} + \frac{Q_3}{(1+r)^3} + \cdots + \frac{Q_n}{(1+r)^n} - A$$

donde:

VAN   valor actual neto
Q_i flujos de caja de cada periodo
r   tasa de descuento
n   número de periodos en la vida útil
A   inversión inicial

En EXCEL: VNA(r;Q_i)-A

Si la inversión tiene algún valor residual al término de su vida útil, este deberá tenerse en cuenta en el último flujo obtenido.

El VAN también puede utilizarse como criterio para seleccionar el mejor proyecto entre varios de inversiones similares, que será el que mayor VAN proporcione. Sin embargo, no debe utilizarse cuando los proyectos a comparar conllevan inversiones muy diferentes, ya que este indicador no mide la rentabilidad por cada euro invertido.

Ejemplo 65 – Análisis de inversiones con VAN

Una empresa de mantenimiento gana una licitación para mantener un activo durante cuatro años, no prorrogables. Para cumplir este contrato, debe adquirir cierto equipamiento. Las alternativas de inversión y costes de esta nueva maquinaria se recogen en la tabla.

Equipamiento	Precio compra	Coste de instalación	Costes operativos				Valor residual
			Año 1	Año 2	Año 3	Año 4	
A	45.000	2.000	1.000	1.000	1.000	1.000	32.000
B	35.000	1.500	1.500	2.000	2.500	2.500	25.000
C	42.000	2.500	500	800	1.000	1.000	30.000

Si asumimos una tasa de descuento del 5% y los costes operativos se pagan al final de cada año, ¿Cuál será la mejor opción de compra con menor coste para esta empresa de mantenimiento?

Solución:

El criterio de decisión será la actualización al momento presente de todos los flujos monetarios derivados de la incorporación de este equipamiento, es decir, su VAN. Sabemos que es:

$$VAN = \frac{Q_1}{1+r} + \frac{Q_2}{(1+r)^2} + \frac{Q_3}{(1+r)^3} + \cdots + \frac{Q_n}{(1+r)^n} - A$$

Aplicando esta fórmula en cada opción, tendremos unos costes:

Opción A:

$$VAN_A = \frac{-1.000}{1+0.05} + \frac{-1.000}{(1+0.05)^2} + \frac{-1.000}{(1+0.05)^3} + \frac{(-1.000+32.000)}{(1+0.05)^4} - (45.000+2.000)$$
$$= -24.219$$

Opción B:

$$VAN_A = \frac{-1.500}{1+0.05} + \frac{-2.000}{(1+0.05)^2} + \frac{-2.500}{(1+0.05)^3} + \frac{(-2.500+25.000)}{(1+0.05)^4} - (35.000+1.500)$$
$$= -23.391$$

Opción C:

$$VAN_A = \frac{-500}{1+0.05} + \frac{-800}{(1+0.05)^2} + \frac{-1.000}{(1+0.05)^3} + \frac{(-1.000+30.000)}{(1+0.05)^4} - (42.000+2.500)$$
$$= -22.707$$

Luego la opción con menores costes es la C.

Si esta empresa considerase el riesgo de una pérdida del valor residual, total o particialmente (por ejemplo por imposibilidad de vender el equipamiento adquirido al final del contrato o encontrar otro aprovechamiento para él de manera inmediata), ese riesgo se debería cuantificar y monetarizar para incorporarle al criterio de decisión.

10.5.3 *TASA INTERNA DE RETORNO (TIR)*

Se denomina Tasa Interna de Retorno o TIR a aquella tasa de descuento que hace nulo el valor actual neto VAN. Representa la rentabilidad mínima exigida a un proyecto para que sea atractivo como inversión.

Permite comparar la rentabilidad de diversos proyectos, o bien determinar la aceptabilidad de una inversión en comparación con otras de similar riesgo. No se debe utilizar con inversiones de riesgos muy diferentes, ya que no refleja su exposición.

$$\frac{Q_1}{1+r} + \frac{Q_2}{(1+r)^2} + \frac{Q_3}{(1+r)^3} + \cdots + \frac{Q_n}{(1+r)^n} - A = 0$$

donde:

Q_i	flujos de caja
r	tasa de descuento TIR
n	número de periodos en la vida útil
A	inversión inicial

En EXCEL: TIR(-A; Q_i)

11. REEMPLAZO DE ACTIVOS

A la hora de abordar el momento óptimo para reemplazar un equipo o sistema, el problema se puede enfocar de diversas formas:

- Minimizando el coste total del equipo a lo largo de su ciclo de vida, sustituyéndole por otro idéntico.
- Considerando la mejora tecnológica que incorporamos con su reemplazo en un horizonte de tiempo fijo.
- Considerando esa misma mejora tecnológica con un horizonte de tiempo infinito.

11.1. REEMPLAZO ÓPTIMO: MINIMIZACIÓN DEL COSTO TOTAL

La aproximación más sencilla a un problema de reemplazo consiste en considerar únicamente los costes totales de mantenimiento y de la propia sustitución de un equipo por otro de idénticas características, con el objetivo de minimizar esos costes.

Consideremos un equipo que es reemplazado en sucesivos ciclos de operación. Además en cada ciclo se realizan un número n de operaciones de mantenimiento.

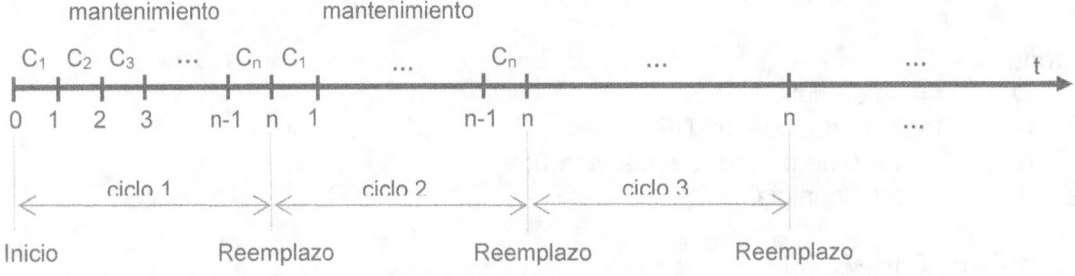

Fig. 72 – Reemplazo óptimo y minimización del coste total de ciclo de vida

Tomamos solo un ciclo de operación i. El coste total de ese ciclo a su inicio es, actualizado al momento actual:

Coste total Ci(n) de solo un ciclo de operación =
Coste de mantenimiento (operaciones de 1 a n)
+ Coste de adquisición
- Valor residual o precio de venta

$$C_i(n) = C_1 r + C_2 r^2 + C_3 r^3 + \cdots + C_n r^n + A r^n - S_n r^n$$

donde:
A coste de adquisición del equipo de reemplazo al término del ciclo i.
n número de operaciones de mantenimiento antes de ser reemplazado al final del ciclo i, que expresan su vida útil.
C_i coste de una operación de mantenimiento en el ciclo i.
S_i valor residual del equipo sustituido al final del periodo operativo n.
r tasa de descuento del capital.

Agrupando los n primeros términos, el coste para un ciclo de operación es:

$$C_i(n) = \sum_{i=1}^{n} \left[C_i \, r^i \right] + r^n (A - S_n)$$

Si consideramos todos los ciclos, el coste total actualizado al inicio de la vida útil, en $t = 0$, incluyendo todas las operaciones de mantenimiento y los ciclos de reemplazo del equipo, será, actualizando estas cantidades:

$$C(n) = C_1(n) + C_2(n)r^n + C_3(n)r^{2n} + C_4(n)r^{3n} + \cdots + C_n(n)r^{(n-1)\cdot n}$$

Considerando los costes por ciclo como valores constantes:

$$C_1(n) = C_2(n) = C_3(n) = C_4(n) = \cdots = C_n(n) = C_i(n)$$

$$C(n) = C_i(n) + C_i(n)r^n + C_i(n)r^{2n} + C_i(n)r^{3n} + \cdots$$

Esto es la suma de una progresión geométrica de razón r^n.

Podemos hacer, multiplicando ambos términos de la suma por la razón:

$$r^n \cdot C(n) = r^n \cdot \left[C_i(n) + C_i(n)r^n + C_i(n)r^{2n} + C_i(n)r^{3n} + \cdots \right]$$

Como en una sucesión geométrica:

$$razón \cdot a_j = a_{j+1}$$

Tenemos:

$$r^n \cdot C(n) = C_i(n)r^n + C_i(n)r^{2n} + C_i(n)r^{3n} + \cdots + C_i(n)r^{n \cdot n}$$

Restando la sucesión inicial, se anulan todos los términos salvo primero y último:

$$C(n) = C_i(n) + C_i(n)r^n + C_i(n)r^{2n} + C_i(n)r^{3n} + \cdots$$

$$r^n \cdot C(n) - C(n) = C_i(n)r^{n \cdot n} - C_i(n)$$

$$C(n)(r^n - 1) = C_i(n) \cdot (r^{n \cdot n} - 1)$$

Cuando $r^n <1$, $r^{n \cdot n}$ tiende a cero, luego:

$$C(n)(r^n - 1) = -C_i(n)$$

Despejando, obtenemos el coste total como la suma de la progresión geométrica de los costes de cada ciclo, durante un periodo infinito; cuyo valor es:

$$C(n) = \frac{C_i(n)}{1 - r^n} = \frac{\sum_{i=1}^n C_i\, r^i + r^n(A - S_n)}{1 - r^n}$$

El mínimo de esta función se obtiene dando valores, debido a la dificultad para calcular sus puntos singulares igualando la derivada a cero.

Ejemplo 66 – Plazo de reemplazo óptimo de activos con coste de capital

Un equipo tiene un valor de adquisición de 20.000 €. Sus costes de mantenimiento y valor residual de venta evolucionan en sus 15 primeros años según la tabla. ¿Cuál es el plazo anual óptimo para reemplazar este equipo, si la tasa de interés del capital es del 5% anual?

Año	Costes mantenimiento Ci	Valor residual Si
1	1.500	16.000
2	1.733	13.600
3	2.001	11.560
4	2.311	9.826
5	2.669	8.352
6	3.083	7.099
7	3.561	6.034
8	4.113	5.129
9	4.751	4.360
10	5.487	3.706
11	6.337	3.150
12	7.320	2.677
13	8.454	2.276
14	9.765	1.934
15	11.278	1.644

Solución:

Obtenemos la tasa de descuento r que corresponde a una tasa de interés del capital del 5%:

$$r = \frac{interés}{1 + interés} = \frac{0,05}{1 + 0,05} = 0,952$$

Calculamos los costes para cada anualidad, aplicando la fórmula:

$$C(n) = \frac{C_i(n)}{1 - r^n} = \frac{\sum_{i=1}^{n} C_i \, r^i + r^n(A - S_n)}{1 - r^n}$$

AÑO (n)	Costes mnto Ci	Valor residual Si	Coste total acumulado €
1	1.500	16.000	107.458
2	1.733	13.600	91.292
3	2.001	11.560	83.777
4	2.311	9.826	78.859
5	2.669	8.352	75.275
6	3.083	7.099	72.570
7	3.561	6.034	70.523
8	4.113	5.129	69.008
9	4.751	4.360	67.941
10	5.487	3.706	67.262
11	6.337	3.150	66.927
12	7.320	2.677	66.901
13	8.454	2.276	67.156
14	9.765	1.934	67.670
15	11.278	1.644	68.425

Revisando la última columna o la gráfica, vemos que el año óptimo para reemplazar el equipo será cuando se ha utilizado durante 12 años.

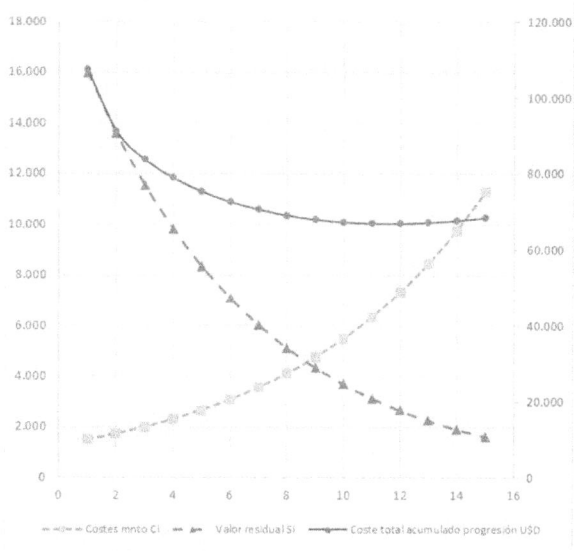

11.2. REEMPLAZO DE EQUIPO CONSIDERANDO MEJORA TECNOLÓGICA

La tecnología evoluciona continuamente. Esto hace que a la hora de reemplazar un equipo, con mucha probabilidad este sea sustituido por uno con mejores prestaciones que el original, como por ejemplo mayor rendimiento o productividad, menores costes de mantenimiento, más vida útil...

El problema de optimización del momento de reemplazo para cualquier equipo también debe tener en cuenta estas mejoras, que no quedarían reflejadas en la sustitución por un componente idéntico al que se retira.

En este escenario se pueden presentar dos casos: que conozcamos a priori el periodo de tiempo de operación del equipo (por ejemplo, en un contrato de duración determinada, con cuyo fin queremos hacer coincidir el final de la operación del sistema), o bien si ese plazo temporal es indefinido, en cuyo caso lo deberemos considerar infinito a efectos matemáticos.

11.2.1 CONSIDERANDO UN HORIZONTE DE TIEMPO FIJO

Sea un equipo que debe operar a lo largo de un periodo conocido (0,n), dentro del cual va a recibir una serie de mantenimientos programados, y llegado el momento (T), un reemplazo por otro equipo mejorado tecnológicamente para realizar su función. Se desea determinar cuándo realizar este reemplazo para minimizar los costes a lo largo del periodo contratado.

Si consideramos estas mejoras tecnológicas en el equipo de sustitución, el coste total actualizado, para n periodos, será el resultado de incluir:

C(T) = Coste de mantenimiento del equipo actual en el periodo (0,T)
      + Coste de mantenimiento del equipo nuevo en el periodo (T,n)
      + Coste de adquisición del equipo nuevo en el momento T
      - Valor residual de venta del equipo sustituido en el periodo T
      - Valor residual de venta del equipo nuevo en el periodo n.

Matemáticamente:

$$C(T) = \sum_{i=1}^{T} C_{p,i}\, r^i + \sum_{j=1}^{n-T} C_{t,i}\, r^{j+T} + A \cdot r^T - \left(S_{p.T} \cdot r^T + S_{t.n-T} \cdot r^n \right)$$

donde:

n   número total de periodos de operación

$C_{p,i}$ coste de mantenimiento del equipo actual en el periodo i.

A   valor de adquisición del nuevo equipo mejorado tecnológicamente.

$S_{p,T}$ valor residual o precio de venta del equipo actual al sustituirlo en el momento T.

$C_{t,i}$ coste de mantenimiento del equipo nuevo en el periodo i.

$S_{t,n-T}$ valor residual o precio de venta del equipo nuevo en el último periodo.

r   tasa de descuento del capital

T   momento o final del periodo en que se realiza el reemplazo del equipo actual por el nuevo.

Esto mismo, de forma gráfica:

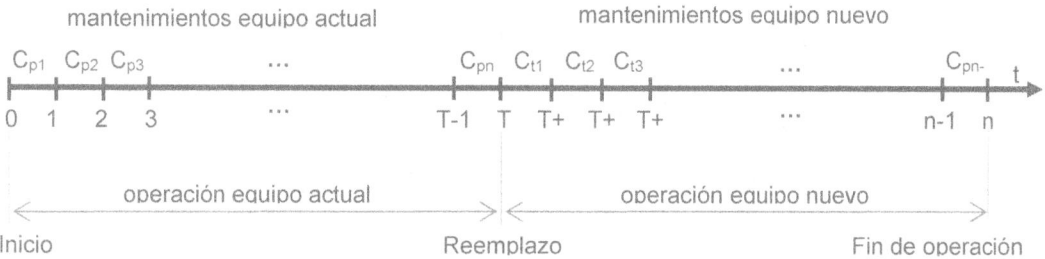

Fig. 73 – Reemplazo de activos obsoletos por mejora tecnológica

Ejemplo 67 – Plazo de reemplazo óptimo de activos por mejora tecnológica

Sea un activo con el que necesitamos operar durante seis periodos (n=6), que cuando sea reemplazado será sustituido por un equipo mejorado. Cada equipo presenta la siguiente evolución de costes para su mantenimiento y valor residual o precio de venta en cada periodo del intervalo de operación:

Año	Costes mto. equipo actual $C_{p,i}$	Valor residual equipo actual S_i	Costes mto. equipo mejorado $C_{t,j}$	Valor residual equipo mejorado $S_{t,j}$
0		4.000		16.000
1	3.000	3.400	800	13.600
2	3.465	2.890	1.050	11.560
3	4.002	2.457	1.378	9.826
4	4.622	2.088	1.809	8.352
5	5.339	1.775	2.374	7.099
6	6.166	1.509	3.116	6.034

Fundamentos matemáticos para la Gestión de Activos

Si el coste de adquisición del equipo nuevo mejorado es de 20.000 € y la tasa de interés del capital es del 5%, determinar el coste total en función del momento de reemplazo, determinando el periodo en que este coste total es mínimo.

Solución:

El coste total esperado para cada periodo se puede calcular como:

$$C(T) = \sum_{i=1}^{T} C_{p,i}\, r^i + \sum_{j=1}^{n-T} C_{t,i}\, r^{j+T} + A \cdot r^T - \left(S_{p.T} \cdot r^T + S_{t.n-T} \cdot r^n \right)$$

Año T	Coste mto eq. actual $C_{pi}r^i$	Coste mto eq. nuevo $C_{ti}r^{j+T}$	Coste adq. Ar^T	Venta eq. actual $S_{pT}r^T$	Venta eq. nuevo $S_{tn-T}r^n$	Coste total €
0	0	8.564	20.000	4.000	4.492	20.072
1	2.856	5.945	19.040	3.237	5.285	19.319
2	5.996	3.977	18.126	2.619	6.218	19.263
3	9.449	2.504	17.256	2.119	7.315	19.775
4	13.246	1.407	16.428	1.715	8.606	20.760
5	17.421	596	15.639	1.388	10.124	22.144
6	22.011	0	14.889	1.123	11.911	23.866

El coste total se minimiza cuando T=2, luego el equipo actual será reemplazado por el mejorado en el segundo periodo.

Gráficamente:

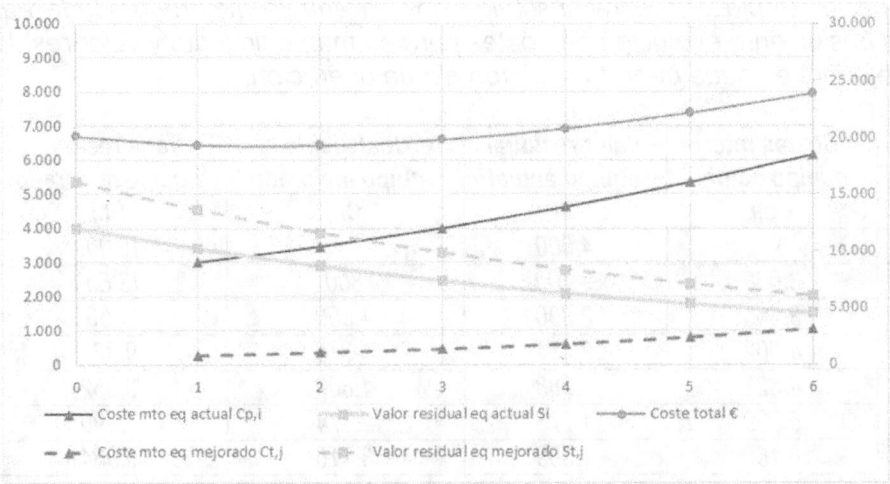

Por otra parte, la inversión neta necesaria se encuentra reflejada en el término de costes relativo a las inversiones y a los valores residuales recuperables, como los últimos sumandos:

$$C(T) = \sum_{i=1}^{T} C_{p,i}\, r^i + \sum_{j=1}^{n-T} C_{t,i}\, r^{j+T} + A \cdot r^T - \left(S_{p.T} \cdot r^T + S_{t.n-T} \cdot r^n \right)$$

$$\text{Inversión neta} = \ A \cdot r^T - \left(S_{p.T} \cdot r^T + S_{t.n-T} \cdot r^n \right)$$

Si en este ejemplo el objetivo, en vez de minimizar los costes, fuese reducir las inversiones necesarias, analizando la columna correspondiente en la tabla vemos que la renovación del equipo se debería realizar en el último año T=6.

Año T	Coste mto eq. actual $C_{pi}r^i$	Coste mto eq. nuevo $C_{ti}r^{j+T}$	Coste adq. Ar^T	Venta eq. actual $S_{pT}r^T$	Venta eq. nuevo $S_{tn-T}r^n$	Inversión neta €
0	0	8.564	20.000	4.000	4.492	11.508
1	2.856	5.945	19.040	3.237	5.285	10.518
2	5.996	3.977	18.126	2.619	6.218	9.289
3	9.449	2.504	17.256	2.119	7.315	7.822
4	13.246	1.407	16.428	1.715	8.606	6.107
5	17.421	596	15.639	1.388	10.124	4.127
6	22.011	0	14.889	1.123	11.911	1.855

11.2.2 CONSIDERANDO UN HORIZONTE DE TIEMPO INFINITO

En este apartado consideraremos la misma situación que en el anterior, con reemplazo del equipo estudiado por otro tecnológicamente evolucionado, pero sin limitarnos a un plazo de operación con tiempo determinado, sino indefinido.

Sea un equipo que debe operar indefinidamente. Durante su operación recibirá mantenimientos programados, y cada cierto tiempo será reemplazado. La primera sustitución se realizará con otro equipo mejorado tecnológicamente para realizar su función, y las siguientes, con ese mismo equipo mejorado, sin mejoras adicionales. Se desea determinar cuándo planificar esos reemplazos para minimizar los costes.

Si consideramos la mejora tecnológica desde el primer equipo de sustitución, el coste total actualizado, para n periodos, será el resultado de incluir:

C(T,n) =   *Costes en el intervalo inicial (0,T) hasta la primera sustitución*
          + Costes futuros tras la primera sustitución, en el periodo (T,∞)

De estos dos componentes de coste, el primero determina cuanto tiempo operaremos hasta la primera sustitución, y el segundo fija el intervalo de las sucesivas sustituciones que vendrán después.

Matemáticamente, el primer componente, de los **costes en el intervalo inicial** (0,T) hasta la primera sustitución viene dados por:

$$C(0,T) = \sum_{i=1}^{T} C_{p,i}\, r^i + A \cdot r^T - S_{p.T} \cdot r^T$$

donde:

n   número de periodos de operación
$C_{p,i}$ coste de mantenimiento del equipo actual en el periodo i.
A   valor de adquisición del nuevo equipo mejorado tecnológicamente.
$S_{p,T}$ valor residual o precio de venta del equipo actual en el periodo i.
r   tasa de descuento del capital
T   periodo en el que se realiza el reemplazo del equipo actual por el nuevo.

El segundo componente, con los **costes futuros**, se calcula como una sustitución de equipos idénticos al mejorado tecnológicamente, como:

Coste futuro $C_{futuro}(n)=$ Coste de mantenimiento (operaciones de 1 a n)
                           + Coste de adquisición
                           - Valor residual o precio de venta

Esto es:

$$C_{futuro}(n) = C_1 r + C_2 r^2 + C_3 r^3 + \cdots + C_n r^n + A r^n - S_n r^n$$

donde:

A   coste de adquisición del equipo A al término del ciclo j.
n   número de operaciones de mantenimiento antes de ser reemplazado al final del ciclo j, que expresan su vida útil.
C_j coste de una operación de mantenimiento en el ciclo i.
S_j valor residual del equipo sustituido al final del periodo operativo n.
r   tasa de descuento del capital.

que es la suma de una progresión geométrica para periodo infinito, con valor actualizado al momento T (inicio de operación del activo futuro):

$$C_{futuros}(n) = \frac{C_j(n)}{1 - r^n} = \frac{\sum_{j=1}^{n} C_{t,j}\, r^j + r^n(A - S_n)}{1 - r^n}$$

Por tanto, los costes totales serán, actualizando los futuros al presente:

$$C(T, n) = C(0, T) + C_{futuros}(n) \cdot r^T$$

$$C(T, n) = \sum_{i=1}^{T} C_{p,i}\, r^i + A \cdot r^T - S_{p.T} \cdot r^T + \left(\frac{\sum_{j=1}^{n} C_{t,j}\, r^j + r^n (A - S_n)}{1 - r^n} \right) \cdot r^T$$

De manera gráfica:

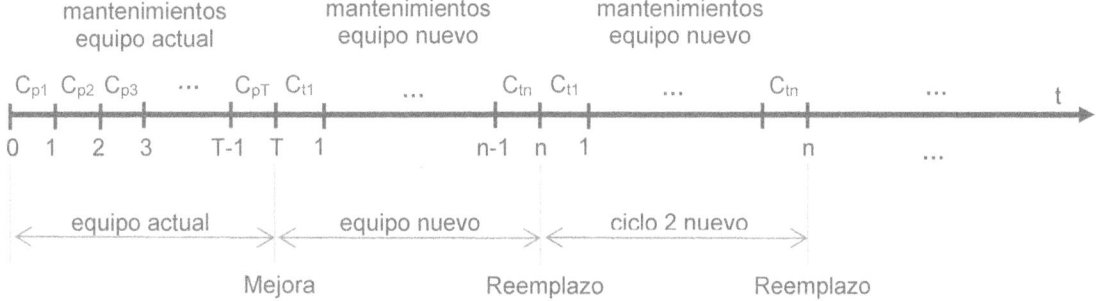

Fig. 74 – Reemplazo de activos durante tiempo indefinido

Ejemplo 68 – Plazo de reemplazo óptimo de activos a perpetuidad

Sea un activo con el que necesitamos operar indefinidamente. Cuando sea reemplazado será sustituido por un equipo mejorado, que presenta la siguiente evolución de costes para su mantenimiento y valor residual o precio de venta en cada periodo:

Año	Costes mto. equipo actual $C_{p,i}$	Valor residual equipo actual S_{pT}	Costes mto. equipo mejorado $C_{t,j}$	Valor residual equipo mejorado S_n
0		4.000		16.000
1	3.000	3.400	1.000	13.600
2	3.630	2.890	1.375	11.560
3	4.392	2.457	1.891	9.826
4	5.315	2.088	2.600	8.352
5	6.431	1.775	3.574	7.099
6	7.781	1.509	4.915	6.034

Si el coste de adquisición del equipo nuevo mejorado es de 20.000 € y la tasa de interés del capital es del 10%, determinar el coste total en función del momento de reemplazo, determinando el periodo en que este es mínimo.

Solución:

Calculamos primero los **costes futuros** (problema de reemplazos para mantener una operación indefinida), y a partir de ahí, los **costes de funcionamiento con el activo actual** para determinar el momento de ese primer reemplazo.

Año	Coste mto Cj(n)	Inversión neta ($r^n(A-Sn)$)	Costes futuros €
0	0	4.000	-
1	909	5.818	67.266
2	2.045	6.974	47.468
3	3.465	7.642	40.984
4	5.240	7.952	38.361
5	7.458	8.006	37.764
6	10.231	7.878	38.649

De la tabla vemos que el mínimo **coste futuro** se obtiene para reemplazos de equipos nuevos cada cinco años. Utilizaremos este valor actualizado para calcular los costes totales.

Pero antes obtenemos los **costes de mantenimiento del equipo actual** hasta su renovación:

AÑO T	Coste mto eq. actual $C_{pi}r^i$	Venta eq. act. $S_{pT}r^T$	Coste adq. Ar^T	Coste fut óptimo actualizado	Coste total €
0	0	4.000	20.000	37.764	53.764
1	2.727	3.091	18.180	34.327	49.020
2	5.726	2.388	16.526	31.204	45.647
3	9.025	1.845	15.022	28.364	43.506
4	12.654	1.426	13.655	25.783	42.486
5	16.645	1.101	12.412	23.437	42.501
6	21.035	851	11.283	21.304	43.485

Vemos que el coste total mínimo se produce en el cuarto año. Por tanto, en este caso la estrategia óptima será operar con el equipo actual durante cuatro años, reemplazándolo a ese tiempo por un equipo mejorado, y posteriormente sustituir estos equipos cada cinco años.

12. PARA SABER MÁS

- Abramowitz, M. y Stegun, I (1972): "Handbook for Mathematical Functions". National Bureau of Standards. Washington D.C, USA.

- Ayres, F. (1997): "Matemáticas financieras". Mc Graw Hill. Colombia.

- Birolini, A. (2004): "Reliability Engineering. Theroy and practice". Springer. Berlín, Alemania.

- Campbell, J.D.; Jardine, A.K. y McGlynn, J. (2011): "Asset management excellence". CRC Press. Boca Ratón, Florida, USA.

- Kreyszig, E. (2003): "Matemáticas avanzadas para la ingeniería". Limusa. México D.F., México.

- Rausand, M. and Hoyland, A. (2004): "System reliability theory". Wiley. Nantes, Francia.

- Pascual, R. (2011) "El Arte de mantener: un marco conceptual y varios modelos para la gestión de activos físicos". Universidad de Chile. Santiago, Chile.

INDICE ANALÍTICO